Heinrich Beltz | Gerd Großmann
Heiko Hübscher | Helmut Pirc

HANDBUCH PFLANZENSCHNITT

BÄUME, STRÄUCHER UND ROSEN SCHNEIDEN

301 Farbfotos
303 Zeichnungen

Inhaltsverzeichnis

Das 1 x 1 des Ziergehölzschnitts

Wie Pflanzen wachsen

Pflanzen benötigen neben angemessenen klimatischen Bedingungen vor allem Licht, Wasser und Nährstoffe, damit sie gedeihen können. Bei der Fotosynthese wird in den Blättern mit Hilfe des Sonnenlichts aus Wasser und Kohlendioxid Zucker und Stärke gebildet. Diese Reservestoffe ermöglichen der Pflanze Wurzeln, Triebe, Blätter, Blüten und Früchte zu entwickeln.

Es gibt noch eine Reihe weiterer Anpassungen an spezifische Lebensbedingungen. Zum Beispiel wachsen Pflanzen dem Sonnenlicht entgegen und verzweigen sich dergestalt, dass der größtmögliche Anteil der Blattfläche dem Licht zugewandt und somit eine maximale Fotosyntheseleistung gewährleistet ist. Auch die Wurzeln breiten sich so im Erdboden aus, dass die Standfestigkeit gewährleistet und die Aufnahme von Wasser und Nährstoffen optimiert ist.

Der größtmögliche Anteil der Blattfläche ist dem Sonnenlicht zugewandt und gewährleistet somit eine maximale Fotosyntheseleistung.

Der Aufbau der Pflanze

Alle Pflanzen bestehen aus oberirdischen Organen (das sind Triebe, Blätter, Blüten und Früchte) sowie unterirdischen Organen, den Wurzeln. Bei Gehölzen, also Bäumen und Sträuchern, sind die oberirdischen Pflanzenteile verholzt, bei Bäumen unterteilt man sie noch in Stamm und Krone.

Jeder Teil der Pflanze erfüllt bestimmte Aufgaben: Aus den Blüten entwickeln sich Früchte bzw. Samen, welche den Fortbestand der Pflanzenart sichern. Die Blätter dienen als Kraftwerke, in denen energiereiche Reservestoffe produziert werden. Der Transport der frisch gebildeten Fotosyntheseprodukte erfolgt in der Sprossachse von oben nach unten: Sie fließen in der Bastschicht von den Blättern zu den Wurzeln. Die eingelagerten Reservestoffe, Wasser und Wachstumshormone werden dagegen im Splintholz von unten nach oben zu den Knospen und Blättern transportiert. Dieser in zwei unterschiedlichen Schichten getrennt verlaufende Transport wird als Saftstrom bezeichnet.

Während der Ruheperiode im Winter sind die Reservestoffe festgelegt. Mit Beginn der Wachstumsphase im Frühjahr werden sie mobilisiert und gemeinsam mit den Wachstumshormonen im aufsteigenden Wasserstrom zu den Orten des Bedarfs transportiert. Da dieser Transport aktiv erfolgt und der aufsteigende Saftstrom unter Druck steht, spricht man von „Saftdruck“. Schneidet man zum Beispiel im Spätwinter bei einer Birke Zweige

Zu den Organen der Pflanze gehören die Wurzeln mit den Faserwurzeln, der Stängel, dessen ältere Teile verholzt und braun sind, und die Seitentriebe mit Blättern und Knospen sowie der End- oder Terminalknospe.

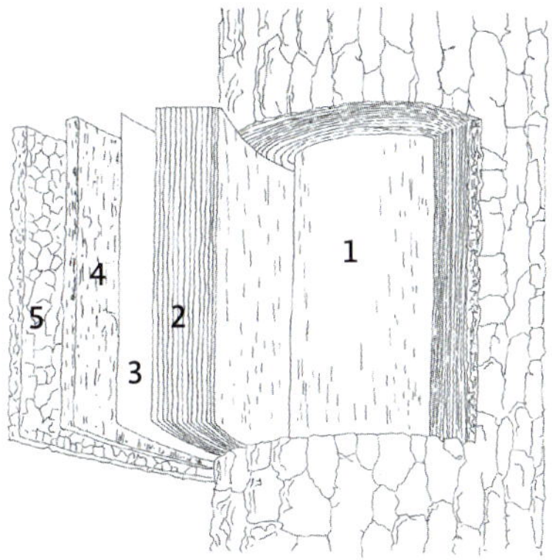

Die einzelnen Schichten des Stammquerschnitts von innen nach außen:
Das **Kernholz** (1) ist die stützende Säule des Baums.
Im **Splintholz** (2) wird das Wasser mit den Nährstoffen von den Wurzeln in die Krone transportiert.
Das **Kambium** (3) die dünne Zellschicht zwischen Rinde und Holz, besteht aus teilungsfähigem Gewebe. Hier findet das Wachstum des Stamms statt.
Im **Bast** (4) werden die Assimilate von den Blättern zu den übrigen Organen transportiert.
Die **Borke** (5) oder äußere Rinde besteht aus abgestorbenen Zellen und schützt den Stamm.

ab, so wird die Schnittstelle tagelang „bluten“, das heißt, der unter Druck stehende Saft(strom) tritt aus.

Die Wachstumsschicht

Das Kambium ist eine Wachstumsschicht mit teilungsfähigen Zellen, das im Sprossquerschnitt im äußeren Bereich ringförmig angelegt ist. Nach innen hin bildet es das Splintholz mit den Leitbündeln. Daraus entsteht später das Kernholz, das ausschließlich Gerüst- und Stützfunktionen hat. Nach außen hin gibt das Kambium neues Gewebe, die so genannte Bastschicht, ab. Damit ist das Kambium für das Dickenwachstum der Gehölze verantwortlich, welches insbesondere bei den Stämmen der Bäume zu beobachten ist. Aus den älteren Bastschichten entsteht die Rinde, die Triebe und Stamm schützt.

Bei Verletzung der Triebe wird die Wunde von dieser Wachstumsschicht, dem Kambium, geheilt, indem sie von den Rändern ausgehend die Wunde verschließt. Bei großen Wunden kann dieser Vorgang mitunter Jahre dauern. Auch bei der Veredlung von Pflanzen ist das Kambium besonders wichtig, da von hier aus die Verwachsung der Unterlage mit dem Edelreis erfolgt.

Die Wurzeln haben im Wesentlichen zwei Aufgaben: Sie müssen die Pflanze so im Boden verankern, dass sie auch starke Winde unbeschadet übersteht, und sind darüber hinaus für die Aufnahme von Wasser und Nährstoffen verantwortlich. Jeder Teil der Wurzel versorgt einen bestimmten Teil des oberirdischen Triebs und wird im Ausgleich dazu von diesem mit Reservestoffen beliefert. Kränkelt ein Kronenteil oder stirbt dieser sogar ab, dann ist dies meist auf eine Schädigung des Wurzelsystems zurückzuführen, wie dies beispielsweise bei Grabungsarbeiten oder anderen Baumaßnahmen im Wurzelbereich geschehen kann. Eine verletzte Wurzel ist nicht mehr gegen das Eindringen von Krankheitserregern geschützt. Dies verkürzt nicht nur die Lebensdauer der Bäume, sondern stellt auch eine Gefahr für die Standsicherheit dar.

Lebenszyklen und Reproduktion

Jede Pflanze ist danach bestrebt, sich zur vollen Reife zu entwickeln. Letztendlich ist es das Hauptziel eines jeden Lebewesens, sich zu reproduzieren, also für Nachkommen zu sorgen. Dies erfolgt bei den Pflanzen in der Regel durch die Bildung von Samen. Bei einigen Pflanzen ist dieser Lebenszyklus sehr rasch, oft schon innerhalb einer Vegetationsperiode abgeschlossen und die Pflanzen sterben dann ab. Diese Pflanzen werden als einjährig bezeichnet. Die verholzenden Pflanzen dagegen, die wie Sträucher mehrere Jahre oder wie Bäume gar Jahrzehnte blühen und fruchten, benötigen länger, um zur vollen Reife zu gelangen. Dafür haben sie den Vorteil, sich mehrfach reproduzieren zu können.

Pflanzen verfügen über die Fähigkeit, die Struktur und Funktion ihrer Zellen über einen langen Zeitraum hinweg an bestimmte Situationen anzupassen und zu modifizieren. Auf diese Weise sind sie unter geeigneten Bedingungen auch in der Lage, sich ungeschlechtlich zu vermehren. Darunter versteht man, dass sich genetisch gleichartige Nachkommen aus abgelösten Pflanzenteilen wie Ausläufer, Teile von Wurzelstöcken, Stecklinge, Steckhölzer usw. entwickeln können.

Orte des Wachstums

Für das Wachstum der verholzten Pflanzen sind zwei Bereiche mit intensiver Zellvermehrung verantwortlich. Dazu gehört einerseits das schon erwähnte Kambium. Andererseits sind Bereiche mit hoher Zellaktivität die Sprossspitzen, die Seitenknospen und die Wurzelspitzen, allesamt Vegetationspunkte, die für das Streckungswachstum verantwortlich sind. Die End- oder Terminalknospe dominiert bei allen jungen Gehölzen gegenüber den Seitenknospen. Aus ihr entwickelt sich die Hauptachse, auch Leittrieb genannt. Die Seitenknospen werden erst dann aktiviert und beginnen Triebe auszubilden, wenn sich die Wachstumsspitze am Leittrieb ausreichend entwickelt und weit genug entfernt hat. Nur wenn die Endknospe beschädigt oder abgestorben ist, wächst der nächstgelegene Seitentrieb meist kräftig und übernimmt deren Funktion.

Bei den Bäumen bleibt die Dominanz der Endknospe zeitlebens erhalten, Sträucher hingegen verzweigen sich jedoch alsbald je nach der Gehölzart basiton, mesoton oder epiton.

Anpassungen an kalte Temperaturen

Damit Gehölze Jahr für Jahr unter unseren Klimabedingungen überleben können, müssen sie ein kälteresistentes Gewebe bilden, das auch den tiefen Temperaturen im Winter widerstehen kann. Das betrifft insbesondere die Kambium- und Bastschicht. In diese werden Substanzen eingelagert, die wie Frostschutzmittel wirken und eine Zerstörung des Gewebes bei Minusgraden verhindern. Bei sehr großer Kälte kann es schon mal passieren, dass insbesondere die jungen Triebe einiger Sträucher oder Bäume erfrieren. In der Regel regenerieren sich diese aber im kommenden Frühjahr gut, indem die Knospen der verholzten Basis austreiben und neue Triebe entwickeln.

Eine weitere Anpassung sommergrüner Gehölze an die kalte Jahreszeit besteht darin, dass sie sich ihrer empfindlichsten Organe, den Blättern, am Ende der Vegetationsperiode entledigen. Immergrüne Gehölze behalten ihre Blätter auch den Winter über, jedoch ist deren Stoffwechsel auf ein Minimum reduziert. Trotzdem verdunsten sie an wärmeren bzw. frostfreien Tagen Wasser. Deshalb ist es besonders wichtig, dass diese Gehölze im Herbst ausreichend gewässert werden.

Triebformen, Knospen und Blütenbildung

Gehölze bauen ihr Ast- und Zweiggerüst im Laufe der Zeit sukzessive auf, sodass immer gleichzeitig diesjährige, vorjährige und mehrjährige Triebe vorhanden sind. Das Alter dieser Triebe lässt sich bei genauerer Betrachtung gut erkennen und spielt eine wesentliche Rolle bei der fachlich richtigen Durchführung der Schnittarbeiten. Dies ist deshalb von großer Wichtigkeit, da die Blütenbildung je nach Gehölzart an dies-, vor- oder mehrjährigen Trieben erfolgt.

Lang- und Kurztriebe

Das Gerüst der Gehölze wird im Wesentlichen von sogenannten Langtrieben aufgebaut. Dies sind Triebe, die in der Regel ein starkes Längenwachstum aufweisen und in mehr oder weniger großen Abständen Knospen oder Seitentriebe ausbilden.

Ist das Längenwachstum der Seitentriebe stark begrenzt, so bezeichnet man diese als Kurztriebe. Bei den meisten Gehölzarten gibt es alle Übergänge von Lang- und Kurztrieben, wobei mit zunehmendem Alter die Bildung von Kurztrieben meist zunimmt. An den Kurztrieben entwickeln sich Blätter (Fächerblattbaum) oder Blütenknospen (Bukettriebe der Kirsche).

1) Langtriebe werden vorwiegend an jungen Bäumen und Sträuchern gebildet (*Acer platanoides*). 2) Kurztriebe entwickeln sich überwiegend an den Kronen älterer Bäume. Bei zahlreichen Arten wie zum Beispiel bei Kirschen werden Blütenknospen ausschließlich an Kurztrieben angelegt. 3) Beim Ginkgo sind die Kurztriebe stark gestaucht und viele Jahre hindurch funktionsfähig.

Bei einigen Gehölzarten verdornen die Kurztriebe an der Spitze, beispielsweise beim Sanddorn.

Knospenstellung

Bei sommergrünen Laubgehölzen wird im Winter die Knospenstellung recht gut sichtbar. Sind die Knospen abwechselnd an der linken und rechten Zweigseite angeordnet, so spricht man von wechselständig bzw. zweizeilig angeordneten Knospen, wie zum Beispiel bei der Ulme. Wenn sie unregelmäßig um den Zweig angeordnet sind, wie bei vielen Rosengewächsen (Kirsche, Eberesche etc.) oder bei Eichen, so spricht man von spiraliger Knospenstellung; diese kommt am häufigsten vor. Eine gegenständige Knospenanordnung findet man bei Ahornen, Eschen, Flieder oder Hartriegelarten; hier sitzen immer zwei Knospen gegenüber am Zweig. Selten kommt die quirlständige Knospenstellung vor, wobei jeweils drei Knospen in gleicher Höhe angeordnet sind (Trompetenbaum).

Blatt- und Blütenknospen

Bei den Knospen unterscheidet man Blattknospen und Blütenknospen. Die Blattknospen sind meist kleiner und schlank, während die Blütenknospen meist größer, rundlich und dick sind. Es gibt aber auch einige Gehölzarten wie beispielsweise den Wolligen Schneeball, dessen Knospen keine Knospenschuppen besitzen.

Blütenbildung

Grundsätzlich unterscheiden sich Gehölze bei der Blütenbildung darin, dass sie bereits im Vorjahr oder erst im Laufe der Vegetationsperiode Blüten anlegen.

1. Die Blütenknospen werden bereits im Herbst des Vorjahres angelegt. Dazu zählen die meisten Gehölze, die im Frühjahr blühen, meist sogar, bevor sich die Blätter entwickelt haben.

a) Die Blütenknospen sitzen in der Regel auf der ganzen Länge der vorjährigen Sprosse. Die Blüten entwickeln sich unmittelbar aus den Blütenknospen (Forsythien).

b) Die Blütenknospe sitzt an der Spitze der vorjährigen Triebe oder nächstfolgenden Seitenknospen (Gemeiner Flieder).

c) Die Blüten entwickeln sich an Kurz-

Auch beim Flieder entstehen die Blütenknospen bereits im Vorjahr an den Enden der Zweige.

Bei der Forsythie und vielen anderen Arten werden die Blüten an den vorjährigen (zweijährigen) Zweigen bereits im Jahr vor der Blüte entlang der gesamten Zweiglänge angelegt.

Gehölzarten wie die Kornelkirsche legen ihre Blütenknospen bereits im Spätsomer an Kurztrieben der zwei- und mehrjährigen Triebe an.

Ausnahmsweise können sich die Blüten wie beim Judasbaum auch am alten Holz sowie am Stamm entwickeln.

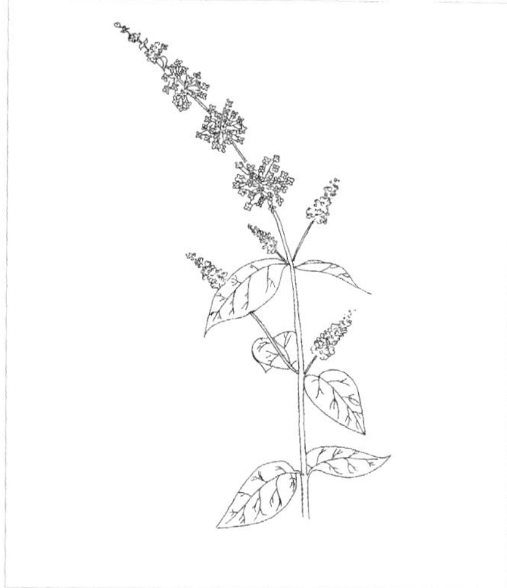

Beim Sommerflieder entwickeln sich die Blüten erst gegen Ende des Triebwachstums am Ende der diesjährigen Triebe.

Beim Blasenstrauch werden die Blüten ebenfalls an den diesjährigen Trieben gebildet, allerdings schon während des Wachstums und aus den Blattachseln wachsender Triebe.

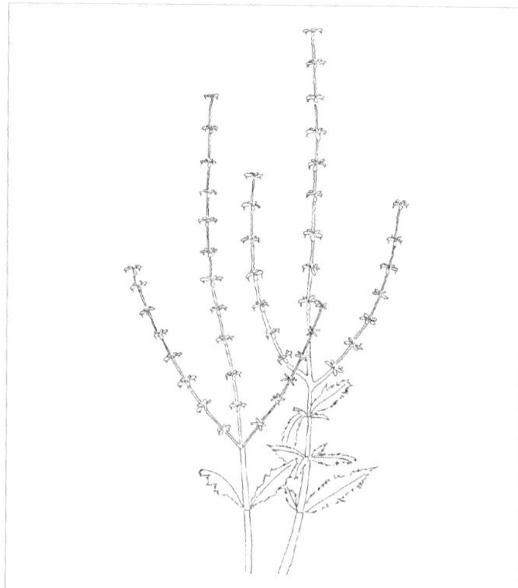

Halbsträucher wie die Blauraute frieren oft bis knapp über dem Boden zurück. Sie entfalten ihre Blüten am Ende von diesjährigen Langtrieben, die sich von der Basis der Sträucher aus jährlich neu entwickeln.

trieben am vor- bis mehrjährigen Holz. Die Blüten entwickeln sich unmittelbar aus diesen Knospen (Kornelkirsche, Zaubernuss, Zier-Kirschen).
d) Die Blüten erscheinen unmittelbar aus dem Holz mehrjähriger Zweige oder sogar direkt am Stamm (Judasbaum).

2. Die Blütenanlagen entwickeln sich an den im laufenden Jahr gebildeten, neu wachsenden (diesjährigen) Trieben und entwickeln sich unmittelbar zu Blüten. Triebwachstum und Blüten erfolgen also innerhalb einer Wachstumsperiode. In diesem Fall fördert ein kräftiger Schnitt vor dem Austrieb die Bildung zahlreicher neuer (Blüten-)Triebe.
a) Blüten oder Blütenstände entwickeln sich nach Abschluss des Triebwachstums an End- oder Seitentrieben (Sommerflieder).
b) Blüten und Blütenstände entwickeln sich während des Sommers aus den Blattachseln der diesjährigen Triebe (Blasenstrauch).
c) Blüten und Blütenstände bilden sich an diesjährigen Trieben, die sich von der Basis aus alljährlich neu entwickeln. Bei den so genannten Halbsträuchern entwickeln sich die Langtriebe also direkt von der Basis aus neu, sie blühen meist erst später im Sommer (Blauraute).

Saftdruck und Wachstumsgesetze

Die Pflanzensäfte steigen in der Pflanze immer nach oben. Dies hat zur Folge, dass das Wachstum der Triebspitzen gefördert wird. Im Laufe des Alterungsprozesses verzweigen sich die Triebspitzen immer mehr, sind nach und nach eher waagerecht gestellt und biegen sich in den folgenden Jahren immer mehr nach unten.

Orte bevorzugter Triebbildung

Man unterscheidet vier verschiedene Orte der Triebneubildung.

Spitzenförderung (Akrotonie)
Der nach oben strebende Saftdruck verleiht der Endknospe bei aufrecht wachsenden Trieben eine sehr starke Triebkraft. Gleichzeitig werden dabei die nach unten angeordneten Knospen in ihrem Austrieb gehemmt. Darüber hinaus übt der Verlängerungstrieb auf

Das Prinzip der Akrotonie am Beispiel des Spitz-Ahorns. Der Endtrieb und die obersten Seitentriebe wachsen am stärksten, das Wachstum der Seitentriebe nach unten hin ist gehemmt, die Triebe werden nach und nach kürzer.

die tieferstehenden Triebe eine Wuchshemmung aus, die zur Basis hin immer stärker ausgeprägt ist.

Oberseitenförderung (Epitonie)
Bei waagerecht oder leicht schräg nach oben stehen Trieben fördert der Saftdruck nicht nur die Endknospe, sondern wird gleichmäßig auf alle auf der Oberseite des Zweiges angeordneten Knospen verteilt. Der Austrieb ist jedoch deutlich schwächer und die Triebe sind wesentlich kürzer als bei der Spitzenförderung. Je flacher der Ast, umso stärker wirkt sich der Saftdruck auf die Oberseite aus.

Dies macht man sich bei Obstbäumen zunutze, indem man steil stehende Triebe herabbindet und damit die Bildung schwächerer Triebe und die Blütenbildung fördert.

Scheitelpunktförderung (Mesotonie)
Besonders bei Obstbäumen biegen sich durch das Gewicht der Früchte die Zweige bogenförmig nach unten. Auch bei zahlreichen Ziersträuchern hängen die Triebspitzen aufgrund der starken Verzweigung und/oder reichlicher Blütenbildung nach einigen Jahren nach unten, etwa bei Forsythien. Dadurch werden die Knospen auf dem Scheitelpunkt stark gefördert und treiben nun am stärksten aus. Diese kräftig entwickelten Scheiteltriebe verjüngen die Pflanze.

Basisförderung (Basitonie)
Von Basitonie spricht man, wenn sich Pflanzen durch Neutriebe von der Basis her aufbauen, verjüngen oder erneuern. Dies ist insbesondere bei ausläufertreibenden Gehölzen der Fall.

Entwickeln sich wie bei der Rose die kräftigsten Neutriebe im mittleren Teil des Strauchs sowie am Scheitelpunkt der Triebe, dann spricht man von Mesotonie.

Das Beispiel der Hasel zeigt deutlich eine Triebförderung vorwiegend an der Basis des Strauches. Man bezeichnet dies als Basitonie.

Formen der Verzweigung

Alle Gehölze sind mehr oder minder symmetrisch aufgebaut. Vereinfacht betrachtet gibt es nur drei verschiedene Möglichkeiten der Verzweigung. Bei der ersten werden Wuchs und Verzweigung der Spitzentriebe gefördert (Akrotonie). Dies ist bei nahezu allen jungen Gehölzen zu beobachten, später ist dies in der Regel nur noch bei Bäumen der Fall.

Bei der zweiten erfolgt die Verzweigung vorwiegend im mittleren Bereich eines Gehölzes (Mesotonie).

Der Wuchs bei der Mehrzahl der Sträucher erfolgt bei der dritten Möglichkeit durch die Verzweigung von der Basis her (Basitonie). Diese Art der Verzweigung spielt auch bei der Verjüngung eine wichtige Rolle.

Sträucher, die sich allgemein von der Basis her erneuern, kann man grob in zwei Gruppen einteilen:

1. Sträucher der ersten Gruppe bilden Triebe von der Basis ausgehend, die weitere Verzweigung erfolgt aber vorwiegend im Spitzenbereich (akrotone Förderung). Als Beispiel dazu kann die Haselnuss angeführt werden. Beim Erhaltungsschnitt dieser Strauchgruppe sollten einzelne ältere, nicht mehr voll blühfähige Triebe an der Basis herausgeschnitten werden, damit sich neue Basistriebe entwickeln können. Gleichzeitig sollte auch ein Teil zu dicht stehender Schösslinge entfernt werden.
2. Sträucher der zweiten Gruppe bilden ebenfalls Triebe an der Basis, diese verzweigen sich aber in weiterer Folge nicht im Spitzenbereich, sondern im mittleren Bereich (mesotone Förderung). Die ältesten Triebe neigen sich bald an der Spitze und bilden flache Bögen aus. An deren Oberseite entwickeln sich dann junge Triebe, wobei die kräftigsten im Bereich der stärksten Krümmung entstehen. Diese Art der Verzweigung ist weit verbreitet und unter anderem bei Forsythien, Wildrosen und Berberitzen zu beobachten. Für den Schnitt bedeutet dies, dass beim Erhaltungsschnitt die Triebe nicht sogleich bis zum Boden herausgeschnitten werden, sondern dass man diese bis auf einen im Bogen stehenden Verjüngungstrieb zurückschneidet. Erst nach mehreren Jahren, wenn die Blühfähigkeit nachlässt, werden diese Triebe an der Basis entfernt.

Wuchsformen

Sträucher sind vieltriebige, mehr oder minder stark verzweigte Gehölze. Ihre Wuchshöhe ist aufgrund von rasch kürzer werdenden Jahrestrieben und mehr oder minder bogigem Wachstum beschränkt. Ihre Vieltriebigkeit wird durch Knospen an der Strauchbasis hervorgerufen.

Bäume sind dagegen hochwachsende, meist einstämmige, gelegentlich auch mehrstämmige Gehölze. Sie bilden einen Stamm und eine Krone aus.

Der Gehölzschnitt (Art und Intensität) richtet sich nach der Wuchsform der Gehölze und ist auch davon abhängig, wie die jeweilige Gehölzart ihr Zweiggerüst erneuert.

Kurzlebige Kleinsträucher und Halbsträucher

Sträucher dieser Gruppe bilden wenig verzweigte Triebe, die nur wenige

Die Langtriebe von Halbsträuchern wie der Blauraute regenerieren sich aus basisnahen Knospen alljährlich neu.

Jahre alt werden (Ginster) oder überhaupt jedes Jahr bis zum Boden zurücktrocknen oder zurückfrieren, und die sich aus bodennahen Knospen erneuern (Blauraute).

Ausläufertreibende Sträucher und Schösslingssträucher

Bei diesen Sträuchern wird kein dauerhaftes Gerüst gebildet, sondern die Pflanze erneuert sich regelmäßig durch viele junge Triebe, die an der Triebbasis entstehen, oder durch Schösslinge aus dem Wurzelbereich (Ranunkelstrauch und Himbeere).

Bodenschlüssige und breit wachsende Sträucher

Sträucher dieser Gruppe bilden regelmäßig Jungtriebe an der Basis. Die einzelnen Triebe des Astgerüsts können mehrere Jahre alt werden. Gleichzeitig bilden sich im oberen Bereich der Pflanze, insbesondere aber an den Scheitelpunkten der herabhängenden Äste, junge Triebe (Forsythien und Sibirischer Hartriegel).

Kahlfüßige Sträucher mit Basisförderung

Sträucher dieser Gruppe bilden ebenfalls regelmäßig Jungtriebe an der Basis bzw. in den bodennahen Triebabschnitten. Die Verzweigungen und blütentragende Triebe entwickeln sich vorwiegend im oberen Bereich der Pflanze (Maiblumenstrauch und Pfeifenstrauch).

Kahlfüßige Sträucher mit geringer Basisförderung

Sträucher wie die Felsenbirne bauen aus wenigen (etwa vier bis sechs) Trieben, die direkt aus dem Boden wachsen, ein stabiles Gerüst auf. Neutriebe an der Basis werden nur in geringer Anzahl gebildet, mit zunehmendem Alter unterbleibt auch dies.

Bodenschlüssige Sträucher wie der Belgische Spierstrauch oder die Forsythie wachsen anfangs aufrecht und später überhängend bis ausladend. Dadurch sind sie meist genauso breit oder breiter als hoch.

Kahlfüßige Sträucher wie die Deutzie bilden Jungtriebe an der Basis. Die blütentragenden Verzweigungen entstehen dagegen vorwiegend im oberen Bereich der Pflanze. Entfernen Sie abgeblühte Triebe.

Eberesche und Kuchenbaum sind gute Beispiele für Gehölze, die sich durch einen gut entwickelten Mitteltrieb, der sich erst spät im oberen Kronenbereich verzweigt, baumförmig entwickeln. Für einen guten Kronenaufbau ist ein fachgerechter Erziehungsschnitt notwendig.

Kahlfüßige Sträucher mit Spitzenförderung

Die Sträucher dieser Gruppe bilden ein langlebiges Gerüst aus mehreren Ästen oder einen kurzen Stamm mit einer mehrstämmigen Krone. Ältere Pflanzen regenerieren sich aus der Basis und dem unteren Bereich kaum bis gar nicht mehr. Die Triebförderung liegt hier vorwiegend im oberen Teil des Strauchs (Magnolie und Zaubernuss).

Baumartige wachsende Gehölze

Bäume bilden ein stabiles Gerüst aus einem Stamm, manchmal auch aus mehreren Stämmen, einem Mitteltrieb und einigen Seitenästen. Die Höhe des Kronenansatzes wird vom Gärtner in der Baumschule festgelegt (Eberesche und Kuchenbaum).

Werkzeuge im Einsatz

Voraussetzung für fachlich einwandfreie Schnitt- und Pflegearbeiten ist entsprechendes Qualitätswerkzeug. Achten Sie darauf, dass die Schnittwerkzeuge immer scharf und sauber sind. Sorgen Sie dafür, dass Sie für jede Aufgabe geeignetes Werkzeug zur Verfügung haben.

Schnittwerkzeuge

Die Gartenschere ist wohl das meistverwendete Schnittwerkzeug. Man kann damit nicht nur unverholzte Pflanzenteile, sondern auch holzige Triebe bis zu 1 cm Dicke problemlos entfernen. Für stärkere Äste sollten Sie eine Astschere verwenden.

Die richtige Handhabung der Gartenschere ist keine Selbstverständlichkeit. Achten Sie beim Schneiden immer darauf, dass sich die dünnere Klinge näher bei der Knospe bzw. der Anwuchsstelle befindet. Ist dies nicht der Fall, dann drehen sie die Schere leicht oder schneiden Sie von der anderen Seite. Für Linkshänder gibt es eigene Modelle.

Mit der Astschere schneidet man Äste, die für die Gartenscheren zu dick sind. Sie eignet sich gut dafür, dickere Strauchäste knapp über dem Boden wegzuschneiden (auszulichten) sowie Baumäste über Kopfhöhe zu entfernen.

Für das Entfernen von Ästen ab einer Dicke von etwa 4 cm benötigen Sie schon eine Säge. Schwertsägen als Griffsägen mit gebogenem Sägeblatt sind besonders praktisch. Achten Sie beim Kauf aber darauf, dass das Sägeblatt rostfrei ist und eine scharfe Zähnung aufweist. Der Griff sollte rutschfest sein. Vorteilhaft sind Schwertsägen mit einklappbarem Sägeblatt, weil man diese bequem und sicher transportieren kann. Mit Sägen dieser Art lässt sich auch das alte Holz an der Basis einer Rose bequem herausschneiden. Besonders nützlich sind auch kleine Klappsägen, weil man mit diesen auch auf sehr beengtem Raum noch gut arbeiten kann.

Bügelsägen wird man als Hobbygärtner wohl kaum benötigen, außer man möchte an älteren Bäumen einen Verjüngungsschnitt durchführen. Da diese Säge rauere Schnittstellen hinterlässt empfiehlt es sich, die äußeren Wundränder mit einem Messer oder einer Hippe nachzuschneiden.

Bei den Messern werden Hippe und Okuliermesser verwendet. Die Hippe hat eine gekrümmte Klinge, die sich besonders zum Glätten von rauen

Tipp

Schneiden Sie auf keinen Fall Draht mit der Gartenschere, dies geht auf Kosten der Klingenschärfe und verkürzt deren Lebensdauer.

Gartenschere zum Schneiden dünner Triebe und Zweige.

Astschere zum Entfernen dickerer Äste.

Schnitten und ausgefransten Schnitträndern anbietet. Ziehen Sie das Messer immer mit einer gleichmäßigen Bewegung von den Schnitträndern zur Mitte hin, damit sich die Rinde durch den Druck nicht vom Holz löst. Mit dem Okuliermesser (es muss immer scharf geschliffen sein!) lassen sich auch Rindenverletzungen gut ausschneiden.

Für den Hecken- sowie Formschnitt benötigen Sie eine Heckenschere. Scheren mit gewellten Schnittkanten verhindern, dass die Triebe beim Zusammenführen der Klingen wegrutschen. Im Hausgarten wird man damit kleinere Hecken und Buchskugeln schneiden. Für lange und hohe, formale Hecken benötigen Sie schon eine elektrische Heckenschere. Auch in diesem Fall sollten die Klingen von guter Qualität sein. Eine Sicherung, damit die Schere stoppt, wenn man eine Hand vom Griff loslässt, ist selbstverständlich.

Daneben gibt es noch zahlreiche weitere Schnittwerkzeuge, wie zum Beispiel Stangenscheren oder Stielastscheren. Sie werden ausschließlich im oberen Bereich von Bäumen und zum Einkürzen von Kletterpflanzen verwendet, die mit einer Leiter nicht mehr erreicht werden können. Ebenso wie für die Stangensägen benötigen Sie für den Umgang mit diesen Werkzeugen viel Geschick, um damit gut umgehen zu können.

Schließlich ist auch noch ein scharfkantiger Spaten hilfreich, mit dem Sie Wurzelausläufer abtrennen können. Diese Arbeit lässt sich auch gut mit einem gut geschliffenen Kantenstecher bewältigen.

Vorsichtsmaßnahmen

Alle elektrisch betriebenen Geräte, wie zum Beispiel Heckenscheren, die über einen Kabelanschluss mit Strom versorgt werden, sollten aus Sicherheitsgründen einen Unterbrecherschalter haben (siehe jeweilige Sicherheitsbestimmungen). Verwenden Sie solche Geräte niemals bei feuchtem Wetter oder Regen. Das Tragen von Schutzbrillen bei der Verwendung von elektrischen Heckenscheren in Augenhöhe sollte ebenfalls selbstverständlich sein.

Werkzeugpflege

Alle Schnittwerkzeuge sollten mit großer Sorgfalt gereinigt werden. Reinigen Sie die Schnittflächen mit einem ölgetränkten Lappen und trocknen Sie diese durch einfaches Abwischen, damit sie nicht rosten. Haben Sie krankes Pflanzenmaterial damit geschnitten, dann sollten Sie das Schnittwerkzeug unbedingt mit handelsüblichen Desinfektionsmitteln desinfizieren, um eine Übertragung von Krankheiten zu verhindern.

Grundlagen des Gehölzschnittes

Der Schnitt an jungen Bäumen und Sträuchern dient in erster Linie dazu, ein gesundes, kräftiges und ausgeglichenes Astgerüst aufzubauen. Natürlich nimmt man damit auch Einfluss auf Größe und Form der Gehölze und schafft die Grundlagen für den späteren Wuchs.

Je früher ein Gehölz geschnitten wird, desto besser ist seine Regeneration und umso schneller verheilen die Wunden. Das geschieht am schnellsten, wenn die entfernten Triebe noch nicht verholzt sind. Am reifen Gehölz, insbesondere an Bäumen, beschränkt sich der Schnitt meist auf das Entfernen kranker oder beschädigter Äste. Große Äste sollten nicht herausgeschnitten werden, denn meist bringt diese Maßnahme große Probleme für den Baum mit sich. An den Schnittstellen entstehen Faulstellen, die sich langfristig bis tief in den Stamm hinein fortsetzen. Nur wenn diese Äste krank oder abgestorben sind oder der Baum verjüngt werden muss, ist diese Maßnahme gerechtfertigt. Größere Eingriffe sollten Sie in jedem Fall einem Fachmann überlassen.

Der Schnitt

Voraussetzung für ein gutes und schnelles Verheilen von Schnittwunden ist ein sauber vorgenommener Schnitt. Dabei darf das Gewebe der Pflanzen oder die Rinde nicht gequetscht oder aufgerissen werden. Auch die Schnittführung ist wichtig: Ein schräger, knapp über dem Auge angesetzter Schnitt verhindert, dass sich Feuchtigkeit an der Schnittstelle hält und die Ansiedlung von schädlichen Pilzen fördert.

Bei Pflanzen mit wechselständigen Knospen sollte der Schnitt schräg etwa 5 mm über dem Auge erfolgen.

Bei gegenständiger Knospenstellung schneidet man am besten knapp über dem Augenpaar, damit sich zwei neue gesunde Triebe entwickeln können.

Schneidet man zu knapp an der Knospe, dann trocknet diese ein. Lässt man hingegen zu lange Stümpfe stehen, trocknen diese ebenfalls ein und werden meist von Pilzen (Rotpustelkrankheit) befallen. Ideal sind deshalb Schnitte an einer Astgabel, wobei ein Trieb vollständig entfernt wird.

Größere Schnitte am Baum dienen meist der Veränderung der Wuchsform. Diese Schnitte benötigen jedoch mehrere Jahre zum Verheilen. Sie stellen potenzielle Eintrittspforten für Pilzkrankheiten dar. Deshalb muss der Schnitt unbedingt sauber, im richtigen Winkel und so erfolgen, dass er rasch verheilen kann.

Beim Entfernen dickerer Äste sowie bei Bäumen sollten die Schnitte immer direkt über dem Astring erfolgen, da hier die besten Heilungschancen bestehen. Dabei ist auch zu beachten, dass die angeschnittenen Äste nicht abrei-

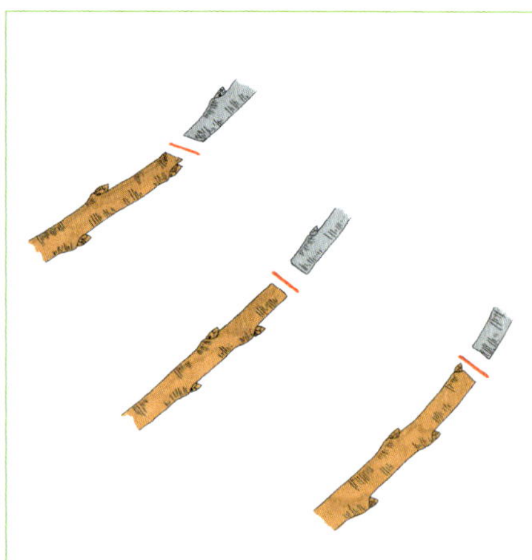

Schnittführung: Richtig! Dicht über einer Knospe mit schrägem Schnitt. Falsch! Stummel bleibt stehen. Falsch! Zu knapp geschnitten, Knospe trocknet zurück.

1) Wirkung des Lang- und Kurzschnitts: diesjähriger Trieb am Ende der Vegetationsperiode. 2) Dieser Trieb wurde im Winter nicht eingekürzt. Es entwickeln sich eine schwache Triebverlängerung und mehrere kurze Triebe an der Triebspitze. 3) Der Trieb wurde im Winter etwa um ein Drittel eingekürzt. In der Folge bilden sich eine kräftige Triebverlängerung und wenige gut entwickelte Seitentriebe unterhalb des Mitteltriebs. 4) Der Trieb wurde im Winter etwa um zwei Drittel eingekürzt. Es wachsen nur zwei bis drei sehr kräftig entwickelte Triebe.

ßen, bevor sie ganz durchgeschnitten sind und dadurch am Stamm tiefe Wunden unterhalb der beabsichtigten Schnittstelle hinterlassen. Schneiden Sie den Ast in diesem Fall immer zuerst etwa 50 cm oberhalb der eigentlichen Schnittstelle von unten an. Führen sie dann einen weiteren Schnitt von oben durch, und zwar weiter außen in etwa 5 cm Entfernung vom Unterschnitt. Der Ast wird dann durch sein Eigengewicht zu Boden fallen. Der eigentliche Schnitt erfolgt dann direkt über dem Astring.

Schnittstärken und Folgen

Die Schnittstärke reguliert den Austrieb nach dem Rückschnitt.

Wird ein Trieb nicht geschnitten, so kommt es aufgrund des höheren Saftdrucks im Triebspitzenbereich genau dort zu einem stärkeren Austrieb. Hier werden sich also die Seitentriebe entwickeln. Die Stärke des Austriebs nimmt zur Basis hin ab und die im unteren Bereich liegenden Knospen treiben nicht aus (siehe Zeichnung 2).

Schneidet man den Trieb mäßig zurück, dann wird der Saftdruck im Bereich unterhalb der Schnittstelle entsprechend größer. Folglich kommt es hier nun zu einer stärkeren Verzweigung, die Triebe sind kräftiger entwickelt (siehe Zeichnung 3).

Bei starkem Rückschnitt auf wenige oder gar nur eine einzige Knospe wird diese Wirkung noch verstärkt. Die Folge ist ein starker Austrieb mit wenigen kräftigen oder mit nur einem einzigen starken, oft unverzweigten Neutrieb (siehe Zeichnung 4). Diesen gilt es einzukürzen, damit er sich verzweigt.

Jungpflanzen schneiden

In einigen Fällen kann in der Jugendphase die zukünftige, mitunter von der natürlichen Form abweichende Wuchsform des Strauchs oder Baums festgelegt werden. Der Grund dafür liegt in der Dominanz bzw. in der Brechung der Dominanz der Terminalknospen und der Förderung von schlafenden Augen an der Strauchbasis bzw. an der Basis junger Bäume. Schneidet man bei Sträuchern, zum Beispiel beim Sibirischen Hartriegel, alle Triebe im Spätwinter knapp über dem Boden ab, so entwickeln sich zahlreiche neue, kaum verzweigte und kräftig gefärbte Jungtriebe. Diesen Schnitt kann man jährlich wiederholen.

Schnittziele

Die meisten bekannten Gartensträucher benötigen regelmäßige Schnittmaßnahmen, die zumindest in größeren Abständen vorgenommen werden sollten. Neben dem Erziehungs-, Erhaltungs- und Verjüngungsschnitt gibt es eine Reihe weiterer Gründe, die Schnittmaßnahmen an Gehölzen erfordern.

Gesunderhaltung

Einer der Hauptgründe für das Schneiden besteht darin, die Pflanzen gesund zu erhalten. Um dies zu gewährleisten müssen abgestorbene, verletzte oder kranke Zweige und Äste bis ins gesunde Holz zurückgeschnitten werden. Auch sich kreuzende und zu dicht stehende Triebe sollten rechtzeitig entfernt werden, damit Schürfwunden und ein Absterben der Triebe im Strauchinneren aus Lichtmangel vorweg verhindert wird.

Förderung der Blühwilligkeit

Bei Ziersträuchern und Rosen ist ein regelmäßiger Schnitt für die Erhaltung der Blühwilligkeit unerlässlich. Bilden sich die Blüten am ein- bis vierjährigen Holz, dann ist es notwendig, älteres und abgetragenes Blühholz zugunsten des jüngeren, blühwilligeren zu entfernen. Bei jenen Gehölzarten, die am diesjährigen Trieb blühen, ist ein regelmäßiger scharfer Schnitt unbedingt notwendig.

Schmuckwirkung erzielen

Legen Sie ausschließlichen Wert auf bunt gefärbte Jungtriebe, etwa beim Sibirischen Hartriegel, so können Sie alle Triebe alljährlich im Nachwinter auf ein Gerüst zurückschneiden. Auf diese Weise können Sie auch die Entwicklung von besonders schönem Blattwerk bei bunt- oder großlaubigen Gehölzen erzwingen.

Erziehung eines bestimmten Habitus

Durch entsprechenden Schnitt lassen sich auch bestimmte Wuchsformen erzwingen, wie zum Beispiel eine Kopfweide.

Erzeugung von dichtem, buschigem Wuchs

Mit kleinblättrigen Arten von immergrünen Laubgehölzen und Nadelgehölzen lassen sich geschnittene Hecken, Baumwände und formale Elemente

Förderung der Blühwilligkeit durch den Schnitt bei der Bartblume.

Intensive Rindenfärbung der jungen Triebe beim Gelbholzigen Hartriegel.

sowie der Figurenschnitt (Topiary) erziehen.

Fruchtgewinnung

Obstbäume und Beerensträucher sollten ebenfalls einmal jährlich geschnitten werden, damit sie gesund bleiben, reich blühen und eine reiche Ernte liefern. Bei Obstbäumen erfolgt der Schnitt in Zusammenwirken mit dem Formieren der Äste und Zweige. Hier gilt es, das Gleichgewicht zwischen Wachstum und Fruchten zu erzielen, bzw. dieses über eine möglichst lange Zeitspanne zu erhalten.

Laufende Pflegemaßnahmen

Neben dem Entfernen kranker und abgestorbener Triebe gibt es eine Reihe weiterer kleinerer Schnittarbeiten, die sogleich nach dem Auftreten der entsprechenden Ereignisse durchgeführt werden sollten. Das Entfernen verwelkter Blüten und Blütenstände bei Rosen oder immergrünen Rhododendren sowie das Herausschneiden von Trieben mit Rückmutationen bei Sorten mit panaschiertem Laub, wie etwa beim Weißbunten Eschenahorn, zählen dazu. Wildtriebe bei veredelten Sträuchern müssen laufend entfernt werden.

Vom Pflanzschnitt zum Verjüngungsschnitt

Von der Pflanzung bis zum Alter durchläuft eine Pflanze sehr unterschiedliche Entwicklungsstadien, die verschiedene Schnittmaßnahmen notwendig machen.

Pflanzschnitt

Ob und wie Sie Ihr Gehölz bei der Pflanzung schneiden müssen, hängt davon ab, welche Pflanze Sie erworben haben. Die Schnittmaßnahmen unterscheiden sich nämlich bei wurzelnackten, Container- und Ballenpflanzen.

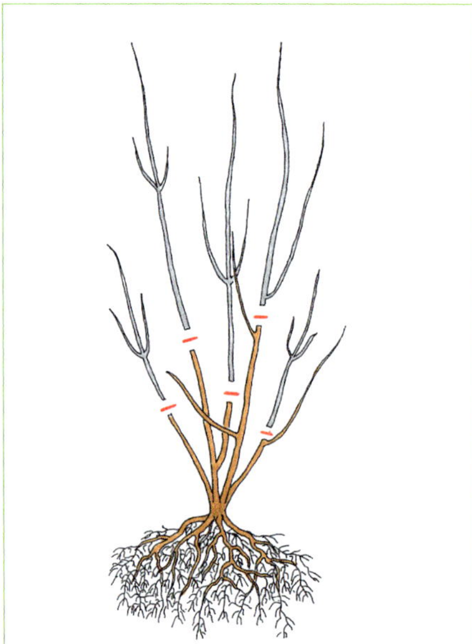

Beim Pflanzschnitt wurzelnackter Sträucher werden die oberirdischen Pflanzenteile um ein bis zwei Drittel eingekürzt.

Pflanzschnitt bei wurzelnackten Pflanzen

Man kann wurzelnackte Gehölze während der Ruheperiode im Herbst und Frühjahr pflanzen. Diese Pflanzen wurden in der Baumschule gerodet, wobei der Großteil der Feinwurzeln verloren gegangen ist.

Bei wurzelnackten Pflanzen müssen die restlichen Wurzeln eingekürzt werden. Damit die Wurzeln nach dem Pflanzen wieder genügend Feinwurzeln entwickeln, müssen verletzte Wurzeln bis in den gesunden Teil zurückgeschnitten werden. Gleichzeitig werden die oberirdischen Pflanzenteile stark eingekürzt. Kräftige Triebe schneiden Sie etwa um ein Drittel, schwächere etwa um die Hälfte zurück. Schwache, nach innen weisende sowie verkümmerte und kranke Triebe werden ganz entfernt.

Pflanzschnitt bei Containerpflanzen

Gehölze, die im Container oder mit Topfballen kultiviert wurden, können das ganze Jahr hindurch gepflanzt werden. Allerdings sind die Sommermonate Juli und August weniger günstig, da der Wasserbedarf während dieser Zeit sehr hoch ist und Wassermangel zu Anwuchsschwierigkeiten führen kann.

Beim Pflanzen von Containerpflanzen werden keine Wurzeln entfernt. Lockeren Sie den Wurzelballen nur vorsichtig. Entfernen Sie schwache und quer in den Strauch wachsende Triebe, die kräftigen Langtriebe bleiben unbeschnitten.

Pflanzschnitt bei Ballenpflanzen

Bei Pflanzen, die mit einem Erdballen geliefert werden, erübrigt sich in der Regel der Pflanzschnitt. Jede größere Schnittmaßnahme würde bei Gehölzarten wie dem Fächerahorn, der Zaubernuss und Magnolien den Habitus unweigerlich zerstören.

Der Pflanzschnitt beschränkt sich hier auf das vorsichtige Auslichten und Entfernen abgetrockneter oder etwas zu dicht stehender Zweige.

Erziehungs- und Aufbauschnitt

In den ein bis zwei Jahren nach der Pflanzung wird das Astgerüst des Strauchs aufgebaut. Schneiden Sie schwache und ins Innere wachsende Triebe heraus und kürzen Sie die Triebspitzen ein, damit sich diese verzweigen. Bei kurzlebigen Sträuchern

Pflanzschnitt bei Containerpflanzen.
Der Ranunkelstrauch vor dem Schnitt.

Der Ranunkelstrauch nach dem Schnitt.

Links: Bei zwei- bis dreijährigen Sträuchern, die als wurzelnackte Pflanzen verkauft werden, ist ein Pflanzschnitt notwendig. Die Abbildung zeigt einen etwa dreijährigen Strauch des Gelbholzigen Hartriegels vor dem Pflanzschnitt. Rechts: Derselbe Hartriegel nach dem Pflanzschnitt.

Forsythie vor dem Erhaltungsschnitt.

Forsythie nach durchgeführtem Erhaltungsschnitt.

entfernen Sie bereits ab dem vierten Jahr einige der ältesten Triebe, diese werden durch Jungtriebe aus dem Strauchinneren ersetzt. Bei den übrigen Sträuchern mit dauerhaftem Gerüst werden nur überzählige Bodentriebe entfernt und ein geringfügiger Korrekturschnitt durchgeführt, wenn die Pflanzen nicht regelmäßig aufgebaut sind.

Erhaltungs- und Pflegeschnitt

Hat die Pflanze das Adultstadium und damit die gewünschte Größe erreicht und blüht und fruchtet sie nun regelmäßig, so ist es an der Zeit, die Vitalität der Blüten- und Fruchtbildung zu bewahren und gleichzeitig einer etwaigen Größenzunahme vorzubeugen. Nun entfernen Sie abgeblühte und vergreisende Triebe, die durch junge Triebe im Astbereich oder aus dem bodennahen Bereich ersetzt werden. Gehölze mit kurzlebigen Trieben schneiden bzw. lichten Sie jährlich aus, solche mit langlebigem Astgerüst hingegen in mehrjährigem Turnus. Dadurch wird der Alterungsprozess verzögert, indem Sie durch den Schnitt eine stetige Erneuerung der Pflanze anregen.

Einkürzen

Oft werden fälschlicherweise vor allem die vor- und letztjährigen Triebspitzen im oberen Bereich und an den Seiten der Sträucher bis auf wenige Knospen eingekürzt.

Nur bei den Sommerblühern wie Bartblume und Sommerflieder, die am diesjährigen Trieb blühen, ist das Einkürzen der notwendige Erhaltungsschnitt, der im Frühjahr vor dem Austrieb durchzuführen ist.

Auslichten

Beim Auslichten werden im Gegensatz zum Einkürzen ganze Triebe, manchmal auch der Haupttrieb, der sich aus ein- bis vierjährigen Trieben zusammensetzt, knapp oberhalb einer Verzweigungsstelle entfernt. In den meisten Fällen ist das Auslichten die richtige Schnittmaßnahme.

Verjüngungsschnitt

Wurde der Erhaltungs- und Pflegeschnitt längere Zeit nicht durchgeführt, verzweigen sich die Triebe insbesondere im oberen Bereich und senken sich sukzessive nach unten. Durch das dichte Astwerk entsteht zunehmend Lichtmangel im Inneren der Pflanze, wodurch dieser Bereich stark verkahlt. Nun hilft nur noch ein Verjüngungsschnitt. Dieser wird erheblich stärker ausfallen als alle bisher genannten Schnittmaßnahmen; er revitalisiert das Gehölz. Beim Verjüngungsschnitt werden überalterte Triebe an der Basis entfernt und dicht verzweigtes Astwerk ausgedünnt. Im äußersten Fall werden die verbliebenen starken Triebe etwa 50–60 cm über dem Boden zurückgeschnitten. Bei einigen Gehölzarten wie dem Goldregen und der Prunkspiere ist ein solcher Verjüngungsschnitt aber nicht zielführend.

Aufbauschnitt nach dem Verjüngen

Beim vorsichtig durchgeführten Verjüngungsschnitt werden nach und nach alle alten Triebe entfernt und durch Neutriebe ersetzt.

Nach einem radikalen Verjüngungsschnitt bilden sich an den verbliebenen Trieben meist sehr starke, dichte oder steil stehende Neutriebe. Diese müssen bis auf wenige Triebe, die das neue Astgerüst aufbauen sollen, ausgelichtet werden. Haben sich neue Bodentriebe gebildet, dann belassen Sie diese, wenn sie genügend Abstand zu den vorhandenen alten aufweisen und sie sich entsprechend entwickeln können. Wenn die überalterten Triebe keine Neutriebe mehr bilden, so entfernen Sie diese ganz.

Links: Verjüngungsschnitt und folgender Aufbauschnitt am Beispiel des Flieders: Stark überalterte Sträucher vertragen einen drastischen Verjüngungsschnitt. Dazu werden alle Haupttriebe etwa bis auf 60 cm über dem Boden eingekürzt, schwache Triebe werden entfernt. Rechts: Im Spätsommer oder Herbst des Folgejahrs lassen Sie pro Haupttrieb nur zwei bis drei der kräftigsten, am besten platzierten Triebe stehen. Die restlichen werden entfernt.

Schnittgruppen

Die sommergrünen Sträucher sind zahlenmäßig am häufigsten in unseren Gärten vertreten. Sie blühen und fruchten zu unterschiedlichen Zeiten und an unterschiedlichen Stellen innerhalb der Pflanze. Dementsprechend groß ist die Vielfalt der Schnittarten und Schnittmöglichkeiten und muss an die jeweilige Gehölzart angepasst werden.

Gruppe 1: Sträucher, die kaum geschnitten werden müssen

Ausgewachsene sommergrüne Sträucher dieser Gruppe, zu der beispielsweise Magnolien und Fächer-Ahorn gehören, benötigen in der Regel keinen oder einen nur geringfügigen Schnitt. Sie weisen von Natur aus ein ausgewogenes Verzweigungsmuster auf. Sie sind an der Basis meist nur wenig verzweigt oder bilden einen sehr kurzen Stamm, um sich erst dann zu verzweigen. Der Zuwachs erfolgt vorwiegend im Bereich der Triebspitzen (Triebspitzenförderung), ein Auslichten oder Ausdünnen erübrigt sich deshalb weitgehend.

Gehölze wie die Magnolie wachsen von Natur aus optimal. Nur kleine Korrekturschnitte sind notwendig, wenn sich vereinzelt starkwüchsige Triebe entwickeln, die eingekürzt werden sollten.

Pflanzschnitt: Die Sträucher dieser Gruppe sind in der Jugendphase eher langsamwüchsig und benötigen in der Regel keinen Pflanzschnitt.
Erhaltungsschnitt: Er beschränkt sich nur darauf, totes und krankes Holz sowie schwache Triebe zu entfernen.
Verjüngungsschnitt: Er ist in der Regel nicht zielführend, weil diese Gehölze an der Basis nicht mehr austreiben.

Gruppe 2: Sträucher, die nach der Blüte geschnitten werden

In dieser Gruppe finden sich zahlreiche Gartensträucher, die im Frühjahr oder Frühsommer blühen, wie etwa Forsythie und Falscher Jasmin. Die Blütenknospen sitzen entweder direkt an den vorjährigen Zweigen oder sie entwickeln sich am Ende stark verkürzter Triebe, die den vorjährigen Trieben entspringen.
Pflanzschnitt: Die Mehrzahl dieser Gehölze wird wurzelnackt oder im Container angeboten. Bei wurzelnackten Pflanzen werden die Wurzel und die Triebe eingekürzt, bei Containerpflanzen lockern Sie den Wurzelballen vorsichtig und entfernen sie schwache, geknickte oder kranke Triebe.
Erhaltungsschnitt: Kürzen Sie bei Gehölzen dieser Schnittgruppe die abgeblühten Triebe sofort nach dem Abblühen auf Ersatztriebe ein. Schneiden Sie jeweils die ältesten abgeblühten Triebe an der Basis heraus. Der rich-

Hat sich die Pflanze einmal etabliert, erfolgt der Erhaltungsschnitt, der bei vielen Sträuchern nach der Blüte durchgeführt wird. Wird dies versäumt, können Sie die Sträucher auch im Spätwinter schneiden. Entfernen Sie dazu alle Triebe mit abgeblühten Blütenständen und kürzen Sie einige der älteren Triebe bei einem kräftig entwickelten jungen Trieb eingekürzt. Ab dem vierten Jahr werden auch regelmäßig einige der ältesten Tiebe bodennah entfernt.

tige Schnittzeitpunkt ist abhängig von der Gehölzart.
Verjüngungsschnitt: Bei älteren, mehrjährigen Pflanzen reicht der Rückschnitt nach der Blüte auf Ersatztriebe nicht aus. Mit zunehmendem Alter wird nun in regelmäßigen Abständen bis zu einem Viertel des alten Holzes an der Basis entfernt. Die meisten Gehölze dieser Gruppe vertragen auch einen radikalen Rückschnitt.

Bei der Gartenhortensie ist der Schnitt eine abweichende Schnittmethode, die vor dem Austrieb im Frühjahr durchgeführt wird!

Beim Mandelbäumchen ist ein Einkürzen der vorjährigen, abgeblühten Triebe notwendig, damit sich kräftige neue Triebe mit reichem Blütenbesatz für das nächste Jahr bilden. Alle Triebe werden nach der Blüte im April bis auf wenige Augen eingekürzt.

Erhaltungsschnitt bei Gartenhortensien: Entfernen Sie die abgetrockneten Fruchtstände erst im Spätwinter. Sie dienen als Winterschutz für die darunter liegenden Blütenknospen. Schneiden sie auch einige der alten, wenig Blühholz tragenden Triebe bodennah heraus.

Ist das Gerüst des Strauchs einmal aufgebaut, werden jedes Jahr alle vorjährigen abgeblühten Triebe bis auf wenige Augen bzw. wenige Zentimeter eingekürzt.

Bei Halbsträuchern wie der Blauraute werden alle Triebe im späten Frühjahr vor dem Austrieb bis knapp über dem Boden zurückgeschnitten.

Gruppe 3: Sträucher, die vor dem Austrieb stark geschnitten werden

Die Sträucher dieser Gruppe, etwa Sommerflieder oder Blauraute, blühen im Sommer oder Herbst an den jungen, diesjährigen Trieben. Deshalb werden sie im zeitigen Frühjahr vor dem Austrieb bis auf das verholzte Gerüst (Sommerflieder) oder bis etwa 10 cm über dem Boden (Blauraute) zurückgeschnitten. Der scharfe Rückschnitt hat zwei Vorteile: Erstens blühen diese Sträucher nur an den Enden der diesjährigen Triebe. Zweitens sind diese Gehölze und Halbsträucher sehr kurzlebig und würden ohne Schnittmaßnahmen bereits nach wenigen Jahren vergreisen.

Pflanzschnitt: Kürzen Sie bei der Frühjahrspflanzung die Triebe etwa um drei Viertel ein. Bei Halbsträuchern wie der Blauraute hingegen kürzen Sie die Triebe auf ein kräftiges Knospenpaar wenige Zentimeter oberhalb des Bodens ein.

Erhaltungsschnitt und Verjüngungsschnitt: Erziehen Sie in den ersten Jahren nach der Pflanzung ein dauerhaftes Astgerüst. Später wird alljährlich im zeitigen Frühjahr der vorjährige Trieb bis auf wenige Augenpaare auf das Astgerüst zurückgeschnitten.

Verjüngungsschnitt: Dieser ist bei dieser Gruppe nicht zielführend, wenn die Jahre davor kein Erhaltungsschnitt durchgeführt wurde.

Gruppe 4: Sträucher, deren Rindenfärbung oder Laubwirkung durch den Schnitt erhöht wird

Schneiden Sie Sträucher mit farbigen Trieben, wie beispielsweise Sibirischer Hartriegel oder Perückenstrauch, bereits im Spätwinter stark zurück, dann entwickeln sich zahlreiche neue, besonders intensiv gefärbte Jungtriebe.

Links: Beim Aufbauschnitt des Perückenstrauchs werden alle Triebe scharf eingekürzt. Rechts: Auch beim etablierten Strauch kürzen Sie alle vorjährigen Triebe bis auf kurze Stummel mit wenigen Augen ein. Auf diese Weise werden kräftige Triebe mit schönen großen, gut ausgefärbten Blättern entwickelt.

Gehölze mit buntem Laub entwickeln nach einem starken Rückschnitt Triebe mit besonders großen, schön ausgefärbten Blättern.

Pflanzschnitt und Aufbauschnitt: Schneiden Sie beim Sibirischen Hartriegel alle Triebe auf etwa 8–10 cm zurück. Zum Aufbau des Astgerüstes beim Perückenstrauch belassen Sie drei bis vier Triebe, die Sie auf eine Länge von etwa 30–50 cm einkürzen.

Erhaltungsschnitt: Beim Sibirischen Hartriegel werden die Vorjahrestriebe bis fast an das Astgerüst zurückgenommen.

Verjüngungsschnitt: Dieser erübrigt sich bei Pflanzen dieser Schnittgruppe.

Erklärung der Symbole

- Blütezeit
- sommergrünes Gehölz
- immergrünes Gehölz
- verholzende Kletterpflanze

Orte bevorzugter Triebbildung

- Spitzenförderung (Akrotonie)
- Oberseitenförderung (Epitonie)
- Scheitelpunktförderung (Mesotonie)
- Basisförderung (Basitonie)

Ziergehölze schneiden von A bis Z

Die Schnittmaßnahmen für 40 Gehölzarten werden übersichtlich auf je einer Doppelseite vorgestellt.

IV–V

Apfel, Zier-

Malus sp.

Beschreibung: Sommergrüne, kleine bis mittelgroße Bäume, die insbesondere ihrer schönen Blüte im Mai, dem Laub und des attraktiven Fruchtschmucks wegen häufig in Gärten und Parks gepflanzt werden. Die Blütenfarben reichen dabei von Reinweiß über Rosa bis Dunkelweinrot. Im Herbst färben sich die Früchte von Gelb über Orangerot bis Dunkelrot. Zierapfelbäume werden in den Baumschulen als Sträucher, Hochstämme und Stammbüsche angeboten.

Neben Arten und Hybriden mit der normalen, baumförmigen Wuchsform gibt es auch Hängeformen, Sorten mit vasenförmiger Wuchsform ('Van Eseltine') sowie mehrere Zwergformen (*Malus*-Hybride 'Tina', *Malus*-Hybride 'Pomzai').

Erziehungsschnitt: Bei Hochstämmen und Stammbüschen erfolgt der Erziehungsschnitt bereits in der Baumschule. Sträucher kann man entweder zu mehrstämmigen Exemplaren heranziehen, in diesem Fall entfernen Sie nach der Pflanzung nur beschädigte, sich kreuzende und schwache Triebe. Falls sich bereits ein Leittrieb entwickelt hat, können Sie diese Exemplare auch zu Hochstämmen erziehen. Entfernen Sie dazu alle beschädigten und schwachen Triebe, kürzen Sie verbliebene Triebe um die Hälfte ein und belassen Sie den Leittrieb aber etwas länger als die umgebenden Äste. Die seitlichen, schwächeren Triebe kürzen sie auf etwa 10 cm ein, damit die Bildung neuer Triebe angeregt wird.

Erhaltungsschnitt: Wenn die Erziehung zum Stammbusch oder Hochstamm abgeschlossen ist (dies ist etwa nach fünf Jahren der Fall), benötigen die Zieräpfel kaum mehr Schnittmaßnahmen. Entfernen Sie dann nur beschädigte Triebe, falls Korrekturen notwendig sind. Wenn die Krone zu dicht geworden ist, entfernen Sie diese Triebe im Sommer. Bei älteren Pflanzen können sogenannte „Wasserreiser" auftreten,

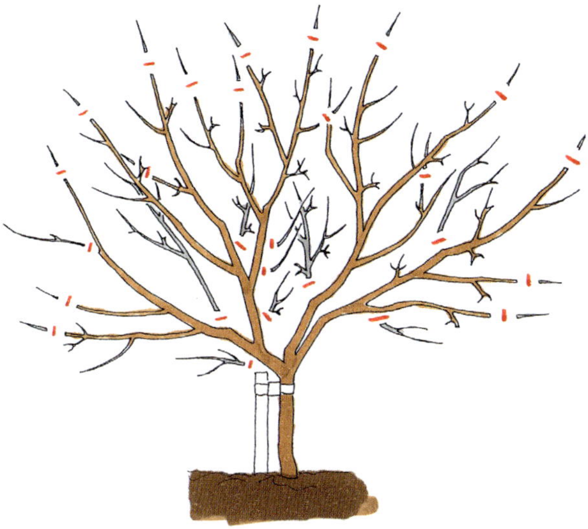

die Sie ganz entfernen müssen. Durch den Schnitt im Sommer wird verhindert, dass die Pflanzen neuerlich stark durchtreiben. Eine wichtige Pflege- bzw. Schnittmaßnahme ist bei veredelten Pflanzen das Entfernen etwaiger Austriebe der Unterlage. Bei Hochstämmen und Hängeformen sind Austriebe unterhalb des Kronenansatzes entlang des Stammes ebenfalls sogleich zu entfernen.

Verjüngungsschnitt: Wenn Zierapfelbäume sehr lange nicht ausgelichtet werden, entwickelt sich mit zunehmendem Alter eine dichte Krone mit dünnen, schwachen Trieben und geringem Blütenansatz. Entfernen Sie im Spätsommer vor allem die dünnen, schwachen Triebe aus dem Inneren der Krone und kürzen Sie die äußeren Äste nur wenig bis gar nicht ein. Eventuell wird im Folgejahr noch ein mäßiger Korrekturschnitt notwendig sein.

Besondere Hinweise: Das Zierapfel-Sortiment ist ungemein umfangreich. Es gibt für jeden Standort und für jede Raumgröße eine geeignete Sorte. Achten Sie bereits beim Kauf darauf, damit Sie sich später unnötige Schnittarbeiten ersparen!

Schnittzeitpunkt: Auslichten im Spätsommer.

Links: Schneiden Sie ältere, abgetragene Langtriebe auf einen jungen Trieb oder eine Blütenknospe zurück. Entfernen Sie auch ältere, abgetragene größere Äste aus dem Kroneninneren, damit auch dieser Kronenteil genügend belichtet wird. Bei diesen Sorten sind größere Abstände zwischen den Trieben typisch.

Rechts: Schneiden Sie vor allem die alten, stark verzweigten Triebe, die kaum mehr Zuwachs bringen, bis zu den jungen Trieben zurück, die sich inzwischen an der Oberseite dieser Triebe entwickelt haben.

Bartblume, Clandon-

Caryopteris × clandonensis

Beschreibung: Bartblumen sind niedrige, wenig verzweigte sommergrüne Sträucher mit blaugrünem Laub. Sie treiben erst spät im Frühjahr aus und sind etwas frostempfindlich. In kalten Regionen frieren die oberirdischen Pflanzenteile oftmals zurück. Die leuchtend blauen Blütenbüschel sitzen in den Blattachseln der oberen Blätter an diesjährigen Trieben, sie entfalten sich vom Spätsommer bis in den Herbst. Auch die verblühten, beziehungsweise fruchtenden Triebe stellen bis spät in den Winter durchaus ein attraktives Strukturelement im Garten dar.
Lässt man die Bartblume natürlich, also ohne Schnittmaßnahmen, wachsen, dann wird sie sehr bald unattraktiv und ist auch sehr kurzlebig. Sie wird nur mehr an den oberen Triebabschnitten austreiben und an der Strauchbasis sehr bald verkahlen. Deshalb ist es unumgänglich, die Pflanzen alljährlich vor dem Austrieb im Frühjahr stark zurückzuschneiden. Dieser Schnitt dient gleichermaßen als Erhaltungs- wie auch als Verjüngungsschnitt.
Neben den bekannten Sorten wie 'Kew Blue' gibt es inzwischen auch niedrig wachsende ('Blauer Spatz') und starkwüchsige und dennoch kompakte wachsende, Sorten wie 'Blue Balloon'. 'Grand Bleu' hat besonders dunkelblau gefärbte Blüten. 'Summer Sorbet' zeichnet sich durch stark gelb panaschierte, 'White Surprise' durch weißpanaschierte Blätter aus. Bei den buntlaubigen Sorten ist der regelmäßige Schnitt ohnehin unumgänglich, weil dadurch die Blattwirkung erst so richtig ausgeprägt wird.
Erziehungsschnitt: Nach dem Pflanzen im Frühjahr entfernen Sie schwache und beschädigte Triebe und kürzen Sie alle gesunden Triebe bis auf wenige Augenpaare ein.
Erhaltungsschnitt: Bartblumen werden jedes Jahr im Frühjahr vor dem Austrieb scharf auf ein niedriges Gerüst zurückgeschnitten. Dabei

verbleiben nur wenige Augen des vorjährigen Triebs. Die vorjährigen Triebe frieren ohnehin im Winter zurück. Trotz des kräftigen Rückschnitts blühen die Pflanzen im Sommer verlässlich. Gleichzeitig bewirkt der Rückschnitt eine laufende Verjüngung der Bartblumen, die ohne diesen scharfen Rückschnitt kurzlebig sind und sehr rasch vergreisen würden.

Verjüngungsschnitt: Wurden Bartblumen mehrere Jahre nicht geschnitten, so verkahlen und vergreisen sie innerhalb weniger Jahre. Ein stärkerer Rückschnitt auf die bereits dicken Basistriebe ist nur bedingt zielführend, da diese nur zögerlich austreiben und die Pflanzen keine gute Wuchsform mehr aufbauen können. Da Bartblumen Halbsträucher und damit eher kurzlebig sind, ist es besser, stark vernachlässigte Sträucher durch junge Pflanzen zu ersetzen.

Besondere Hinweise: Bartblumen sind eigentlich so genannte „Halbsträucher", deren Triebe nicht ganz verholzen. Deshalb können sie im Winter auch leicht zurückfrieren oder einfach zurücktrocknen. Sie treiben dann aber willig wieder aus den Knospen an der Basis der Sträucher aus. Da Bartblumen ohnehin an den diesjährigen Trieben blühen, ist dies auch kein Problem. Gelegentlich wird die Bartblume auch als „nicht ganz winterhart" eingestuft. Dies hängt damit zusammen, dass diese „Steppenpflanze" nasse und feuchte Böden nicht erträgt, ihre Triebe unter diesen Bedingungen dann nicht ausreifen und die Pflanze damit sehr frostanfällig wird.

Schnittzeitpunkt: Zeitiges Frühjahr vor dem Austrieb.

Kürzen Sie bei der Bartblume alljährlich vor dem Austrieb im zeitigen Frühjahr alle vorjährigen Triebe bis auf wenige Zentimeter auf das Gerüst zurück. Rechts: Auf dem kurzen Stummel sitzen ausreichend Knospen für einen kräftigen Neuaustrieb (Detail).

V

Berberitze, China-Sauerdorn

Berberis julianae

Beschreibung: Der immergrüne China-Sauerdorn entwickelt sich zu einem breit aufrechten, dichttriebigen Strauch mit bis zu 2,5 m Wuchshöhe. Neben den bis zu 10 cm langen, lanzettlichen, glänzenden und bedornten Blättern fallen die langen dreiteiligen Nebenblattdornen auf. Dieser Sauerdorn blüht von Mai bis Juni in kleinen gelben Büscheln, im Sommer entwickeln sich dann schwarze, blau bereifte Früchte. Er ist sehr anspruchslos und robust, winterhart und gut schnittverträglich.

Erziehungsschnitt: Entfernen Sie nach dem Pflanzen schwache und dünne sowie beschädigte Triebe, zu lange kräftige Triebe kürzen Sie ein. Im ersten Jahr entwickeln sich zahlreiche neue, kräftige Triebe, lassen Sie diese stehen. Entfernen Sie die alten Triebe ganz, sie werden sich im Vergleich zu den neuen nur schlecht entwickeln.

Erhaltungsschnitt: In den ersten Jahren benötigen die Pflanzen keinen Schnitt. Beginnen Sie aber bereits nach einigen Jahren mit einem mäßigen Auslichtungsschnitt. Warten Sie damit zu lange, dann sind Schnittmaßnahmen wegen des dichten Wuchses und der dornigen Triebe nur sehr schwierig zu bewerkstelligen. Schneiden Sie jeweils vor dem Austrieb im Frühjahr oder nach der Blüte im Juni ein Drittel der älteren Triebe an der Basis heraus. Kürzen Sie im Sommer einige abgeblühte Triebe bis auf ein kräftiges Augenpaar ein, diese werden im folgenden Jahr wieder Blütentriebe entwickeln.

Verjüngungsschnitt: Werden die Berberitzensträucher längere Zeit vernachlässigt, so bilden die Pflanzen ein dichtes Gewirr von Trieben. Zu diesem Zeitpunkt ist ein regulärer Auslichtungsschnitt beinahe nicht mehr möglich. Berberitzen lassen sich auch gut verjüngen. Schneiden Sie deshalb im Spätwinter alle Äste auf ein Gerüst von etwa 50–80 cm zurück. Entfernen Sie ein Drittel der Äste sowie alle schwachen und abgestorbenen Triebe ganz. Die Pflanzen regenerieren sich sehr schnell, allerdings blühen sie erst im folgenden Jahr wieder. Beginnen Sie dann aber sofort und rechtzeitig wieder mit dem regulären Auslichtungsschnitt.

Besondere Hinweise: Der China-Sauerdorn wächst auch im Halbschatten und auf trockenen Standorten noch gut. Der Schnitt dieser Berberitze ist wegen ihrer steifen Dornen mitunter sehr unangenehm.

Schnittzeitpunkt: Auslichtungsschnitt im zeitigen Frühjahr oder nach der Blüte. Verjüngungsschnitt besser im Spätwinter.

Weitere Arten: Die Lanzen-Berberitze (*Berberis gagnepainii* var. *lanceifolia*) ist ein mittelhoher, dem China-Sauerdorn ähnlicher Strauch. Seine immergrünen Blätter sind schmal lanzettlich und bis zu 10 cm lang. Dadurch wirkt er wesentlich zierlicher, ist weniger dicht und hat im Alter etwas überhängende Zweigspitzen. Diese Berberitze ist auch für den kleineren Garten noch gut geeignet. Schnittmaßnahmen sind im Wesentlichen gleich wie bei *B. julianae*, weil die Lanzen-Berberitze aber etwas schwächer wächst, wird die Schnittintensität etwas geringer ausfallen.

Sorten von *Berberis × frikartii* sind dem China-Sauerdorn ähnlich, aber schwächer im Wuchs. Sie werden je nach Sorte nur 1,2–2 m hoch und breit und tragen kleinere Blätter. Schnittmaßnahmen sind nicht erforderlich, ein Verjüngungsschnitt auf 30–50 cm über dem Boden wird aber vertragen.

Die Warzen-Berberitze (*Berberis verruculosa*) ist ein langsam und dicht wachsender Kleinstrauch mit bis zu 1,5 m Höhe und Breite. Ihre 1–2 cm großen, dunkelgrünen Blätter sind unterseits bläulich grün, die 1–2 cm langen dreiteiligen Dornen sind sehr auffällig. Diese Berberitze blüht im Mai mit großen, goldgelben Einzelblüten. Eine der sehr robusten immergrünen Berberitzen mit vielseitigen Verwendungsmöglichkeiten, auch für Tröge und Gruppenpflanzungen. Schnittmaßnahmen sind nicht notwendig, ein starker Rückschnitt wird gut vertragen.

Die Schneeige Berberitze (*Berberis candidula*) ist ein dicht geschlossener, halbkugeliger Kleinstrauch von etwa 1 m Höhe und 1,5 m Breite. Diese Art unterscheidet sich von der Warzen-Berberitze durch die kleineren, am Rand eingerollten und unterseits schneeweißen Blätter. Sie ist auch für niedrige Hecken geeignet. Schnittmaßnahmen wie bei der Warzen-Berberitze.

Immergrüne Berberitzen sollten regelmäßig ausgelichtet werden, damit sie nicht zu dicht werden und im Strauchinneren verkahlen. Kürzen Sie einige Triebe jeweils um die Hälfte bis zu einer Verzweigung mit kräftigen jungen Trieben ein. Entfernen Sie von Zeit zu Zeit auch einzelne ältere Triebe an der Basis.

III–IV

Birke, Hänge-

Betula pendula 'Tristis'

Beschreibung: Die Hänge-Birke ist ein mittelhoher bis hoher Baum von 15–20 m Höhe. An seinem durchgehenden Stamm sind die Hauptäste anfangs ansteigend, später aber nach außen übergebogen, die Seitenäste hängen senkrecht zu Boden. Auch die Gemeine Birke (*Betula pendula*) wird oft in Gärten verwendet, obwohl sie sehr hoch wird und oft zu nahe am Haus steht. Prinzipiell lässt sich ein solcher Baum zwar schneiden oder dessen Krone einkürzen, aber dies ist mit großen Nachteilen verbunden. Der schöne Wuchs der Birke wird völlig zerstört und lässt sich auch nach vielen Jahren nicht wieder herstellen. Generell würde man einen solch großen Eingriff im Winter durchführen, was allerdings dazu führt, dass der Baum wochenlang „blutet" und nach dem Kappen der Krone sicher geschwächt sein wird. Deshalb schneidet man Birken im Sommer. Der Baum treibt dann wieder aus, vorausgesetzt er ist nicht ohnehin schon stark überaltert, allerdings wird sich seine Krone nur noch besenartig entwickeln.

Erziehungsschnitt: Die natürlich gewachsenen Hängeformen wie bei der Hänge-Birke bilden zunächst von sich aus oder mit Hilfe eines Stützpfahls einen senkrecht nach oben strebenden Leittrieb aus. Später verzweigen sie sich bogenförmig, diese Triebe hängen herab oder wachsen direkt zu Boden. Die weiterhin aufrecht wachsenden Triebe dürfen Sie auf keinen Fall abschneiden, denn diese dienen zur Stammverlängerung. Dadurch werden diese Bäume noch höher, die Zweige neigen sich dann weiter oben bogenförmig nach unten, verzweigen sich erneut und fallen schließlich kaskadenartig herunter.

Erhaltungsschnitt: Er besteht lediglich im Entfernen der Äste im unteren Stammbereich bis zur gewünschten Kronenhöhe.

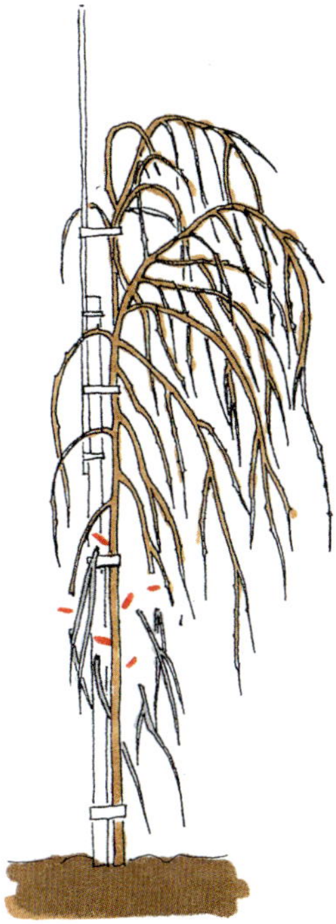

Aus einer Hochstammveredelung ist die Trauerbirke ('Youngii') hervorgegangen. In diesem Fall wird die überhängende Sorte auf einen astfreien Stamm der Birke in Kronenhöhe veredelt. Ein Erziehungsschnitt ist nicht nötig, da dieser bereits in der Baumschule durchgeführt wurde. Der Erhaltungsschnitt besteht darin, alle Triebe zu entfernen, die sich direkt am Stamm entwickeln.

Besondere Hinweise: Ein Verjüngungsschnitt ist sowohl bei der Hänge-, als auch bei der Trauer-Birke nicht möglich. Birken sollten Sie keinesfalls im Winter schneiden, da sie ansonsten stark „bluten", d. h. den unter Druck stehenden Saft verlieren.

Schnittzeitpunkt: Nur Sommerschnitt, Unterlagentriebe entfernen.

Links: Ist der Baumpfahl zu kurz, muss eine Verlängerung angebracht und der Leittrieb weiterhin aufgebunden werden. Die Triebe im unteren Stammbereich werden nun sukzessive entfernt, bis die gewünschte astfreie Stammhöhe erreicht ist.

Rechts: Bei dieser Hochstammveredlung einer Hängeform darf der Baumpfahl nicht in die Krone hineinreichen. Entfernen Sie nur die kräftigen, nach oben wachsenden Triebe. Auch die am Stamm entwickelten Triebe müssen entfernt werden, denn diese stammen bei Hochstammveredlungen immer von der Unterlage.

Blauraute, Silber-Perowskie

Perovskia atriplicifolia

Beschreibung: Die Blauraute ist ein etwa 1 m hoher, aufrecht wachsender, vieltriebiger, aber wenig verzweigter, aromatisch duftender Halbstrauch. Seine fiederförmigen, graufilzigen Blätter sitzen vor allem im unteren Drittel der Triebe. An den Enden der diesjährigen Triebe entwickeln sich von Mitte Juli bis Ende Oktober Ähren mit zahlreichen violettblauen, kleinen Blüten. Für ein gutes Gedeihen benötigt die Blauraute einen durchlässigen Boden sowie einen warmen, sonnigen Standort. Die oberirdischen Pflanzenteile sterben im Winter ab. Die Pflanze regeneriert sich im folgenden Frühjahr aus der verholzenden Basis. Generell entwickeln sich Halbsträucher als Jungpflanzen sehr rasch, blühen und fruchten oft schon im ersten Jahr nach der Vermehrung. Ohne Schnittmaßnahmen verkahlen sie in den Folgejahren bereits zunehmend. Zwar entwickeln sie im oberen Zweigbereich nach wie vor neue Triebe, diese werden aber zusehends kürzer und die Blühwilligkeit nimmt rasch ab. Nach etwa 8–10 Jahren sind sie dann erschöpft und vergreisen. In dieser Phase ist ein Verjüngungsschnitt nicht mehr zielführend. Durch den alljährlich durchgeführten Schnitt im zeitigen Frühjahr vor dem Austrieb werden die Pflanzen nicht nur von Jahr zu Jahr schöner und blühen mehr und mehr, gleichzeitig wird das Vergreisen sehr lange hinausgezögert. Achten Sie auch darauf, dass der Standort optimal ist und pflanzen Sie am besten 2–3 Sträucher zusammen.

Erziehungsschnitt: Schneiden Sie nach dem Pflanzen im Frühjahr alle vorjährigen Triebe auf 5–10 cm über der Basis zurück. In den Folgejahren kürzen Sie dann vor dem Austrieb im Frühjahr wieder alle vorjährigen Triebe bis auf wenige Knospen ein, sodass sich langsam ein leicht verholztes Gerüst aufbaut.

Erhaltungsschnitt: Kürzen Sie alljährlich im Frühjahr vor dem Austrieb alle vorjährigen Triebe bis auf drei bis vier Knospen ein. Schneiden Sie bei älteren Pflanzen auch jene alten Teile des Gerüsts heraus, die im vergangenen Jahr keine neuen Triebe mehr entwickelt haben.
Verjüngungsschnitt: Sträucher, die nie geschnitten wurden, sind sehr kurzlebig. Schneiden Sie das alte Holz heraus, das keine Triebe mehr aus der Basis entwickelt, und kürzen Sie alle übrigen vorjährigen Triebe auf drei bis vier Knospen ein.
Besondere Hinweise: Überalterte Blaurauten regenerieren sich nur schlecht. Ersetzen Sie diese besser durch junge kräftige Pflanzen.
Schnittzeitpunkt: Zeitiges Frühjahr vor dem Austrieb.

Links: Bei Halbsträuchern wie der Blauraute werden alle Triebe im späten Frühjahr vor dem Austrieb bis knapp über dem Boden zurückgeschnitten.

Rechts: Daraus entwickeln sich dann wieder blühwillige Halbsträucher.

Blauregen, Japanischer

Wisteria floribunda

Beschreibung: Sommergrüne, sehr starkwüchsige und bis zu 8 m hoch sich windende Kletterpflanzen mit wechselständigen, unpaarig gefiederten Blättern. Die violetten Schmetterlingsblüten erscheinen in bis zu 50 cm langen, hängenden Trauben im Mai. Sie entwickeln sich an Kurzsprossen am ausgereiften, alten Holz. Die Blüten öffnen sich vom Ansatz zur Spitze hin sukzessive (!) und erscheinen mit den Blättern.
Erziehungsschnitt: In allen Fällen ist es wichtig, ein Gerüst aus einem oder wenigen Trieben zu erziehen, welches lebenslang erhalten bleibt und an welchem dann die blütentragenden Kurztriebe erzogen werden. Die Blütenknospen sitzen an der Basis der vorjährigen Triebe. Es dauert zumindest drei bis vier Jahre, bis ein entsprechendes Gerüst aufgebaut ist. Erziehen Sie nur einige wenige Hauptäste und binden Sie diese an der Kletterhilfe fest. Wenn sich die Pflanze um das Gerüst windet, lösen Sie diese und binden sie ebenfalls fest. Kürzen Sie den Verlängerungstrieb jedes Jahr im Spätsommer oder Winter auf etwa 1 m ein; dadurch wird die Pflanze zur Bildung von Seitentrieben angeregt.
Erhaltungsschnitt: Bei etablierten Pflanzen werden alle Kurztriebe in zwei Schritten eingekürzt. Kürzen Sie im Sommer, etwa zwei Monate nach der Blüte, alle Seitentriebe auf etwa 30–50 cm ein. Dadurch wird das Wachstum gebremst und die Bildung von Blütenknospen angeregt. Kürzen Sie im darauf folgenden Winter die im Sommer schon einmal zurückgeschnittenen Kurztriebe auf zwei bis drei Knospen ein. Die an der Basis der Kurztriebe sitzenden Blütenknospen lassen sich nun leicht von den Blattknospen unterscheiden. Im Laufe der Jahre entwickeln sich verdickte „Köpfe“, an deren Kurztriebe sich die meisten Blütenknospen bilden. Lässt die Blühwilligkeit nach, so schneiden Sie nach und nach die ältesten Verzweigungen mit den „Köpfen“

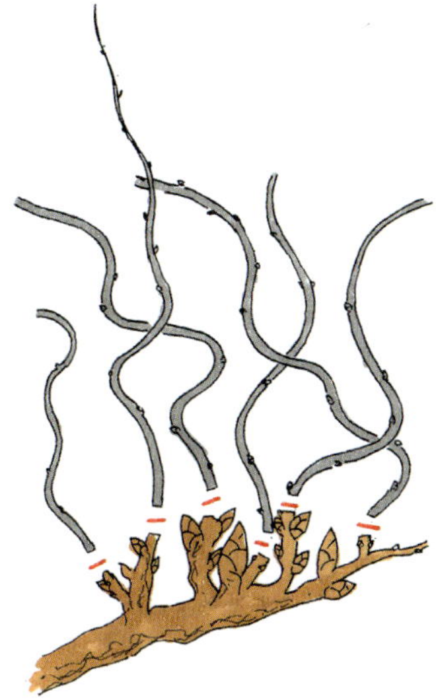

heraus und erziehen ersatzweise neue blühwillige Kurztriebe heran.

Verjüngungsschnitt: Der Blauregen ist ein sehr langlebiger Kletterstrauch. Bei regelmäßigem Rückschnitt erübrigt sich ein Verjüngungsschnitt. Schneiden Sie, falls dieser unbedingt notwendig ist, immer nur einen der Haupttriebe heraus und binden Sie dafür einen geeigneten Ersatztrieb in das Gerüst ein.

Besondere Hinweise: Meist sind die Pflanzen veredelt. Achten Sie deshalb nach der Pflanzung darauf, dass die Unterlage nicht durchtreibt und entfernen Sie diese nötigenfalls.

Schnittzeitpunkt: 1. Schnitt im Sommer, 2. Schnitt im zeitigen Frühjahr.

Links: Der Erhaltungsschnitt beim Blauregen besteht aus dem Sommerschnitt und dem Frühjahrsschnitt. Wenn die Hauptachse und die Verzweigungen entsprechend entwickelt sind, dann kürzen Sie diese alljährlich Ende Juli auf die gewünschte Länge zurück. Alle für das Gerüst nicht benötigten Seitentriebe kürzen Sie ebenfalls Ende Juli/Anfang August auf etwa 30 cm ein. Das ungestüme Wachstum des Blauregens wird dadurch etwas eingebremst. Wenn sich nochmals neue Triebe entwickeln sollten, brechen Sie diese vor dem Verholzen aus. Durch diesen Schnitt wird die Bildung von Blütenknospen angeregt.

Rechts: Kürzen Sie im zeitigen Frühjahr vor dem Austrieb die bereits im vorigen Sommer eingekürzten Triebe nochmals auf etwa 10 cm oder sechs bis acht Augen ein.

V–VI

Deutzie, Raue, Hybrid-Deutzien

Deutzia scabra, Deutzia × hybrida, Deutzia × magnifica

Beschreibung: Deutzien sind sommergrüne und je nach Art und Sorte mittelgroße Sträucher, die 3–4 m hoch werden können. Ihre Grundtriebe sind meist horstartig angeordnet, oft straff aufrecht wachsend und im mittleren Strauchabschnitt oft etwas sparrig verzweigt. Die durchweg robusten Sträucher verkahlen im Alter an der Basis stark. Ihre glockigen, gelegentlich auch schalenförmigen Blüten sind weiß oder rosa gefärbt, in Trauben oder Rispen vereint und öffnen sich im Juni an den neuen Trieben des vorjährigen Holzes. Durch den Schnitt soll ein buschiger Wuchs erreicht und die Bildung von blühfähigem Holz angeregt werden.

Erziehungsschnitt: Beim Pflanzschnitt kürzen Sie die Triebe etwa um ein Drittel ein und entfernen schwache und beschädigte Triebe.

Erhaltungsschnitt: Entfernen Sie von nun an alljährlich die abgeblühten Triebe. Kürzen Sie dazu etwa Ende Juni alle abgeblühten Triebe auf darunter befindliche junge Triebe am älteren Holz zurück. Schneiden Sie nach drei bis vier Jahren zusätzlich auch regelmäßig jeweils einige der älteren Äste an der Basis heraus oder schneiden Sie diese auf kräftige, tiefer liegende Verzweigungen zurück.

Verjüngungsschnitt: Wurden die Sträucher längere Zeit nicht geschnitten, dann wird ein Verjüngungsschnitt Abhilfe schaffen. Deutzien sind gut schnittverträglich. Entfernen Sie dazu im Spätwinter die alten Triebe an der Basis und kürzen die restlichen, etwas jüngeren bei Verzweigungen ein.

Besondere Hinweise: Deutzien müssen gut mit Feuchtigkeit versorgt sein. Bei Trockenheit werden ihre Blätter schnell schlapp und der Strauch reagiert mit dem Abwurf von Blättern und Blüten.

Schnittzeitpunkt: Auslichtungsschnitt nach der Blüte im Juni, bei Verzicht auf einen Teil der Blüten auch im zeitigen Frühjahr möglich, Verjüngungsschnitt im Spätwinter.
Weitere Arten: Schwachwüchsige und kleinbleibende Deutzien sind die Zierliche Deutzie (*Deutzia gracilis*), Lemoines Deutzie (*Deutzia × lemoinei*), Rosa Deutzie in Sorten (*Deutzia × rosea*) und die Kalmiablütige Deutzia (*Deutzia × kalmiiflora*). Diese schwachwüchsigen, bis zu 1,5 m hohen Deutzien blühen meist schon im Mai und wachsen nicht so straff aufrecht wie ihre starkwüchsigen Verwandten. Dennoch fördert der Schnitt den buschigen Wuchs dieser eher breit aufrecht bis locker übergeneigten Sträucher.
Erziehungsschnitt: Kürzen Sie bei der Pflanzung die Triebe etwa um ein Drittel ein und entfernen Sie schwache und beschädigte Triebe.
Erhaltungsschnitt: Schneiden Sie alljährlich die abgeblühten Triebe auf junge Triebe unter dem abgeblühten Holz zurück. Entfernen Sie auch regelmäßig in ein- bis zweijährigem Turnus einzelne ältere Triebe an der Basis, damit die Bildung von neuen, blütentragenden Ersatztrieben aus der Strauchbasis angeregt wird.
Verjüngungsschnitt: Deutzien vertragen auch einen scharfen Rückschnitt, benötigen dann aber ein weiteres Jahr, bis sie wieder blühen.
Schnittzeitpunkt: Auslichten nach der Blüte Ende Mai bis Anfang Juni, Verjüngung im Spätwinter.

Links: Bei der Pflanzung werden alle kräftigen Jungtriebe stark eingekürzt, damit sich der Strauch wie hier gezeigt verzweigt.

Rechts: Schneiden Sie bei der Deutzie Ende Juni alle abgeblühten Triebe auf junge Triebe zurück. Entfernen Sie auch regelmäßig ältere Triebe an der Basis der Sträucher.

Eibisch, Echter Rosen-, Hibiscus

Hibiscus syriacus

Beschreibung: Der Echte Roseneibisch entwickelt sich zu einem sommergrünen, etwa 2 m (mitunter sogar bis zu 3 m) hohen und 1,5 m breiten, oft straff aufrecht wachsenden Strauch. Allerdings können sehr alte Exemplare mitunter genauso breit wie hoch werden, dies ist aber abhängig von der jeweiligen Sorte. Ihre bis zu 14 cm großen, attraktiven, malvenähnlichen Einzelblüten entfalten sich entlang der diesjährigen Triebe von Ende Juni bis September. Die zahlreichen Sorten können von Weiß über Blau und Rosa bis hin zu Violett alle möglichen Farbenvarietäten enthalten, oft besitzen sie einen großen Augenfleck und erscheinen dann zweifarbig. An den großen, eiförmigen Fruchtkapseln kann man die Pflanzen auch im Winter leicht erkennen.

Erziehungsschnitt: Entfernen Sie nach dem Pflanzen alle schwachen und verletzten Triebe. Die jungen Pflanzen müssen auch in den folgenden Jahren stark zurückgeschnitten werden, damit die Verzweigung an der Basis gefördert wird. Bei der Erziehung von Stämmchen oder Hochstämmen braucht man viel Geduld, denn diese benötigen mehrere Jahre, bis sie fertig entwickelt sind. Kürzen Sie nach dem Pflanzen die Verzweigungen der noch jungen Pflanze auf zwei bis drei Knospen ein und lassen Sie den Hauptstamm ungeschnitten, wenn dieser gut entwickelt ist. Kürzen Sie in den folgenden Jahren etwa im Februar wiederum alle seitlichen Verzweigungen auf eine Knospe und den Leittrieb auf fünf bis sechs Knospen ein. Hat der Stamm nach einigen Jahren die gewünschte Höhe erreicht, dann bauen Sie aus den stärksten Ästen die Krone auf, indem Sie diese Triebe auf wenige Knospen einkürzen, die Stammverlängerung kappen und alle seitlich am Stamm wachsenden Zweige nun ganz entfernen.

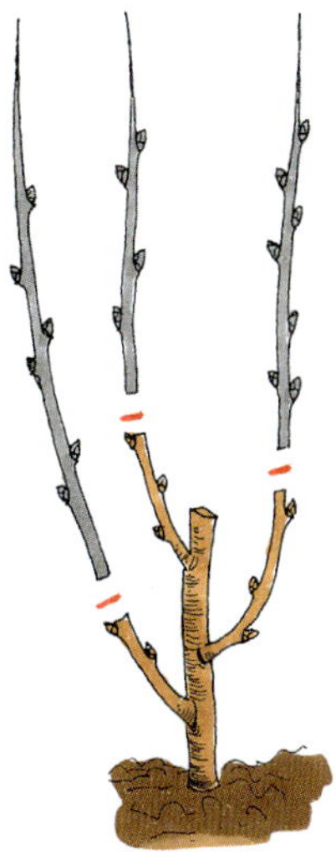

Links: Pflanzschnitt beim Roseneibisch: Alle Triebe werden bis auf wenige Knospen eingekürzt, damit sich der Strauch von der Basis an verzweigt.

Rechts: Beim Erziehungs- oder Aufbauschnitt werden im zeitigen Frühjahr alle vorjährigen Triebe auf wenige Zentimeter eingekürzt.

Erhaltungsschnitt: Hat sich der Habitus des Strauchs einmal zufriedenstellend entwickelt, dann schneiden Sie nur mehr schwache und abgetrocknete Triebe weg. Dünne Triebe kürzen Sie bis auf wenige Knospen ein. Wächst der Roseneibisch mit zunehmendem Alter etwas unregelmäßig oder einseitig, dann entfernen Sie die unerwünschten Triebe entweder an der Basis oder setzen Sie diese auf geeignete junge Triebe zurück.
Sie können den Blütenansatz noch beträchtlich erhöhen, indem Sie jedes Jahr im Spätwinter alle vorjährigen fruchttragenden Triebe um ein Drittel einkürzen. Dadurch wird der Strauch allerdings etwas dichter. Dem können Sie mit einem regelmäßig durchgeführten, leichten Auslichtungsschnitt entgegenwirken.
Bei entwickelten Hochstämmen oder Stämmchen können Sie in den Folgejahren die Krone frei wachsen lassen oder auch wie bei einer Kopfweide verfahren, indem Sie alljährlich etwa im Februar alle vorjährigen Triebe bis auf wenige Knospen auf das kräftige Astgerüst zurückschneiden.
Verjüngungsschnitt: Wenn sich der Strauch einseitig entwickelt hat oder zu groß geworden ist, kann ein Verjüngungsschnitt Abhilfe schaffen. Entfernen Sie die überalterten sowie alle abgestorbene Triebe und kürzen Sie die verbleibenden um zwei Drittel ein.
Besondere Hinweise: Durch entsprechende Schnittmaßnahmen können Sie die Wuchsform des Roseneibischs sehr gut beeinflussen.
Schnittzeitpunkt: Zeitiges Frühjahr vor dem Austrieb.

Felsenbirne, Kupfer-

Amelanchier lamarckii

Beschreibung: Großer, sommergrüner Strauch oder kleiner Baum mit locker aufgebautem Habitus. Die Kupfer-Felsenbirne schmückt sich mit weißen Blütenrispen, die vor dem Laubaustrieb im April bis Mai an den vorjährigen Zweigen erscheinen. Sehr attraktiv ist auch der bronzefarbene Laubaustrieb. Die kleinen schwarzblauen, süß schmeckenden Früchte reifen im Frühsommer und sind essbar. Die Kupfer-Felsenbirne ist besonders wegen ihrer wunderschönen orangefarbenen bis leuchtend roten Herbstfärbung bekannt und beliebt. Die Pflanzen erneuern sich nur bei jungen Exemplaren an der Basis, später erfolgt der neue Zuwachs nur mehr an den Triebspitzen. Um ein Verkahlen an der Basis zu verhindern, sollten Sie rechtzeitig mit einem vorsichtigen Auslichtungsschnitt beginnen. Viele Baumschulen bieten die Sorte ‘Ballerina’ an. Sie unterscheidet sich von der Art durch den besonders reichen Fruchtbehang und die etwas größeren Früchte. Die Pflanze wird manchmal auch als „Korinthenstrauch“ verkauft und bietet sich für die Verwendung in „Naschhecken“ an. Achten sie in diesem Fall darauf, dass die Pflanzen nicht zu hoch werden, damit Sie die Früchte noch erreichen können. Beginnen Sie also rechtzeitig (nach etwa 4–5 Jahren) einzelne dickere Äste auf jüngere Triebe im basisnahen Bereich zurückzusetzen. Auf diese Weise erneuert sich der Strauch laufend und bleibt dabei gleichzeitig so klein, dass Sie die Früchte dauerhaft ohne Leiter ernten können.

Erziehungsschnitt: Kürzen Sie nach dem Pflanzen (bei wurzelnackten Pflanzen) alle Triebe um zwei Drittel ein. Entfernen sie bei jungen Pflanzen sowie bei Containerpflanzen alle schwachen und verletzten Zweige, damit sie sich von der Basis aus gut verzweigen und ein kräftiges Gerüst aufbauen.

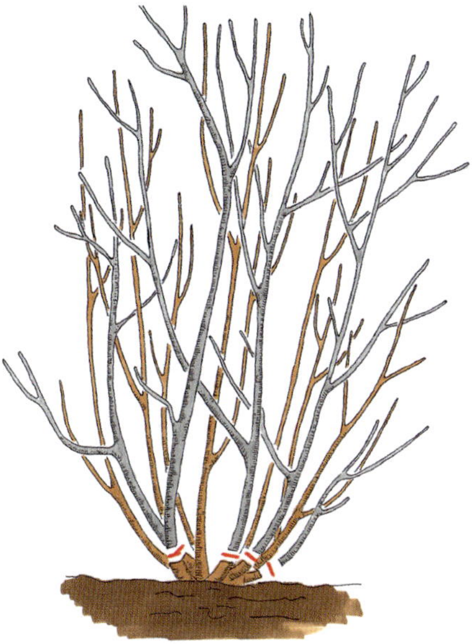

Erhaltungsschnitt bei entwickelter Felsenbirne: Entfernen Sie dazu drei bis fünf der ältesten Triebe an der Basis oder kürzen Sie kräftig entwickelte Seitentriebe ein, sodass das Strauchinnere wieder gut belichtet ist.

Erhaltungsschnitt: Ein leichter Auslichtungsschnitt ist erforderlich. Lassen Sie die Kupfer-Felsenbirne in den ersten drei bis vier Jahren wachsen, entfernen Sie nur einseitigen Wuchs und schneiden Sie sich kreuzende Triebe heraus. Beschädigte oder kranke Triebe sollten immer sogleich herausgeschnitten werden. Schneiden Sie in den folgenden Jahren in Abständen von zwei bis drei Jahren einzelne ältere, bzw. zu dicht stehende Triebe direkt bis zum Boden zurück, damit sich Neutriebe aus der Basis heraus entwickeln können. Werden die Pflanzen zu groß, so können Sie einzelne Triebe auch auf tiefer liegende Verzweigungen zurückschneiden. Stärkere Schnittmaßnahmen sollten im Winter durchgeführt werden.
Verjüngungsschnitt: Dieser ist bei vernachlässigten jüngeren Pflanzen möglich. Schneiden Sie im Winter alle Triebe bis zur Basis zurück. Die Pflanzen werden daraufhin sehr stark austreiben. Entfernen Sie deshalb im folgenden Sommer etwa ein Drittel, vor allem die schwachen und dünnen Triebe, damit sich der Strauch wieder natürlich entwickelt.
Besondere Hinweise: Überalterte Pflanzen mit dicken Stämmen regenerieren sich an der Basis nicht mehr, deshalb ist hier ein Verjüngungsschnitt nicht mehr möglich! Ist es trotzdem erforderlich, Maßnahmen zu setzen, dann tauschen Sie die überalterten Pflanzen gegen junge Pflanzen aus.
Schnittzeitpunkt: Spätwinter, vor dem Austrieb; geringfügiges Auslichten kann nach der Blüte oder im Sommer erfolgen.

VI–IX

Fingerstrauch, Gewöhnlicher

Potentilla fruticosa

Beschreibung: Der Fingerstrauch ist ein 1–1,5 m hoher Strauch mit dichtem, rundlichem Habitus und drei- bis siebenzähligen Blättchen. Die zahlreichen, 2–4 cm großen, gelben oder weißen Schalenblüten sitzen in dichten, end- oder seitenständigen Blütenständen. Die Blütezeit erstreckt sich von Mai bis September. Durch regelmäßigen Schnitt behalten die Sträucher ihre optimale Form und Blühwilligkeit. Es gibt sehr viele Sorten des Fingerstrauches: Sie unterscheiden sich durch ihre Wuchsstärke und unterschiedliche Blütenfarben. So gibt es rosa-, rot- und orangeblühende Sorten, die aber meist schwachwüchsig und oft auch etwas kalkempfindlich sind. Dies äußert sich durch eine hellgrünen Blattfärbung, oft begleitet von kümmerlichem Wuchs. In diesem Falle hilft kein Schnitt, sondern das Verbessern des Bodens mit kalkarmen Substraten (z. B. Torf, Quarzsand). Noch besser ist es, eine der robusteren, anspruchsloseren Sorten auszuwählen.

Erziehungsschnitt: Entfernen Sie bei der Pflanzung alle schwachen und beschädigten Triebe und kürzen Sie die restlichen Triebe um die Hälfte ein.

Erhaltungsschnitt: Schneiden Sie vor dem Austrieb im Frühjahr jeweils die ältesten Triebe bis zur Basis heraus und entfernen Sie auch den schwachen Wuchs. Es ist auch möglich, vor dem Austrieb im Frühjahr alle Triebe mit der Heckenschere etwa um ein Drittel oder die Hälfte einzukürzen. Nach dem ersten Blütenflor können Sie die abgeblühten Triebspitzen auch etwas kürzen und damit einen neuen Austrieb für einen weiteren Blütenflor anregen.

Verjüngungsschnitt: Bestehen die überalterten Pflanzen aus vielen dünnen, teils kahlen und nur mehr wenig blühenden Trieben, dann kürzen Sie alle etwas stärkeren Triebe im Spätwinter auf

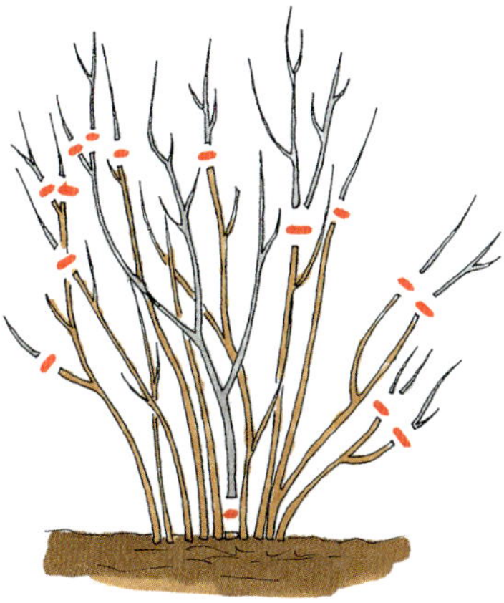

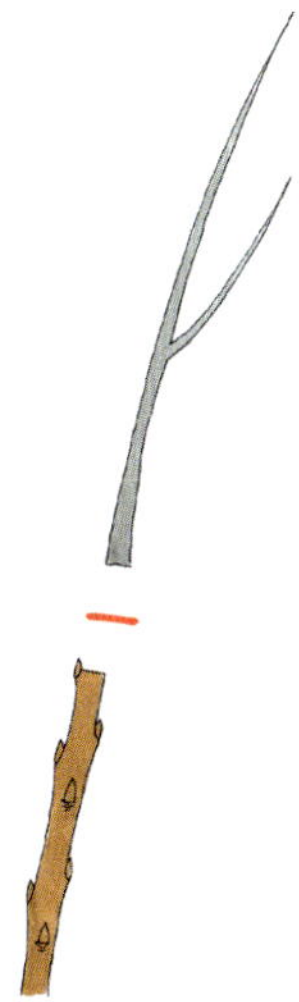

10–15 cm über dem Boden ein und entfernen alle dünnen und schwachen Triebe ganz. Die Pflanzen blühen in diesem Jahr nicht mehr, sondern erst in der folgenden Saison.

Besondere Hinweise: Ohne Schnitt neigen die Sträucher dazu, viele alte, verzweigte und schlecht blühende Zweige anzusammeln. Stark überalterte Sträucher mit verholzten Trieben lassen sich nicht mehr zufriedenstellend verjüngen.

Schnittzeitpunkt: Vor dem Austrieb im zeitigen Frühjahr.

Links: Kürzen Sie beim Fingerstrauch vor dem Austrieb im Frühjahr die Triebe um etwa ein Drittel ein. Entfernen Sie schwaches Holz an der Basis.

Rechts: Detail des Schnittes: Kürzen Sie die Triebe ohne Rücksicht auf vorhandene Knospen stark ein, sie werden sich in jedem Fall aus den zahlreichen schlafenden Knospen an der Basis wieder regenerieren.

 V

Flieder, Gewöhnlicher

Syringa vulgaris

Beschreibung: Der Gewöhnliche Flieder ist ein breit aufrechter, etwas steiftriebiger, mehrstämmiger Großstrauch oder kleiner Baum von 4–6 m Wuchshöhe. Er treibt viele Ausläufer, dies sollte man bei der Kombination mit anderen schwächerwüchsigen Gehölzen oder einer Unterpflanzung mit Stauden unbedingt beachten. Die stark duftenden Blütenrispen sind violett, bei Sorten auch weiß, rosafarben und purpurrot, mitunter sogar zweifarbig, sitzen endständig und meist paarweise an der Spitze der vorjährigen Triebe. Sie öffnen sich in der ersten Maihälfte. Bei den Schnittmaßnahmen müssen Sie wegen der Bildung von Wurzelausläufern beachten, ob die Sträucher aus Veredelungen hervorgegangen sind oder ob es sich um wurzelechte Pflanzen handelt.

Erziehungsschnitt: Entfernen Sie schwache und beschädigte Triebe und kürzen Sie die Spitzen der kräftigen Triebe um ein Drittel ein, damit sich die Pflanzen von der Basis an buschig aufbauen und sich eine ausgewogene Wuchsform entwickeln kann. Im Pflanzjahr blühen die Sträucher dann natürlich nicht.

Erhaltungsschnitt: Der Gewöhnliche Flieder muss nicht unbedingt geschnitten werden. Er wird über viele Jahre hindurch reichlich blühen, wenn Sie regelmäßig einzelne blühende Zweige als Vasenschmuck abschneiden. Allerdings beginnen die Sträucher nach längerer Zeit etwas zu vergreisen und sind dann nur mühsam zu verjüngen. Der Erhaltungsschnitt beim Flieder wird nach der Blüte im Mai/Juni durchgeführt. Entfernen Sie die verwelkten Blüten behutsam. Zu diesem Zeitpunkt werden an den Enden der Neutriebe bereits die Blütenknospen für das nächste Jahr gebildet. Sobald die Pflanzen voll entwickelt sind, ist es sinnvoll, jedes Jahr nach der Blüte im Frühsommer einige Triebe bei kräftigen Verzweigungen etwas tiefer heraus-

Entfernen Sie beim Flieder gleich nach der Blüte die abgeblühten Blütenstände (siehe Detail), verletzen Sie dabei aber nicht die darunter befindlichen, bereits entwickelten jungen Triebe. Entfernen Sie auch die Ausläufer bei veredelten Sorten

zuschneiden. Dies ist notwendig, damit das Innere der Sträucher aufgrund von Lichtmangel nicht verkahlt. Bei der Wildform sowie bei wurzelecht durch Stecklinge oder In-vitro-Vermehrung entstandenen Pflanzen stellen Wurzelausläufer kein Problem dar. In diesen Fällen blühen sie gleich wie die Sträucher. Bei Fliederhochstämmen sind Wurzelausläufer natürlich nicht erwünscht. Bei den veredelten Fliedersorten müssen Bodentriebe, Wurzelausläufer und Austriebe unterhalb der Veredlungsstelle sofort entfernt werden, da es sich dabei um die Unterlage (die Wildform des Gewöhnlichen Flieders) handelt.

Verjüngungsschnitt: Der Gewöhnliche Flieder reagiert auf einen scharfen Verjüngungsschnitt recht gut, doch sollte dieser auf zwei bis drei Jahre verteilt werden. Kürzen Sie im Spätwinter alle Grundtriebe auf 30–60 cm über dem Boden ein. Diese werden zahlreiche neue Triebe bilden. Entfernen Sie diese bis auf zwei bis drei im Sommer und lassen Sie die übrigen unbeschnitten. Die Pflanzen werden frühestens in zwei bis drei Jahren erstmals wieder blühen. Besser wäre es, den Verjüngungsschnitt von vornherein auf zwei bis drei Jahre zu verteilen, indem Sie zu Beginn nur ein Drittel oder die Hälfte der Triebe wie oben beschrieben behandeln und die übrigen erst im folgenden Jahr verjüngen.

Besondere Hinweise: Der Zwerg-Duft-Flieder (*Syringa meyeri* 'Palibin') wird oft als Stämmchen kultiviert. Als Unterlage wird dabei der Gewöhnliche Flieder verwendet. Alle Unterlagentriebe sowie die sich an den Stämmchen unterhalb der Veredlungsstelle entwickelnden Austriebe müssen Sie regelmäßig entfernen! 'Josée' ist ebenfalls eine interessante kleinbleibende Fliedersorte. Sie wird etwa 2 m hoch. Ein leichter Auslichtungsschnitt nach der Blüte im Mai hält diesen Flieder klein und kompakt, er ist eine Bereicherung für Vorgärten und beengte Gartensituation.

Schnittzeitpunkt: Auslichten nach der Blüte im Frühsommer, Verjüngungsschnitt im Spätwinter.

III–IV

Forsythie, Garten-, Goldglöckchen

Forsythia × intermedia

Beschreibung: Forsythien sind sommergrüne, mittelgroße, etwa 2–3 m hohe Sträucher, die durch die mesotone Verzweigung oft eine breit ausladende Wuchsform annehmen. Die leuchtend gelben Blüten erscheinen vor dem Laubaustrieb ab März sowohl an den einjährigen als auch an den Verzweigungen der zwei- und dreijährigen Triebe. Lässt man Forsythien über lange Zeit ungeschnitten, so bilden sie nach oben hin lange, kräftige Triebe. Die Mitte verzweigt sich zunehmend und wird dadurch dichter. Gleichzeitig verkahlen die Pflanzen an der Basis. Blüten entwickeln sich dann nur mehr am äußersten Rand und die Blühwilligkeit lässt allgemein stark nach.
Erziehungsschnitt: Schneiden Sie nach dem Pflanzen schwache und beschädigte Triebe ganz weg und kürzen Sie die kräftigen, gesunden Triebe um die Hälfte oder zwei Drittel ein. Nach dem Pflanzschnitt sollten sich die Sträucher etwa zwei Jahre ungehindert entwickeln können.
Erhaltungsschnitt: Schneiden Sie nach der Blüte im März alle abgeblühten Zweige bis zur Hälfte oder zumindest bis zu einer kräftigen Knospe oder einem kräftigen, jungen, nach oben wachsenden Trieb zurück. In den Folgejahren sollte die Mitte regelmäßig ausgelichtet werden. Schneiden Sie zu diesem Zweck einige der ältesten Triebe auf kräftige, junge Triebe zurück. Später entfernen Sie auch nach und nach die alten Grundtriebe an der Basis. Die Schnittmaßnahmen werden im Frühjahr unmittelbar nach der Blüte durchgeführt.
Da die Forsythie an den einjährigen sowie an den Seitentrieben des zwei- und dreijährigen Holzes blüht und sich im mittleren Bereich gut verzweigt, blüht sie auch als geschnittene Hecke beziehungsweise als formiertes Gehölz recht gut.

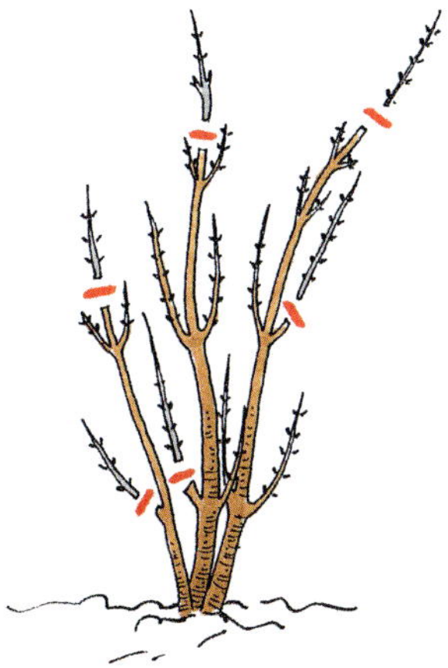

Verjüngungsschnitt: Alte Forsythien bilden ein dichtes Gestrüpp von schwachen und blattlosen Zweigen, die kaum mehr blühen. Vernachlässigte Pflanzen regenerieren sich durch einen Verjüngungsschnitt wieder. Dieser sollte auf zwei bis drei Jahre verteilt werden. Der Verjüngungsschnitt wird im Winter oder zeitigen Frühjahr durchgeführt. Lassen Sie vier oder fünf kräftige Trieben stehen und schneiden Sie alle übrigen wenige Zentimeter über dem Boden ab. Im folgenden Spätwinter entfernen Sie vor dem Austrieb dann alle schwach entwickelten Triebe und schneiden auch die aus dem Vorjahr verbliebenen vier bis fünf alten Triebe knapp über dem Boden heraus. Schneiden Sie alle starken Triebe gleichzeitig auf 50–60 cm zurück, dann muss der Strauch in den Folgejahren aus den kräftigen Austrieben neu aufgebaut werden.

Besondere Hinweise: Pflanzen, die schon vergreist sind, vorher aber nie geschnitten wurden, regenerieren sich auch nach kräftigem Schnitt nicht mehr ausreichend.

Links: Beim Pflanzschnitt werden alle schwachen Triebe entfernt und die kräftigen eingekürzt.

Rechts: Beim Erhaltungsschnitt werden alle abgeblühten Triebe nach der Blüte Ende März um die Hälfte, zumindest aber bis zu einer kräftigen Knospe oder einem kräftigen Jungtrieb zurückgeschnitten.

Weitere Arten: Zwerg-Forsythien (*Forsythia* 'Boucle d'Or', 'Happy Centennial', 'Marée d'Or', 'Melée d'Or') werden kaum größer als 60–100 cm. Ein Erhaltungsschnitt ist über Jahre hinweg nicht notwendig. Kürzen Sie aber trotzdem jedes zweite oder dritte Jahr jeweils nach der Blüte einige Triebe um ein Drittel ein, um die Vergreisung dieser eher kurzlebigen Pflanzen hinauszuzögern.

Schnittzeitpunkt: Auslichtungsschnitt nach der Blüte, Verjüngungsschnitt im Spätwinter.

VI–IX

Fuchsie, Scharlach-, Winterharte Fuchsie

Fuchsia magellanica

Beschreibung: Die Mehrzahl der Fuchsiensorten werden ausschließlich als Topfpflanzen kultiviert und sind nicht winterhart. Im Gegensatz dazu kann die Scharlach-Fuchsie oder Winterharte Fuchsie im Garten ausgepflanzt werden. So groß und üppig entwickelt wie in Irland oder Südengland wird sie bei uns in Mitteleuropa zwar nicht, nach einigen Standjahren wächst sie aber zu einem durchaus respektablen Strauch heran. Sie zeigt einen breitbuschigen, aufrechten Wuchs mit etwa 1 m Höhe und Breite. Die überaus attraktiven, glöckchenartigen, roten bis purpurnen Blüten entfalten sich am diesjährigen Trieb. Fuchsien blühen dann unermüdlich vom Sommer bis zu den ersten Frösten. In der Regel frieren sie dann im Winter stark, meist bis knapp über dem Boden zurück. Deshalb benötigen sie einen Winterschutz in Form einer Bodenabdeckung mit Laub. Allerdings regenerieren sich Fuchsien im Frühjahr relativ rasch und blühen trotzdem üppig vom Sommer bis zum Herbst. Damit sie sich auch entsprechend entwickeln können, brauchen sie einen halbschattigen, geschützten Standort in klimatisch etwas begünstigten Gegenden.

Erziehungsschnitt: Entfernen Sie nach der Pflanzung alle schwachen und beschädigten Triebe und kürzen Sie die restlichen Triebe um zwei Drittel ein, damit sie sich aus der Basis mit vielen Trieben erneuern. Schneiden Sie auch junge Pflanzen vor dem Austrieb stark zurück, damit sie buschig austreiben.

Erhaltungsschnitt: Sofern nicht schon im Spätherbst erfolgt, schneiden Sie im zeitigen Frühjahr alle alten, ohnehin meist vertrockneten Zweige aus dem Vorjahr auf ein niedriges, verholztes Gerüst von etwa 30 cm zurück. Sind die Triebe tiefer geschädigt (was meistens der Fall sein wird!), schneiden Sie die Pflanzen einfach

In unseren Breiten friert die Fuchsie bis knapp über dem Boden zurück. Schneiden Sie deshalb vor dem Austrieb alle zurückgetrockneten Triebe bis auf wenige Zentimeter über dem Boden zurück (siehe Detail). Sie wird sich aus den basisnahen, geschützt überwinterten Knospen regenerieren.

bis ins gesunde Holz knapp oberhalb der Basis zurück. Die bereits austreibenden Knospen müssen dabei geschont werden. Kürzen Sie alle Seitentriebe auf ein kräftiges Augenpaar ein. Die Pflanzen regenerieren sich recht gut und blühen den ganzen Sommer hindurch unermüdlich.

Verjüngungsschnitt: Wenn man Fuchsien über Jahre hinweg nicht schneidet, bilden sie eine Unzahl von schwachen, dünnen Zweigen, die kaum mehr blühen. Außerdem verkahlen sie an der Strauchbasis. Schneiden Sie deshalb vor dem Austrieb alle Triebe auf 5–7 cm über dem Boden zurück und entfernen Sie im Sommer dann die schwächsten Triebe, damit die Sträucher nicht zu dicht werden.

Besondere Hinweise: Junge Pflanzen der Scharlach-Fuchsie sind sehr frostempfindlich und können nach einer Herbstpflanzung bereits im ersten Winter erfrieren. Pflanzen Sie deshalb diese Fuchsien nur im späten Frühjahr, wenn keine strengen Fröste mehr zu erwarten sind. Wenn sie ganz sicher sein möchten, dann kultivieren Sie die jungen Sträucher ein Jahr lang wie „Kübelpflanzen“, überwintern diese möglichst frostfrei und setzen diese dann erst im späten Frühjahr der zweiten Saison im Garten aus. Oder kaufen Sie einfach größere, gut entwickelte Solitärpflanzen, die schon entsprechend gut ausgereifte Triebe haben und bereits etwas verholzt sind. Pflanzen Sie die Winterharten Fuchsien immer etwas tiefer, damit sie sich nach strengen Wintern bzw. starken Frostschäden aus den Basisknospen wieder regenerieren können!

Schnittzeitpunkt: Rückschnitt spät im Frühjahr knapp vor dem Laubaustrieb.

V–VII

Geißblatt, Wald-

Lonicera periclymenum

Beschreibung: Das Wald-Geißblatt ist eine mittelstark wachsende, sich 3–6 m hoch schlingende, rechtswindende Kletterpflanze mit sommergrünen, gegenständig angeordneten Blättern. Ihre Blätter sind immer frei und auch an der Triebspitze nicht miteinander verwachsen. Die röhrigen, gelblich weißen oder rosaweißen Blüten erscheinen in kopfigen Ständen zu sechs bis acht Blüten von Mai bis Juni/Juli und duften stark. Es gibt einige Sorten mit abweichenden Blütenfarben.

Erziehungsschnitt: Schneiden Sie nach dem Pflanzen die Sträucher um zwei Drittel zurück, damit sich kräftige Triebe von der Basis aus entwickeln. Leiten Sie die kräftigen Triebe zum Gerüst und binden Sie diese an. Sobald sie selbst zu ranken beginnen, ist ein weiteres Anbinden nicht mehr nötig.

Erhaltungsschnitt: Da die Sprosse dicht ineinander verschlungen wachsen, ist ein gezielter Schnitt meist nicht möglich. Die Blüten entwickeln sich meist an Verzweigungen der vorjährigen, aber auch an diesjährigen Trieben. Wenn möglich, kürzen Sie die verblühten Triebe im Sommer um ein Drittel ein und entspitzen Sie die Triebe, wenn diese ihre endgültige Höhe erreicht haben. Steht nur wenig Platz zur Verfügung, dann schneiden Sie die Seitentriebe auf zwei bis drei Augen zurück. Bei ausreichendem Pflanzangebot müssen die Sträucher nicht geschnitten werden. Den Pflegeschnitt können Sie auch im Spätwinter durchführen. Dabei werden alle vorjährigen abstehenden Triebe auf wenige Knospenpaare eingekürzt, das Gerüst aus älteren Sprossen bleibt erhalten.

Verjüngungsschnitt: Die Geißblätter sprechen auf einen Verjüngungsschnitt gut an. Dies wird empfehlenswert sein, wenn die Pflanzen an der Basis verkahlen. Zur Verjüngung kürzen Sie alle kräftigen Triebe auf 50–60 cm über dem Boden

Beim Geißblatt schlingen die Triebe ineinander, weshalb ein exakter Schnitt kaum möglich ist. Die Blüten werden an den Neutrieben vorjähriger Triebe und an den Enden diesjähriger Triebe gebildet. Lassen Sie deshalb das Gerüst der dicken Triebe unbeschnitten, kürzen Sie aber die vorjährigen, verblühten Seitentriebe kräftig ein. Zur Verjüngung können Sie die Pflanzen im zeitigen Frühjahr etwa 50 cm über dem Boden zurückschneiden.

ein. Alle dünnen, vertrockneten und beschädigten Triebe entfernen Sie ganz. Die Pflanzen regenerieren sich normalerweise aus der Basis heraus gut und lassen sich wieder zu blühfreudigen Sträuchern aufbauen.

Besondere Hinweise: Auf trockenen Standorten ist das Geißblatt anfällig gegenüber Blattläusen. Insgesamt sind die Geißblattarten sehr anspruchslose Schlinger, die auch im Halbschatten noch gut gedeihen.

Schnittzeitpunkt: Zeitiges Frühjahr vor dem Austrieb.

Weitere Arten: Jelängerjelieber (*Lonicera caprifolium*) ist ähnlich dem Wald-Geißblatt, aber die obersten Blattpaare an den Triebspitzen sind miteinander verwachsen. Das Feuer-Geißblatt (*Lonicera × heckrottii*) ist etwas schwächerwüchsig, reichblütiger und intensiver purpurrot gefärbt. Die leuchtend roten bis orangeroten Röhrenblüten des Geißblatts 'Dropmore Scarlet' (*Lonicera × brownii* 'Dropmore Scarlet') sitzen in mehreren Quirlen übereinander; sie erscheinen in großer Anzahl von Juni bis September. Das Wintergrüne Duftgeißblatt (*Lonicera japonica*) ist eine starkwüchsige Kletterpflanze, die sich wegen ihres unbändigen Wuchses nicht mit anderen Kletterpflanzen kombinieren lässt. Die stark duftenden weißen bis cremefarbenen Blüten öffnen sich im Juni, im Herbst folgt meist eine beachtliche Nachblüte. Dieses Geißblatt schneiden Sie am besten im Spätwinter mit einer Heckenschere bis auf die Haupttriebe zurück. Diese können Sie dann noch um ein Drittel einkürzen. So halten Sie das Wintergrüne Duftgeißblatt am einfachsten in Bestform.

V

Ginster, Besen- und Edelginster

Cytisus scoparius, Sorten von *Cytisus scoparius*-Hybriden

Beschreibung: Der Besenginster ist ein vieltriebiger, besenartiger, aufrecht wachsender Rutenstrauch, der im Alter bis zu 2 m hoch und ebenso breit werden kann. Er blüht im späten Frühjahr am vorjährigen Holz mit großen, gelben Schmetterlingsblüten. Lässt man den Besenginster ungeschnitten, dann verkahlt er an der Basis. Er wird staksig und seine Triebe fallen auseinander.

Erziehungsschnitt: Entfernen Sie nach dem Pflanzen nur schwache und beschädigte Triebe. Kürzen Sie aber im selben Jahr gleich nach der Blüte im Mai alle Triebe unbedingt um zwei Drittel ein. Die Pflanzen treiben dadurch wesentlich dichter durch und bringen im folgenden Jahr reichlich Blüten hervor.

Erhaltungsschnitt: Entfernen Sie vor dem Austrieb im Frühjahr allenfalls aufgetretene Winterschäden. Bei gut entwickelten Pflanzen sollten Sie alle Triebe um ein bis zwei Drittel einkürzen, sobald der Strauch abgeblüht ist. Dabei muss unbedingt noch junges Holz vorhanden bleiben! Der jährliche Schnitt hemmt die Samenbildung und kräftigt die Pflanzen. Gleichzeitig wird dadurch der Strauch verjüngt und die Vergreisung der kurzlebigen Pflanzen hinausgezögert.

Verjüngungsschnitt: Bei einem Rückschnitt ins alte Holz treibt dieses nicht mehr aus.

Besondere Hinweise: Der frostempfindliche Besenginster und dessen Hybriden, die so genannten Edelginster, benötigen kalkarme Standorte und erleiden oft Winterschäden. Der kurzlebige Strauch wird maximal zehn bis zwölf Jahre alt.

Schnittzeitpunkt: Nach der Blüte im April/Mai.

Weitere Arten: Der Elfenbein-Ginster (*Cytisus × praecox*) ist eine etwa 1,5 m hoch wachsende Hybride, die wesentlich zierlicher ist als der Besen- bzw. Edelginster. Seine Triebe sind wesentlich

dünner, die Blüten kleiner, aber dafür viel zahlreicher. Im Gegensatz zum Edelginster ist er anpassungsfähiger und toleriert auch kalkhaltige Bodenverhältnisse. Schnitt und Pflege sind gleich wie beim Edel-Ginster.

Der Schwarzschoten-Ginster (*Cytisus nigricans* 'Cyni') ist ein reich- und spätblühender Ginster für sonnige, warme und trockene Standorte. Er blüht etwa ab Juni entlang der neuen Triebe in endständigen goldgelben Blütenrispen. Damit dieser Strauch viele Jahre attraktiv bleibt, muss er unbedingt alljährlich vor dem Austrieb auf das verholzte Gerüst (ähnlich wie die Bartblume!) zurückgeschnitten werden.

Der Färber-Ginster (*Genista tinctoria*) ist eine weitere interessante Ginsterart mit später Blüte. Seine goldgelben Blüten entfalten sich ab Juni/Juli an den Enden diesjähriger Triebe in verzweigten Blütenständen. Schneiden sie auch beim Färber-Ginster vor dem Austrieb im Spätwinter die vorjährigen Triebe bis auf kurze Stummel zurück (siehe Schnitt der Bartblume).

Links: Besenginster und Edelginster schneidet man gleich nach der Blüte. Kürzen Sie die abgeblühten Zweige Ende Mai um etwa zwei Drittel ein. Achten Sie darauf, dass noch genügend junges Holz vorhanden ist, da der Ginster aus altem Holz nicht mehr austreibt.

Rechts: Rückschnitt eines etablierten Ginsterstrauchs nach der Blüte. Die Zeichnung zeigt, wo eingekürzt wird.

V–VI

Hartriegel, Tatarischer, Sibirischer oder Weißer Hartriegel

Cornus alba

Beschreibung: Der Tatarische, Sibirische oder Weiße Hartriegel und deren Sorten werden hauptsächlich ihrer roten Zweigfärbung oder ihrer schön panaschierten weiß- oder gelbbunten Blätter wegen angepflanzt. Es sind 2–3 m hohe und ebenso breite, reich verzweigte, mittelhohe Sträucher mit mesotoner Verzweigung. Ihre im Alter bogig niederliegenden Zweigpartien bewurzeln sich leicht. Insgesamt sind die Sträucher dadurch im Alter meist breiter als hoch. Die 3–5 cm breiten, weißen Blütenstände entfalten sich im Mai/Juni am Ende kurzer Seitentriebe der vorjährigen Triebe. Im Herbst schmücken sie sich mit erbsengroßen, weißlichen bis blassbläulichen Früchten.

Erziehungsschnitt: Schneiden Sie die jungen Sträucher bei der Pflanzung stark zurück, damit sie sich von der Basis aus gut verzweigen und ein kräftiges Gerüst aufbauen. Entfernen Sie dann im folgenden Frühjahr alle schwachen und verletzten Zweige, kürzen Sie die restlichen Triebe um ein Drittel ein.

Erhaltungsschnitt: Wurde der Sibirische Hartriegel wegen der Blüten, Früchte oder des farbigen Laubs gepflanzt, so sollte er sich ohne Rückschnitt entwickeln können. Nach erfolgtem Erziehungsschnitt lassen Sie die Sträucher in den folgenden drei bis vier Jahren ohne weitere Schnittmaßnahmen wachsen. Entfernen Sie nur verletzte und einseitig oder zu stark wachsende Triebe. Später schneiden Sie alljährlich nur die alten Triebe vorerst bis zu einem kräftigen Jungtrieb an den Scheitelpunkten der Bögen heraus, später an der Basis.

Sorten, die Sie wegen der im Winter zierenden Triebe gepflanzt haben, benötigen einen regelmäßigen, starken Schnitt, damit sich möglichst

Kürzen Sie beim Sibirischen Hartriegel die älteren Triebe bis zu einem kräftig entwickIten Jungtrieb ein und schneiden Sie einzelne alte Triebe an der Basis heraus, um eine ständige Verjüngung zu gewährleisten.

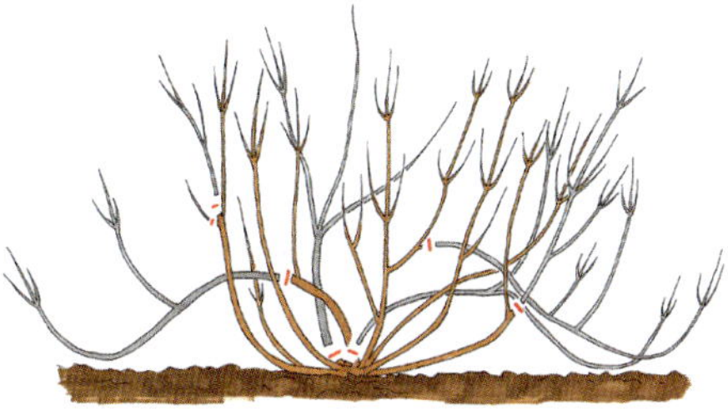

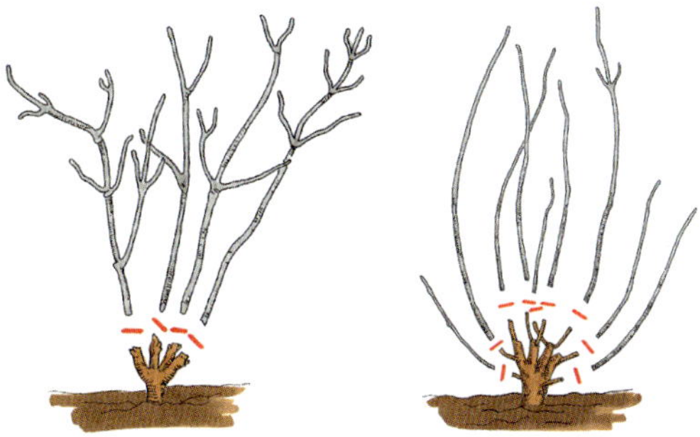

Wenn Sie besonderen Wert auf schön gefärbte Triebe im Herbst und Winter legen, dann schneiden Sie alljährlich im zeitigen Frühjahr die vorjährigen Triebe bis auf wenige Augen zurück, sodass bis zum Sommer jeweils wieder nur einjährige Triebe vorhanden sind. Links sind die Schnittmaßnahmen bei einer jungen Pflanze, rechts der Schnitt eines etablierten Strauches dargestellt.

zahlreiche Jungtriebe mit kräftig gefärbter Rinde entwickeln. Lassen Sie die Pflanzen im ersten Jahr ohne Schnitt wachsen und schneiden Sie zu Beginn des nächsten Jahres im zeitigen Frühjahr alle Triebe etwa 5–10 cm über dem Boden ab. In der Folge werden alljährlich alle Triebe auf zwei bis drei Augen des Vorjahrstriebs eingekürzt. Bei dieser Schnittmethode verzichten Sie natürlich auf Blüten und Früchte. Dafür entwickeln sich aber zahlreiche, schön entwickelte, gut ausgefärbte Jahrestriebe, die besonders im laublosen Zustand eine große Zierde darstellen.

Verjüngungsschnitt: Bei vernachlässigten Sträuchern ist es notwendig, das alte Holz in der Mitte herauszuschneiden. Lassen Sie aber nach Möglichkeit die jungen Triebe unbeschnitten. Nur wenn diese bereits lang und unverzweigt sind, dann kürzen Sie diese um die Hälfte oder zwei Drittel ein. Ältere Pflanzen entwickeln im Strauchinneren dicke und teils abgestorbene, dünne Triebe. Die Pflanzen lassen sich gut verjüngen, indem Sie im Spätwinter die alten, dicken Triebe bis zu kräftigen, bodennahen Jungtrieben oder 30–50 cm über dem Boden zurücknehmen. Junge, aus der Basis entspringende Triebe sollten Sie um zwei Drittel einkürzen. Nach einem Korrekturschnitt im folgenden Sommer werden sich die Sträucher wieder schnell regenerieren.

Besondere Hinweise: Auf ähnliche Weise wird der Gelbholzige Hartriegel (*Cornus sericea* subsp. *sericea* 'Flaviramea') geschnitten. Der Blutrote Hartriegel (*Cornus sanguinea*) wächst mehr aufrecht, auch hier ist ein gelegentlicher Auslichtungsschnitt angeraten.

Schnittzeitpunkt: Auslichtungsschnitt im zeitigen Frühjahr oder Frühsommer, Verjüngungsschnitt im Spätwinter.

III

Hasel, Gewöhnliche

Corylus avellana

Beschreibung: Haselsträucher sind breit aufrecht wachsende, 5–6 m hohe, vielstämmige Großsträucher, die im Alter weit auseinander strebende, schirmartige Äste entwickeln.
Ihre männlichen Blütenkätzchen öffnen sich im Spätwinter oder sehr zeitigen Frühjahr ab Januar/Februar. Neben der Wildform gibt es auch Sorten mit gedrehten Zweigen sowie gelbbunten und roten Blättern. Haselsträucher regenerieren sich sowohl im Kronenbereich als auch von der Basis ausgehend sehr gut.
Erziehungsschnitt: Junge Sträucher entwickeln sich ohne besondere Schnittmaßnahmen optimal. Entfernen Sie nur schwache oder beschädigte Triebe. Achten Sie bei der Korkenzieher-Hasel auf bodennahe Triebe der Unterlage, denn diese müssen sogleich an der Entstehungsstelle entfernt werden.

Erhaltungsschnitt: Die mehrstämmigen Haselsträucher sollen sich natürlich entwickeln, dabei aber nicht zu groß werden. Darüber hinaus sollte das Gleichgewicht zwischen jungem und reifem Wuchs langfristig erhalten bleiben. Entfernen Sie deshalb jedes Jahr im Spätwinter einige der ältesten Triebe. Mitunter ist es ratsam, einzelne Grundtriebe sogar bis zur Basis einzukürzen.
Wenn Sie bei rotlaubigen Sorten der Lamberts Hasel (*Corylus maxima* 'Purpurea') und der Gemeinen Hasel Wert auf besonders intensive Blattfärbung und große, wirkungsvolle Blätter legen, dann schneiden Sie die Sträucher regelmäßig vor dem Austrieb im Spätwinter stark auf das Gerüst zurück.
Bei der Korkenzieher-Hasel (*Corylus avellana* 'Contorta', siehe Bild oben) treibt in den meisten Fällen in regelmäßigen Abständen die Unterlage (*C. avellana*) durch. Diese Unterlagentriebe müssen Sie unbedingt an ihrer Entstehungsstelle entfernen. Dazu müssen Sie die Unterlage bis

Haselsträucher verjüngen sich an der Triebbasis, während sich die alten Triebe an der Triebspitze akroton verzweigen. Schneiden Sie jedes Jahr einige der alten Triebe heraus, mitunter sogar an der Basis, damit sich langfristig ein Gleichgewicht zwischen jungen und alten Trieben einstellt.

Links: Haselsträucher lassen sich gut verjüngen. Schneiden Sie alle Triebe bis knapp über der Basis zurück. Rechts: Lichten Sie den neuen Austrieb aus, indem Sie einen Teil der Triebe bodennah entfernen und die übrigen unbeschnitten lassen. Diese werden den Strauch neu aufbauen.

zum Wurzelbereich freilegen und diese dort (am besten durch Herausdrehen) sorgfältig entfernen. Schneiden Sie diese Triebe keinesfalls bodennah ab, denn dadurch wird die Unterlage zu noch stärkerem Wuchs angeregt und verdrängt langfristig die Sorte mit den gedrehten Zweigen. Die Entnahme von kurzen Zweigstücken für Dekorationszwecke ist möglich, vorausgesetzt der Habitus wird dadurch nicht gestört. Ist absehbar, dass die Korkenzieher-Hasel den ihr zugedachten Raum überschreiten wird, dann können Sie durch rechtzeitiges vorsichtiges Auslichten einer weiteren Größenzunahme Einhalt gebieten.

Verjüngungsschnitt: Müssen die Sträucher unbedingt einmal verjüngt werden, können Sie im Spätwinter alle Triebe bis zur Basis zurückschneiden. Innerhalb von etwa drei Jahren baut sich die Pflanze neu auf, wobei Sie aber bei derart verjüngten Pflanzen kräftig auslichten müssen. Die schwachen und dünnen Triebe entfernen Sie dabei bodennah. In England werden Haselsträucher traditionell in siebenjährigem Zyklus auf diese Weise zurückgeschnitten. Alte Sträucher können auch „auf den Stock gesetzt" werden. Dazu schneiden Sie alle dicken Triebe etwa 50–60 cm über dem Boden ab. Die Pflanzen regenerieren sich dann recht gut, indem sie aus dem Gerüst den Strauch wieder neu aufbauen.

Besondere Hinweise: Eine Verjüngung von stark vergreisten Korkenzieher-Haseln ist nicht zielführend, da diese Pflanzen im Alter schon sehr geschwächt sind und aus dem alten Holz kaum mehr austreiben. Gelegentlich wird die Korkenzieher-Hasel auch als Hochstammveredlung angeboten, wobei als Unterlage die Baum-Hasel (*Corylus colurna*) verwendet wird. Hier ist ein Durchtrieb der Unterlage kaum zu beobachten. Abgesehen davon sind keine Schnittmaßnahmen notwendig.

Schnittzeitpunkt: Spätwinter, Unterlagentriebe jederzeit.

VII–VIII

Hortensie, Garten-

Hydrangea macrophylla

Beschreibung: Hortensien sind beliebte Gartengehölze, weil sie aufgrund ihrer geringen Größe in jedem auch noch so kleinen Garten einen geeigneten Platz finden und sich darüber hinaus den ganzen Sommer über mit attraktiven Blüten schmücken. Es sind sommergrüne, bis zu 1,3 m hohe breitbuschige Sträucher mit großen Blättern. Ihre Blüten können entweder in flachen Blütenständen wie bei den Lacecap-Hortensien (zum Beispiel 'Blue Wave' und 'Lanarth White') oder in ballförmigen Blütenständen ('Bouquet Rose' und 'Masja') vereint sein. Sie blühen in Abhängigkeit von der Sorte von Juni/Juli bis August/September in den Farben Rosa, Rot, Violett, Blau oder Weiß. Die Blütenstände entwickeln sich aus Knospen der vorjährigen Triebe.
Erziehungsschnitt: Junge Pflanzen sollen geschnitten werden, damit sie sich buschig und vieltriebig entwickeln. Entfernen Sie nach dem Pflanzen alle schwachen und beschädigten Triebe, die restlichen kürzen Sie um ein Drittel ein, damit sie sich von der Basis aus gut verzweigen.
Erhaltungsschnitt: Hortensien müssen regelmäßig geschnitten werden, damit sie auch weiterhin reichlich blühen. Entfernen Sie die alten blühfaulen Triebe, weil sie ansonsten mit den jungen blütentragenden in Konkurrenz treten. In den kühleren Regionen Mitteleuropas ist es günstiger, die Blütenstände bzw. die trockenen Fruchtstände den Winter über an den Sträuchern zu belassen und sie erst im Frühjahr abzuschneiden. Denn sie schützen die darunter befindlichen Knospen, in denen sich bereits die Blütenanlagen für die kommenden Saison befinden. Abgesehen davon sind sie mit ihren Schneehäubchen eine große Zierde im winterlich verschneiten Garten! Schneiden Sie die Fruchtstände also erst im zeitigen Frühjahr mit etwa einem Drittel der Triebe knapp

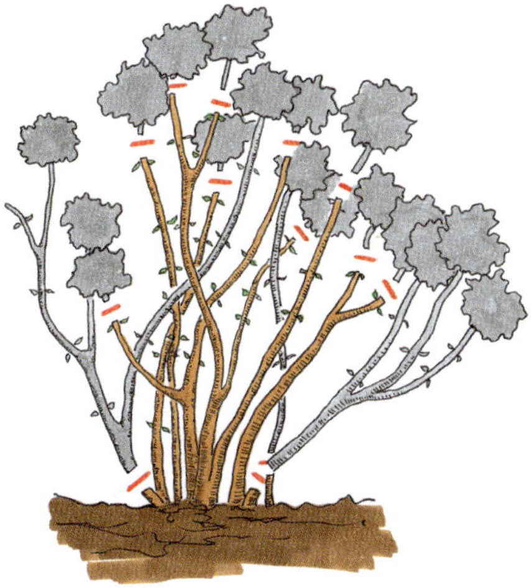

Links: Erhaltungsschnitt bei der Garten-Hortensie: Entfernen Sie die abgetrockenten Fruchtstände erst im Spätwinter. Sie dienen als Winterschutz für die darunter liegenden Blütenknospen. Schneiden Sie auch einige der alten, wenig Blühholz tragenden Triebe bodennah heraus.

Rechts: Austrieb und Blütenbildung nach dem Erhaltungsschnitt.

oberhalb gut ausgebildeter Knospen zurück. Entfernen Sie dünne sowie sich kreuzende Triebe ganz.

Verjüngungsschnitt: Sind die Sträucher bereits sehr alt, ist ein Verjüngungsschnitt nicht mehr erfolgversprechend. Sind zumindest noch einige junge, kräftige Triebe vorhanden, dann entfernen Sie alle alten Triebe und kürzen die jungen um zwei Drittel ihrer Länge vor dem Austrieb im Frühjahr ein. Vernachlässigte oder frostgeschädigte Pflanzen können Sie im Frühjahr bis zur Basis zurückschneiden. In beiden Fällen blühen die Sträucher erst wieder im darauf folgenden Jahr.

Besondere Hinweise: In kalten oder höher liegenden Regionen Mitteleuropas frieren die Triebe mit den Blütenknospenanlagen im Winter oft zurück und die Sträucher blühen dann erst sehr spät oder gar nicht! Mittlerweile gibt es auch Sorten, die am diesjährigen Trieb blühen und somit auch einen kräftigen Rückschnitt im zeitigen Frühjahr ertragen.

Schnittzeitpunkt: Zeitiges Frühjahr vor dem Austrieb.

Weitere Arten: Die Gesägte Hortensie (*Hydrangea serrata*) ist frosthärter als ihre nahe Verwandte, die Garten-Hortensie, und auch etwas unempfindlicher gegenüber Spätfrösten. Sie unterscheidet sich durch ihre 7–10 cm breiten, zierlichen, flachen Blütenrispen mit fruchtbaren Innenblüten und sterilen Randblüten. 'Blue Wave' ist eine Sorte mit schwachlila, violettweißen oder blauen Randblüten, die Ausfärbung ist abhängig vom Boden-pH. Diese attraktive Sorte blüht bis Ende Oktober, sie benötigt feuchten, gut durchlässigen, nahrhaften Boden mit leicht saurer bis neutraler Bodenreaktion.

VII–IX

Hortensie, Rispen-

Hydrangea paniculata

Beschreibung: Rispen-Hortensien sind sommergrün und entwickeln sich zu 1–2 m, mitunter sogar bis zu 3 m hohen Sträuchern. Ihre Triebe sind meist gabelig verzweigt. Sehr auffallend sind die bis zu 15 cm langen, gegenständigen oder zum Teil auch zu dreien quirlig angeordneten Blätter. Die rahmweißen Blüten sitzen in bis zu 30 cm langen, breit kegelförmigen Blütenständen, die endständig an den diesjährigen Trieben sitzen, und entfalten sich von Juli bis September. Je nach Sorte kann der Anteil fertiler Blüten mehr oder weniger hoch sein. Im Verblühen verfärben sich insbesondere die sterilen Blüten intensiv rosa. Rispen-Hortensien benötigen für ein gutes Gedeihen einen ausreichend nährstoffreichen, durchlässigen, feuchten Boden mit pH-Werten im neutralen bis leicht sauren Bereich. Der Standort sollte etwas windgeschützt sein, da bei starkwüchsigen Pflanzen besonders während der Blütezeit Windbruchgefahr besteht.

Erziehungsschnitt: Entfernen Sie nach dem Pflanzen alle schwachen und beschädigten Triebe. Belassen Sie drei bis fünf kräftige Triebe und kürzen diese auf 25–50 cm ein. Um ein entsprechend tragfähiges Gerüst für die großen, schweren Blütenstände heranzuziehen, schneiden Sie im folgenden Frühjahr wiederum die vorjährigen Triebe auf etwa zwei bis drei Knospenpaare zurück oder kürzen diese Triebe einfach auf 10 cm ein.

Erhaltungsschnitt: Rispen-Hortensien blühen auch ohne Schnittmaßnahmen regelmäßig. Sie können den Blütenreichtum aber wesentlich erhöhen und die Pflanzen um viele Jahre länger im reichblühenden und gesunden Zustand erhalten, wenn Sie alljährlich einen Erhaltungsschnitt durchführen. Schneiden Sie im zeitigen Frühjahr alle vorjährigen Triebe auf ein verholztes Gerüst zurück, lassen Sie aber von den

vorjährigen Trieben zwei bis drei Augenpaare stehen. Entfernen Sie gleichzeitig totes Holz.
Verjüngungsschnitt: Bei vernachlässigten Pflanzen schneiden Sie kräftiger in das alte, verholzte Gerüst zurück, damit die Pflanzen angeregt werden, sich aus tiefer liegenden Knospen zu regenerieren.
Besondere Hinweise: Die trockenen Fruchtstände lassen sich auch gut für Dekorationen verwenden, da sie lange haltbar sind sowie Form und Farbe über einen langen Zeitraum beibehalten. Besonders die Sorte 'Kyushu' ist aufgrund ihres großen Anteils an fertilen Blüten ein wahrer „Insektenmagnet"!
Weitere Arten: Die Wald-Hortensie (*Hydrangea arborescens*) ist eine weitere Hortensienart mit rahmweiß gefärbten, flachkugeligen Blütenständen, die sich von Juni bis August entfalten. Belassen Sie nach dem Pflanzen drei bis fünf kräftige Triebe und kürzen diese auf 25–50 cm ein. Im folgenden Frühjahr schneiden Sie wiederum die vorjährigen Triebe auf etwa zwei bis drei Knospenpaare oder kürzen diese Triebe einfach auf 10 cm ein. Wald-Hortensien blühen auch ohne Schnittmaßnahmen regelmäßig. Kürzen Sie dazu im zeitigen Frühjahr alle abgeblühten vorjährigen Triebe um etwa die Hälfte ein und entfernen Sie überalterte und tote Triebe an der Basis. Auch wenn Sie alle Triebe etwa 10–15 cm über dem Boden abschneiden, regeneriert sich diese Hortensie in der Regel wieder gut.
Schnittzeitpunkt: Zeitiges Frühjahr vor dem Austrieb.

Links: Bei etablierten Rispen-Hortensie bleibt das Gerüst erhalten, die Blütenrispen werden endständig an den diesjährigen Trieben gebildet.

Rechts: Derselbe Strauch nach dem Einkürzen der vorjährigen Triebe auf kurze Zapfen im späten Frühjahr.

IV–V

Johannisbeere, Blut-

Ribes sanguineum

Beschreibung: Die Blut-Johannisbeere ist ein breit aufrechter, mäßig stark verzweigter, bis zu 2 m hoher Strauch mit drei- bis fünflappigen Blättern. Der beliebte Zierstrauch schmückt sich mit rosafarbenen bis roten, selten auch weißen Blütentrauben vor der Laubentwicklung Mitte April bis Mai, die sich entlang der vorjährigen Triebe entfalten. Die Blut-Johannisbeere wird gelegentlich auch als Heckenpflanze verwendet.
Erziehungsschnitt: Entfernen Sie beim Pflanzen alle schwachen und beschädigten Triebe und kürzen Sie die restlichen um ein Drittel ein.
Erhaltungsschnitt: In den ersten zwei bis drei Jahren ist ein Schnitt noch nicht unbedingt erforderlich. Schneiden Sie ab dem dritten Jahr jeweils nach der Blüte Ende des Frühjahrs etwa ein Drittel der ältesten Triebe bis zum Boden heraus und lassen die restlichen ungeschnitten. Dadurch wird der freiwachsende Strauch sukzessive größer und behält dabei jedoch seine Blühwilligkeit. Sie können auch nach der Blüte alle vorjährigen, abgeblühten Triebe auf darunter befindliche, gut entwickelte Seitentriebe oder Knospen einkürzen. Dann gibt es im folgenden Jahr ausschließlich lange, bis zur Triebbasis mit Blüten besetzte Zweige. Auch in diesem Fall müssen Sie von Zeit zu Zeit einzelne alte Triebe an der Basis herausschneiden.
Verjüngungsschnitt: Vernachlässigte Sträucher lassen sich durch einen scharfen Rückschnitt aller Triebe bis knapp über dem Boden gut verjüngen. Überalterte Pflanzen regenerieren sich dagegen nur schlecht.
Besondere Hinweise: Die Pflanzen benötigen einen mäßig feuchten, nährstoffreichen Boden. Mit ‘King Edward VII’ und ‘Koja’ werden zwei kompakt wachsende, reichblühende Sorten der Blut-Johannisbeere angeboten. Ihre Blätter duften ähnlich aromatisch wie die der Schwarze Johannisbeere.

Links: Schneiden Sie bei der Blut-Johannisbeere nach der Blüte alle vorjährigen abgeblühten Triebe auf kräftig entwickelte Seitentriebe darunter zurück. Entfernen Sie jeweils die ältesten Triebe an der Strauchbasis. Das Detail (rechts) zeigt, wo die älteren Triebe eingekürzt werden sollten.

Schnittzeitpunkt: Nach der Blüte im späten Frühjahr.

Weitere Arten: Die Gold-Johannisbeere (*Ribes aureum*) ist ein anspruchsloser, bis zu 2 m hoher, aufrecht wachsender Blüten-, Füll- und Deckstrauch. Seine gelben Blütenrispen entfalten sich ebenfalls am vorjährigen Trieb im April/Mai. Aufgrund seiner Anspruchslosigkeit wird die Gold-Johannisbeere oft auch als Gruppen- und Heckenpflanze verwendet. Schnittmaßnahmen wie bei der Blut-Johannisbeere (*Ribes sanguineum*).

Die meist nur 1–1,5 m hohe, anfangs straff aufrecht wachsende Alpen-Johannisbeere (*Ribes alpinum*) kann man an den kleinen Blättern und den aufrechten, grünlichen Blütenrispen im April/Mai leicht erkennen. Sie wird meist als Füll- und Deckstrauch, aber auch für niedrige Hecken verwendet. Sie zeichnet sich durch gute Schnittverträglichkeit aus, ist aber eher kurzlebig. Schneiden Sie bei der Alpen-Johannisbeere alle Triebe nach dem Pflanzen um zwei Drittel zurück. Ohne Schnittmaßnahmen entwickeln sich die Pflanzen über mehrere Jahre hindurch recht gut. Dann beginnen sie aber, sehr dicht zu werden und bald an der Basis zu verkahlen. Damit die Sträucher länger jung und dichttriebig bleiben, benötigen sie einen regelmäßigen Erhaltungsschnitt. Kürzen Sie die Pflanze sowohl bei der Verwendung als Flächen- oder Gruppenpflanze als auch bei der Verwendung als Hecke am besten mit einer Heckenschere vor dem Austrieb im Frühjahr etwa um ein Drittel oder die Hälfte ein.

Auch vernachlässigte Pflanzen lassen sich durch einen kräftigen Rückschnitt bis knapp über dem Boden noch verjüngen.

Schnittzeitpunkt: Vor dem Austrieb im zeitigen Frühjahr.

VI–IX

Johanniskraut, Großblumiges

Hypericum ‘Hidcote’

Beschreibung: Das Großblumige Johanniskraut ist ein 0,8–1,5 m hoher und ebenso breiter, oft wintergrüner Strauch. Mit aufrechten Grundtrieben und bogig übergeneigten Triebenden entwickelt es sich zu einem malerischen halbkugeligen Strauch. Seine leuchtend gelben, bis zu 7 cm großen Schalenblüten sitzen zu mehreren am Ende der diesjährigen Triebe und entfalten sich nach und nach von Mitte Juli bis Ende September. Der überaus attraktive und reichblühende Kleinstrauch mit guter Fernwirkung lässt sich nicht nur als Einzelpflanze, sondern auch als Gruppen- und Heckenstrauch gut verwenden.
Erziehungsschnitt: Entfernen Sie alle schwachen und beschädigten Triebe. Kürzen Sie die verbleibenden Triebe auf etwa 10–15 cm über dem Boden ein.
Erhaltungsschnitt: Schneiden Sie vor dem Austrieb im zeitigen Frühjahr alle Triebe auf etwa 10–15 cm über dem Boden zurück, denn meist sind die nicht ganz verholzten Triebe über den Winter ohnehin zurückgetrocknet. Entfernen Sie alle dünnen und zu dicht stehenden Triebe ganz. Später, wenn der Strauch bereits größer und ausgewachsen ist, können Sie die Triebe auch länger lassen und jeweils knapp über dem Niveau des letzten Schnittes einkürzen.
Verjüngungsschnitt: Auch alte und vernachlässigte Pflanzen reagieren auf scharfen Rückschnitt vor dem Austrieb im zeitigen Frühjahr recht gut. Schneiden Sie einfach alle Triebe knapp über dem Boden ab. Der Strauch wird sich aus den bodennahen Knospen gut regenerieren.
Besondere Hinweise: Das Großblumige Johanniskraut ist sehr anspruchslos, wichtig ist aber ein guter Wasserabzug.
Weitere Arten: Forrests Johanniskraut (*Hypericum forrestii*), Mosers Johanniskraut (*Hypericum × moserianum*), Kouytchense-Johanniskraut

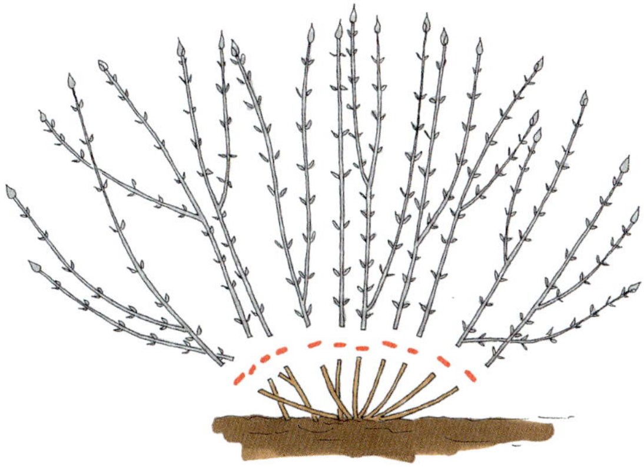

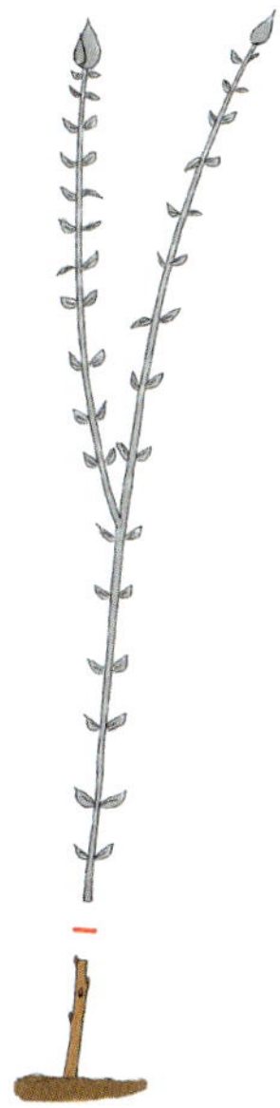

Schneiden Sie beim Johanniskraut vor dem Austrieb im Frühjahr alle Triebe um etwa zwei Drittel knapp über einem Augenpaar (siehe Detail) zurück.

(*Hypericum kouytchense*), Hookers Johanniskraut (*Hypericum hookerianum*) sind dem Großblumigen Johanniskraut sehr ähnlich und unterscheiden sich im Wesentlichen durch die Blütengröße und Anzahl der Blüten pro Blütenstand.
Mannsblut (*Hypericum androsaemum*) und Duftloses Johanniskraut in Sorten (*Hypericum × inodorum*) sind dem Großblumigen Johanniskraut im Wuchs ähnlich. Sie unterscheiden sich aber durch die Blütengröße, welche nur 1,5–3 cm beträgt sowie durch die Anzahl der Blüten pro Blütenstand, die bei diesen Arten etwa drei bis 15 und mehr betragen. Schnittmaßnahmen wie beim Großblumigen Johanniskraut. Kürzen Sie beim Dichtblütigen Johanniskraut (*Hypericum densiflorum*) alle vorjährigen Triebe um ein Drittel ein. Das Niedrige oder Immergrüne Johanniskraut (*Hypericum calycinum*) ist ein wintergrüner, durch Ausläufer teppichbildender Halbstrauch bzw. Bodendecker, der etwa 30 cm hoch wächst und in kalten Wintern zurückfriert. Von Juli bis September produziert dieses Johanniskraut am diesjährigen Trieb ununterbrochen etwa 5–7 cm große, goldgelbe Schalenblüten mit weit herausragenden Staubblättern.
Erhaltungsschnitt: Schneiden Sie alljährlich im Februar alle Triebe knapp über dem Boden ab. Die Pflanzen erneuern sich von der Basis bzw. durch Wurzelausläufer recht gut. Der Rückschnitt bringt auch den Vorteil mit sich, dass gleichzeitig alle durch Winterfrost geschädigten Blätter und Triebe entfernt werden. Das Zurückschneiden dieses bodendeckenden Strauchs kann mit der Heckenschere oder, bei größeren Flächen, auch mit einem Rasentrimmer oder Luftkissenmäher durchgeführt werden.
Schnittzeitpunkt: Zeitiges Frühjahr vor dem Austrieb.

Kirsche, Lorbeer-

Prunus laurocerasus

Beschreibung: Die Lorbeerkirsche wird in zahlreichen Sorten angeboten, deren Wuchsform und Wuchsgröße sehr stark variieren. Zumeist wachsen die verwendeten Sorten zu Normalsträuchern von 1,5–3 m Höhe und 1–2,5 m Breite heran. Lorbeerkirschen entfalten ihre weißen Blüten in aufrecht stehenden, dichten, 5–12 cm langen Trauben im Mai. Daraus entwickeln sich im Spätsommer eiförmige, etwa 6–8 mm große, schwarze Früchte. Diese Pflanzen sind an sich anpassungsfähig, benötigen aber einen vor Wintersonne leicht geschützten Standort.
Erziehungsschnitt: Damit sich die jungen Pflanzen zu dichten, buschigen Pflanzen entwickeln, schneiden Sie die Triebe der frisch gepflanzten Sträucher um etwa ein Drittel knapp oberhalb einer Knospe zurück, damit sie sich von vornherein bereits gut von der Basis weg verzweigen.
Erhaltungsschnitt: Entfernen Sie im Frühjahr vor dem Austrieb alle beschädigten Triebe. Sie können den Strauch dann ohne weitere Schnittmaßnahmen für einige Jahre wachsen lassen, kürzen Sie nur überlange Triebe um die Hälfte ein. Damit die Pflanzen nicht zu groß werden, sollten Sie aber bereits nach einigen Jahren mit dem Erhaltungsschnitt beginnen. Schneiden Sie nach der Blüte alle abgeblühten Triebe auf eine kräftig entwickelte Knospe zurück. Die Pflanzen treiben dann nochmals kräftig durch und die neu gebildeten Triebe blühen im nächsten Jahr wieder. Die Alternative dazu wäre, diesen Schnitt im späten Frühjahr durchzuführen, wenn keine strengen Spätfröste mehr zu erwarten sind, was aber natürlich auf Kosten des Blütenreichtums geht. Sie können die immergrüne Lorbeerkirsche auch erst im Spätsommer, etwa ab Ende August/ Anfang September, schneiden. Sie treibt dann nicht mehr aus, die Schnittwunden verheilen aber noch recht gut vor dem Winter.
Verjüngungsschnitt: Ebenso verkahlen diese

im Inneren, wenn Sie sie nicht regelmäßig auslichten, weil durch den dort herrschenden Lichtmangel die Blätter abgeworfen werden. Lorbeerkirschen haben die Fähigkeit, sich nach einem kräftigen Verjüngungsschnitt gut zu regenerieren. Schneiden Sie im späten Frühjahr die kräftigen Triebe auf ein Gerüst von 30–50 cm über dem Boden zurück, entfernen Sie alle schwachen und unerwünschten Triebe ganz. Um den Strauch neu aufzubauen, ist in den folgenden zwei bis drei Jahren ein Korrekturschnitt notwendig. Dabei werden nach dem Austrieb im Sommer jeweils nur die zwei bis drei kräftigsten Jungtriebe pro eingekürzten Trieb beibehalten, die restlichen werden ganz entfernt.

Besondere Hinweise: Schneiden Sie die Lorbeerkirsche prinzipiell immer mit der Gartenschere, niemals mit einer Heckenschere. Nach sehr kalten Wintern mit strengen Frösten erleiden die Blätter der Lorbeerkirsche oft Frostschäden (Frosttrocknis!). Die Blätter regenerieren sich nicht mehr, durch den frischen Austrieb werden diese Stellen aber alsbald wieder mit neuen Blättern bedeckt sein. Sehr schwachwüchsige Sorten wie ‘Mount Vernon’ benötigen in der Regel keine Schnittmaßnahmen.

Schnittzeitpunkt: Auslichtungsschnitt im späten Frühjahr oder gleich nach der Blüte; ein Schnitt im Spätsommer (September) ist ebenfalls möglich.

Links: Schneiden Sie bei überalterten oder zu groß gewordenen Lorbeerkirschen die Haupttriebe auf 50–60 cm zurück.

Rechts: Die stark verjüngte Lorbeerkirsche hat bis zum nächsten Jahr pro Ast zahlreiche junge Triebe gebildet. Lassen Sie an jedem zurückgeschnittenen Ast nur die zwei bis drei kräftigsten Triebe stehen. Die restlichen entfernen Sie Mitte des folgenden Frühjahrs.

VI

Kolkwitzie

Kolkwitzia amabilis

Beschreibung: Die Kolkwitzie ist ein mittelgroßer, 2–3 m hoher und ebenso breiter, sommergrüner Strauch mit elegant überhängenden Blütenzweigen. Ihre glockenförmigen Blüten sind rosa mit gelbem bis orangefarbenem Schlund. Sie sitzen in endständigen Doldentrauben am vorjährigen Holz und entfalten sich von Ende Mai bis Juni. Man kann die Kolkwitzie leicht anhand der borstig behaarten Blütenstiele und Kelche von der Weigelie unterscheiden. Außerdem wächst die Weigelie breit trichterförmig und hat weiße, rosa oder rote Blüten.

Gut entwickelte, ältere Kolkwitzien bilden meist Ausläufer und kräftige Triebe aus der Basis, wodurch die Sträucher sehr dicht werden können. Die Basistriebe wachsen anfangs straff aufrecht. Sie verzweigen sich dann im oberen Bereich und bilden lange, elegant überhängende Seitentriebe. An diesen bilden sich nach dem Austrieb im folgenden Jahr wiederum kurze Seitentriebe mit endständigen Doldentrauben. Der Strauch gedeiht auch ohne Schnittmaßnahmen viele Jahre hindurch und blüht trotzdem prächtig. Allerdings sind dann die später notwendigen Schnittmaßnahmen sehr schwierig durchzuführen und ein Auslichten ist kaum mehr möglich. Kolkwitzien sind nicht nur sehr schöne Solitärgehölze im Garten, sie bieten sich auch für die Verwendung in Blütenhecken an. Sie blühen etwa gleichzeitig mit dem Falschen Jasmin und dem Maiblumenstrauch.

Erziehungsschnitt: Entfernen Sie nach der Pflanzung nur schwache und beschädigte Triebe. Darüber hinaus sollten junge Pflanzen nicht geschnitten werden, da sie nur so ihren natürlichen Wuchs mit den überhängenden Trieben entwickeln.

Erhaltungsschnitt: Erst bei älteren Pflanzen sollten Sie nach und nach vorsichtig auslichten. Dies erfolgt in der Regel nach der Blüte im

Kürzen Sie bei der Kolkwitzie nach der Blüte die abgeblühten Triebe bis zu einem jungen Neutrieb ein. Ältere Pflanzen sollten nach und nach an der Basis ausgelichtet werden.

Frühsommer. Schneiden Sie dabei jedes Jahr zwei bis drei der ältesten Triebe an der Basis heraus oder nehmen Sie diese auf einen tiefer liegenden Seitentrieb zurück. Kürzen Sie die abgeblühten Triebe bis auf einen der Neutriebe, die sich inzwischen schon an der Oberseite der Triebe gebildet haben, zurück. Diese werden sich umso besser entwickeln und im folgenden Jahr wieder mit rosa Blütenbüschel übersät sein.
Ist abzusehen, dass das Raumangebot für die volle Entfaltung der Kolkwitzie auf lange Sicht nicht ausreicht, dann sollten Sie schon frühzeitig mit dem Auslichtungsschnitt beginnen. Schneiden Sie ruhig einen oder zwei Triebe mehr an der Basis heraus als beim üblichen Erhaltungsschnitt. Achten Sie vorausschauend darauf, dass der Strauch nicht zu groß wird. Er wird dennoch überaus reich blühen.
Verjüngungsschnitt: Ein Verjüngungsschnitt im Spätwinter ist ebenfalls möglich. Lassen Sie dabei nur fünf bis sieben junge, kräftige, aufrechte Triebe stehen. Kürzen Sie diese um ein Drittel ein und entfernen Sie alle übrigen. Der Strauch benötigt aber weitere zwei bis drei Jahre, bis der natürliche Habitus wieder hergestellt ist.
Besondere Hinweise: Die Blüten der Kolkwitzie verströmen einen zarten, süßlichen Duft und werden sehr stark von Bienen und Hummeln besucht. Ein regelmäßig durchgeführter Auslichtungsschnitt sowie der Sommerschnitt nach der Blüte fördern den Blütenansatz und halten die Pflanze gleichzeitig jung.
Damit Kolkwitzien ihre volle Schönheit entfalten können, brauchen sie viel Platz. Sie blühen auch noch zufriedenstellend im Halbschatten unter Bäumen. Auf zu nahrhaften Böden wachsen sie zwar sehr gut, unter diesen Bedingungen nimmt die Blühfreudigkeit aber stark ab. Stark kalkhaltiger Boden wird in Kombination mit Trockenheit schlecht ertragen!
Schnittzeitpunkt: Auslichtungsschnitt nach der Blüte im Frühsommer.

Mandelbäumchen

Prunus triloba

Beschreibung: Das Mandelbäumchen ist ein breitbuschiger, aufrecht wachsender Kleinstrauch mit 1,5–2 m Wuchshöhe, dreilappigen Blättern und stark gefüllten, rosafarbenen Blüten. Diese sitzen entlang des vorjährigen Triebs und entfalten sich vor dem Laubaustrieb von April bis Anfang Mai. Das Mandelbäumchen wird sowohl wurzelecht als auch veredelt als Hochstämmchen angeboten. Ein regelmäßiger Rückschnitt ist unerlässlich. In der strauchigen Form wird das Mandelbäumchen (Mandelröschen) oft auch als veredelte Pflanze angeboten, während das echte „Mandelbäumchen" mit kurzem Stämmchen und Krone immer veredelt ist. Als Unterlage verwendet man die Kirschpflaume (*Prunus cerasifera*). Dies ist ein starkwüchsiger Großstrauch bis kleiner Baum, während das Mandelbäumchen ein schwachwüchsiger Strauch ist. Wegen dieser unterschiedlichen Wuchsstärke wird die Unterlage fast immer durchtreiben. Entfernt man diese Unterlagentriebe nicht rechtzeitig, dann wächst die Unterlage innerhalb von zwei bis drei Jahren so stark, dass das veredelte Mandelbäumchen verkümmert. Wurzelecht vermehrte Pflanzen (Stecklinge) des Mandelbäumchens wachsen anfangs deutlich langsamer, dafür gibt es keine Unterlagentriebe (Wildtriebe) und die Sträucher sind langlebiger.

Erziehungsschnitt: Kürzen Sie beim Pflanzen im Frühjahr alle kräftigen Triebe mindestens um die Hälfte ein. Das Mandelbäumchen blüht dann allerdings im ersten Jahr noch nicht, bringt aber einen deutlich stärkeren Zuwachs für das folgende Jahr. Sie können die ohnehin zumeist im Container kultivierten Pflanzen auch ohne Pflanzschnitt setzen und nach der Blüte Ende April den ersten kräftigen Rückschnitt durchführen. In den folgenden Jahren kürzen Sie alle vorjährigen Triebe gleich nach der Blüte bis auf

etwa 10 cm über dem Gerüst ein, bis dieses entsprechend aufgebaut ist.
Erhaltungsschnitt: Unabhängig davon, ob die Sträucher veredelt oder wurzelecht sind, kürzen Sie alle abgeblühten Triebe Ende April bis etwa 10 cm über das Gerüst ein. Entfernen Sie alle Triebe, die durch Zweig-Monilia beschädigt sind.
Verjüngungsschnitt: Aufgrund der Kurzlebigkeit des Mandelbäumchens ist bei stark überalterten Pflanzen, insbesondere bei veredelten Exemplaren, ein Verjüngungsschnitt nicht mehr zielführend.
Besondere Hinweise: Entfernen Sie bei veredelten Hochstämmchen rechtzeitig die häufig auftretenden Unterlagentriebe!
Schnittzeitpunkt: Nach der Blüte Ende April bis Anfang Mai.

Links: Kürzen Sie beim Mandelröschen gleich nach der Blüte alle abgeblühten Vorjahrestriebe bis auf 10 cm über das Gerüst ein (siehe Detail). Entfernen Sie etwaige Ausläufer an der Basis, weil diese vermutlich (bei Veredlungen sicher) von der Unterlage stammen.

Rechts: Es ist wichtig die Triebe möglichst stark einzukürzen, denn ansonsten verkahlen die Pflanzen zusehends.

VI

Perückenstrauch, Europäischer

Cotinus coggygria

Beschreibung: Der Perückenstrauch ist ein sommergrüner Strauch mit etwas sparrigem, breit ausladendem, aufrechtem Wuchs. Gelegentlich kann er auch zu einem kleinen Baum bis zu 5 m Höhe heranwachsen. Die etwas unscheinbaren Blüten entwickeln sich in 15–20 cm großen, endständigen Rispen im Juni/Juli. Vor allem wegen des bunten Laubs, der auffallenden perückenartigen Fruchtstände und der attraktiven Herbstfärbung wird der Perückenstrauch gerne gepflanzt. Mit den buntlaubigen Sorten lassen sich Farbakzente im Garten setzen. Die rotlaubigen Sorten bevorzugen eher vollsonnige Standorte, während die gelbbunten einen lichten Schatten bevorzugen. In heißen, trockenen Klimagebieten kann es bei den gelblaubigen Sorten bei vollsonnigem Standort zu Blattverbrennungen kommen. Der Perückenstrauch verträgt auch etwas extremere Standorte sowie Trockenheit und kalkhaltige Bodenverhältnisse, bleibt dann aber etwas kleiner. Mit 'Young Lady' gibt es inzwischen auch Sorten, die sich bereits als junge Pflanze mit dem großen perückenartigen Fruchtstand schmücken. Bei 'Smoky Joe' und 'Zuckerwatte' sind die Fruchtstände sogar rosa gefärbt.

Erziehungsschnitt: Entfernen Sie nach dem Pflanzen nur schwache und beschädigte Triebe. Kürzen Sie nur unregelmäßigen Wuchs ein. Die Pflanze baut sich dann von selbst optimal auf.

Erhaltungsschnitt: Wenn der Strauch wegen der schönen Wuchsform, der Blüte und Fruchtstände oder wegen der attraktiven Herbstfärbung gepflanzt wurde, dann ist kein Erhaltungsschnitt notwendig. Entfernen Sie nur vertrocknete oder beschädigte Triebe. Sollten die Sträucher zu groß werden, dann ist ein kräftiger Auslichtungsschnitt im Spätwinter durchaus möglich. Schneiden Sie dazu im Spätwinter ei-

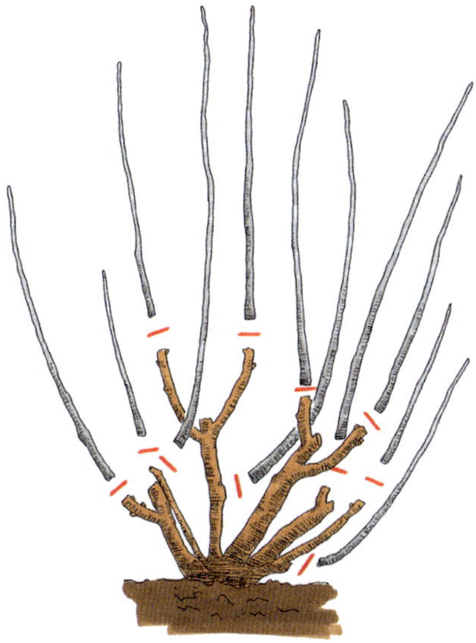

Wenn Sie den Perückenstrauch ohne besondere Schnittmaßnahmen wachsen lassen, wird er meist von selbst eine gute Wuchsform annehmen. Um zu verhindern, dass die Pflanze zu groß wird, sollten Sie diese aber in mehrjährigen Abständen wie hier dargestellt zurückschneiden oder besser noch vorsichtig auslichten.

nige der ältesten Triebe an der Basis heraus und kürzen Sie die übrigen etwa um ein Drittel bei Verzweigungen ein.

Wenn Sie jedoch auf den Blattschmuck besonderen Wert legen, dies wird beispielsweise bei den dunkelpurpur- ('Royal Purple', siehe Bild links) und gelblaubigen ('Golden Spirit') Sorten der Fall sein, dann müssen Sie die Sträucher jedes Jahr kräftig zurückschneiden. Belassen Sie dazu ein Gerüst aus drei bis fünf kräftigen Trieben und kürzen diese auf 60–90 cm ein. Schneiden Sie dann alljährlich im Spätwinter den vorjährigen Zuwachs um etwa drei Viertel zurück. Der Austrieb wird kräftig sein und an den dicken Trieben werden sich verhältnismäßig große, intensiv gefärbte Blätter entwickeln.

Verjüngungsschnitt: Wurde die Pflanze regelmäßig geschnitten, dann lässt sie sich auch gut verjüngen. Entfernen Sie alle dünnen, schwachen und beschädigten Triebe und kürzen Sie die verbliebenen kräftigen Triebe auf 50–60 cm über dem Boden ein.

Überalterte Pflanzen reagieren auf einen starken Rückschnitt nicht mehr mit dem erwünschten kräftigen Neuaustrieb. Ersetzen Sie diese besser durch junge frohwüchsige Sträucher.

Besondere Hinweise: Der aus dem Mittelmeergebiet stammende Perückenstrauch ist wärmeliebend, hitzefest und trockenheitsresistent. Die Triebe werden manchmal von einer Pilzkrankheit befallen.

Schnittzeitpunkt: Spätwinter.

VI

Pfeifenstrauch, Gewöhnlicher, Falscher Jasmin

Philadelphus coronarius

Beschreibung: Der Gewöhnliche Pfeifenstrauch ist ein 2–3(4) m hoher, sommergrüner Strauch mit einfachen, duftenden, weißen Blüten im Juni. Die Blüten sitzen am Ende kurzer, beblätterter Triebe, die sich seitlich an vorjährigen Trieben entwickeln. Es werden aus der Basis stets neue Triebe gebildet (Basitonie), die sich in der Folge mesoton verzweigen. Ab dem 4. Jahr lässt die Blühwilligkeit stark nach, weshalb bei diesen Sträuchern ein regelmäßiger Auslichtungsschnitt nötig ist.
Erziehungsschnitt: Entfernen Sie nach dem Pflanzen alle schwachen und beschädigten Triebe und kürzen Sie die restlichen um die Hälfte ein. Dadurch regen Sie die Bildung neuer Triebe an der Strauchbasis an.

Erhaltungsschnitt: Der junge Wuchs soll gefördert werden. Beachten Sie aber dabei, dass der Strauch seine ausgewogene Wuchsform behält. Schneiden Sie im Juli nach der Blüte etwa ein Viertel der alten Triebe bis zum Boden ab oder kürzen Sie auf einen kürzeren, jungen Neutrieb ein. Werden die Sträucher zu breit, dann entfernen Sie diese Triebe ebenfalls an der Basis und fördern damit die aus der Basis wachsenden Neutriebe. Die abgeblühten Triebe kürzen Sie auf eine darunterliegende, kräftige Verzweigung ein. Das fördert die Bildung kräftiger Blütentriebe für das folgende Jahr. Dünnen Sie den zu dichten Wuchs regelmäßig aus. Bei gelbblättrigen und weißpanaschierten Sorten können Sie die Laubwirkung wesentlich erhöhen, indem Sie die Pflanzen regelmäßig im zeitigen Frühjahr vor dem Austrieb stärker zurückschneiden. Dieser Schnitt geht allerdings auf Kosten der Blüte.
Verjüngungsschnitt: Ein kräftiger Verjüngungsschnitt wird vertragen. Schneiden Sie in diesem Fall vor dem Austrieb im Winter oder zeitigen

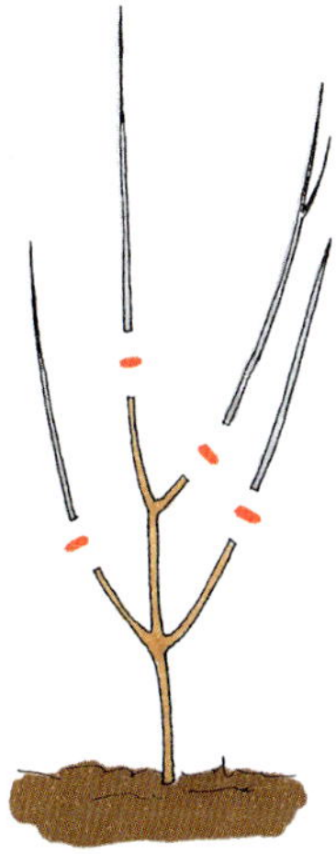

Frühjahr alle alten und die zu dicht stehenden jüngeren Triebe bis zum Boden heraus und kürzen Sie die etwa vier bis sechs verbleibenden, kräftig entwickelten, jüngeren Triebe zumindest um ein Viertel oder die Hälfte ein. Im folgenden Jahr entfernen Sie dann die restlichen alten Triebe an der Basis und bauen mit den jungen Trieben ein neues Astgerüst auf.

Besondere Hinweise: Pfeifensträucher zählen wegen ihrer enormen Blütenfülle, dem herrlichen Duft und der Anspruchslosigkeit zu den beliebtesten Ziersträuchern.

Schnittzeitpunkt: Auslichtungsschnitt nach der Blüte im Frühsommer.

Weitere Arten: Der Virginische Pfeifenstrauch (*Philadelphus × virginalis*) wächst ähnlich wie *Philadelphus coronarius*, bringt aber von Juni bis Juli dichtgefüllte, bis zu 5 cm breite, weiße, duftende Blüten in dichten Trauben hervor. Der Großblütige Pfeifenstrauch (*Philadelphus inodorus* var. *grandiflorus*) blüht im Juni mit bis zu 5 cm breiten, weißen, duftlosen Blüten mit gelben Staubgefäßen.

Links: Kürzen Sie beim Pflanzen alle Triebe des Pfeifenstrauchs um zwei Drittel ein, damit sich bereits die junge Pflanze gut verzweigt.

Rechts: Kürzen Sie nach der Blüte Ende Juni alle abgeblühten Triebe auf darunter liegende, kräftige Verzweigungen oder kräftige Jungtriebe ein. Entfernen Sie auch regelmäßig einzelne ältere Triebe an der Strauchbasis.

Pfeifensträucher der Lemoinei-Gruppe ('Erectus', 'Silberregen', 'Avalanche') wachsen deutlich schwächer als *Philadelphus coronarius* und werden je nach Sorte 1,5–2 m hoch. Einige Sorten zeichnen sich durch einen locker überhängenden Wuchs aus. Ihre Blüten sind rahmweiß und stark duftend. Die Sorten der Purpureomaculatus-Gruppe zeichnen sich durch sehr große Blüten mit purpurroter Mitte aus.

IV–V

Quitte, Zier-, Chinesische Scheinquitte

Chaenomeles × superba und *Chaenomeles speciosa*

Beschreibung: Schein- oder Zierquitten sind sparrig wachsende, dicht verzweigte Sträucher mit Wuchshöhen bis zu 2 m. Einige Sorten können sogar noch größer und im Alter ebenso breit werden. Im zeitigen Frühjahr etwa im März und April, vor oder mit dem Laubaustrieb, schmücken sie sich mit reinweißen, rosa oder orangeroten bis dunkelroten Blüten.
Die schalenförmigen, 3–5 cm breiten Blüten sitzen direkt an den vorjährigen Trieben und am mehrjährigen Holz im Inneren des Strauchs. Im Herbst bringen sie große, flachkugelige bis breitrundliche, quittenähnliche Früchte hervor.
Erziehungsschnitt: Entfernen Sie nach dem Pflanzen alle schwachen und beschädigten Triebe. Schneiden Sie die verbliebenen Triebe auf die Hälfte oder zwei Drittel zurück, damit sich diese verzweigen und der Strauch somit von der Basis an gleich gut verzweigt ist. Im Folgejahr kürzen Sie im Frühjahr wiederum alle Zweige, die keine Blütenknospen tragen, zumindest um die Hälfte ein. Triebe, die aus der Basis entspringen, entfernen Sie ebenfalls, damit die Sträucher nicht zu dicht werden und die Schnittmaßnahmen in den folgenden Jahren einfacher durchzuführen sind.
Erhaltungsschnitt: Die Pflanzen wachsen und blühen auch ohne Schnitt viele Jahre hindurch recht gut. Mit zunehmendem Alter werden sie aber zu dicht und die Blühwilligkeit lässt nach. Wurden die Pflanzen bis dahin nicht geschnitten, dann gestaltet sich ein Auslichtungsschnitt sehr schwierig. Deshalb ist es wichtig, die Sträucher gleich nach der Blüte im April oder Mai vorsichtig auszulichten. Entfernen Sie vor allem sich kreuzende sowie einzelne alte Triebe, die nur noch wenige Blüten an der Strauchbasis hervorbringen. Kürzen Sie die neuen Seitentriebe

auf fünf bis sechs Blätter ein. Dadurch werden anstatt weiterer Blätter vor allem Blütenknospen angelegt und somit ist im darauf folgenden Jahr ein reicher Blütenflor gesichert.

Verjüngungsschnitt: Alte, vergreiste Pflanzen sprechen gut auf einen Verjüngungsschnitt an. Dieser sollte aber über einen Zeitraum von etwa zwei bis drei Jahren erfolgen. Schneiden Sie entweder jeweils ein Drittel der alten Triebe an der Strauchbasis auf 15–20 cm über dem Boden zurück und kürzen Sie die übrigen um ein Drittel oder die Hälfte ein. Zu dicht wachsende Neutriebe entfernen Sie ebenfalls an der Basis. In den folgenden zwei Jahren entfernen Sie das zweite und dritte Drittel der alten Triebe auf dieselbe Weise, bis sich die Pflanze vollständig verjüngt hat. Nach etwa zwei bis drei Jahren ist der Strauch wieder verjüngt. Eine weitere Möglichkeit der Verjüngung besteht darin, im Spätwinter alle Triebe radikal auf etwa 15–20 cm über dem Boden zurückzuschneiden.

Besondere Hinweise: Die Japanische Scheinquitte (*Chaenomeles japonica*) unterscheidet sich von den vorigen durch den schwächeren Wuchs (1–1,5 m) und die ziegelroten bis orangefarbenen Blüten. Sie wird vorwiegend in Kombination mit Stauden verwendet.

Schnittzeitpunkt: Auslichtungsschnitt nach der Blüte im April/Mai, Verjüngungsschnitt im Spätwinter.

Links: Entfernen Sie bei der Zierquitte alle schwachen und beschädigten Triebe im Spätwinter. Obwohl ein Schnitt hier nicht unbedingt erforderlich ist, sollte man die Pflanze gelegentlich nach der Blüte vorsichtig auslichten.

Rechts: Ungeschnitten entwickeln sich die Seitentriebe wie hier dargestellt nur zu beblätterten Zweigen. Wurden diese jedoch im Spätsommer des Vorjahrs eingekürzt, entstehen statt der beblätterten Zweige kurze, dicht mit Blütenknospen besetzte Triebe.

IV–V

Ranunkelstrauch, Kerrie

Kerria japonica

Beschreibung: Der Ranunkelstrauch ist ein häufig verwendeter, sommergrüner, 1,5–2 m hoher Gartenstrauch. Der vieltriebige, ausläuferbildende Strauch ist auch im laublosen Zustand an seinen grünen, rutenförmigen, teils überhängenden und wenig verzweigten Grundtrieben leicht zu erkennen. Im Alter werden durch Ausläuferbildung oft dichte Horste gebildet. Die Art hat bis zu 3 cm große, goldgelbe Schalenblüten. Die neue Sorte 'Guinea Gold' blüht ebenfalls einfach, aber noch reicher und ist wegen ihrer wesentlich größeren Blüten sehr empfehlenswert. Meist wird aber die Sorte 'Pleniflora' gepflanzt, die etwas aufrechter wächst und dicht gefüllte, goldgelbe Blüten trägt. Der Ranunkelstrauch blüht von Ende April bis Mai/Juni am vorjährigen Trieb und bringt im Sommer meist eine schwache Nachblüte.

Erziehungsschnitt: Entfernen Sie nach dem Pflanzen alle schwachen und beschädigten Triebe. Die kräftigen Triebe belassen Sie, denn diese blühen bereits im Jahr der Pflanzung.

Erhaltungsschnitt: Es gibt zwei Möglichkeiten, dieses Gehölz zu schneiden. Entweder Sie kürzen die abgeblühten, vorjährigen Triebe gleich nach der Blüte auf einen kräftigen neuen Seitentrieb ein und schneiden das zweijährige, abgeblühte Holz an der Basis heraus. In diesem Fall kommen im Folgejahr sowohl verzweigte, zweijährige als auch unverzweigte, vorjährige Triebe zur Blüte. Oder Sie schneiden nach dem Abblühen alle abgeblühten Triebe an der Basis heraus und belassen nur die neuen, mittlerweile nachgewachsenen, jungen diesjährigen Triebe. Diese blühen im nächsten Jahr und sollten dann wieder nach der Blüte bodennah entfernt werden. Um die Wüchsigkeit der Pflanzen zu erhalten, schneiden Sie im Frühjahr bis zu einem Drittel der Triebe heraus. Kürzen Sie die jungen Triebe nicht ein, denn sie bringen im Folgejahr die meisten Blüten.

Verjüngungsschnitt: Die Pflanze lässt sich auch gut verjüngen, indem Sie im Frühjahr alle Triebe bodennah entfernen. Zurückgetrocknete oder zurückgefrorene Triebspitzen schneiden Sie ebenfalls im Frühjahr heraus, bzw. kürzen Sie diese bis zum gesunden Holz ein.
Besondere Hinweise: Kombinieren Sie den Ranunkelstrauch im Garten nicht mit anderen schwachwüchsigen Gehölzen oder konkurrenzschwachen Stauden. Durch die mitunter starke Ausläuferbildung werden diese ansonsten bald überwachsen und verdrängt. Bei zu starker oder unerwünschter Ausläuferbildung stechen Sie Ruten mit dem Spaten ab. Diese können bei Bedarf zur Vermehrung genutzt werden. Insgesamt ist er aber sehr anpassungsfähig und auch für schattige Standorte gut geeignet.
Schnittzeitpunkt: Auslichtungsschnitt im zeitigen Frühjahr vor dem Austrieb. Einkürzen abgeblühter, vorjähriger und Herausschneiden abgeblühter, zweijähriger Triebe nach der Blüte im Frühsommer.

Links: Der Ranunkelstrauch wird beim Erhaltungsschnitt ausgelichtet, indem Sie vor dem Austrieb im Frühjahr die alten, abgetragenen dreijährigen Triebe an der Basis entfernen. Die vorjährigen (zweijährigen) Triebe blühen im Frühjahr und bleiben deshalb ungeschnitten.

Rechts: Alternative Schnittmöglichkeit: Schneiden Sie nur die bereits an der Basis braunen Triebe knapp über dem Boden heraus. Ein Teil der dreijährigen Triebe hat unterhalb der Blütenstände einen oder zwei kräftige Seitentriebe gebildet. Schneiden Sie die abgeblühten Triebe bis zu diesen Verzweigungen heraus. Nach einem weiteren Jahr müssen diese Triebe dann unbedingt bodennah entfernt werden.

V

Rhododendron, Catawba-, Großblumige Hybriden

Rhododendron catawbiense und *Rhododendron*-Hybriden

Beschreibung: Immergrüne, 2–4 m hohe Sträucher mit dichter Verzweigung und 6–15 cm großen Blättern. Die Art blüht im Mai/Juni lilapurpurn mit 15 bis 20 Blüten pro Blütenstand. Die Hybriden weisen alle Blütenfarben von Weiß über Rosa bis Lila auf, oft sind ihre Kronblätter mit dunkleren Flecken versehen. Die Blüten des Rhododendrons sind zu doldenartigen Blütenständen zusammengefasst, die Einzelblüte breit glockig bis trichterförmig.

Erziehungsschnitt: Junge Pflanzen aus der Baumschule sind in der Regel optimal aufgebaut, sodass ein Erziehungsschnitt entfallen kann. Entfernen Sie die abgeblühten Blütenstände, dies fördert den Blütenansatz für das nächste Jahr.

Erhaltungsschnitt: Diese Rhododendren benötigen in den folgenden Jahren keinen Schnitt. Brechen Sie die abgeblühten Blütenstände aus. Eventuell vertrocknete Triebspitzen oder solche, an denen sich die Blüten nicht geöffnet haben, schneiden Sie ins gesunde Holz, bzw. bis zu den nächsten gut entwickelten Blättern zurück. Sollten einzelne Triebe braun werden (zum Beispiel durch Pilzbefall), so entfernen Sie diese ganz. Reinigen und desinfizieren Sie das verwendete Werkzeug gut. Wachsen einzelne Triebe zu kräftig und beeinträchtigen diese die Wuchsform, dann kürzen Sie diese etwa auf die Hälfte ein.

Verjüngungsschnitt: Wenn im Alter das Wachstum nachlässt und die Sträucher lückig werden, ist die Zeit gekommen, diese einem Verjüngungsschnitt zu unterziehen. Kürzen Sie im zeitigen Frühjahr die ältesten Triebe (etwa ein Drittel) bis weit in das alte Holz hinein bei einer Verzweigung ein, lassen Sie aber einen Zapfen von wenigen Zentimetern stehen. Diese

Wenn der immergrüne Rhododendron zu groß geworden ist oder im Strauchinneren verkahlt, schneiden Sie die längsten Triebe im Strauchinneren bei einer Verzweigung oder auf etwa 5 cm lange Zapfen zurück. Entfernen Sie etwa ein Drittel der Krone auf diese Weise.

Der verjüngte Rhododendron hat neu durchgetrieben, die Triebe sind wieder gut belaubt, Blätter und Triebe kräftig entwickelt. Der Strauch wird im folgenden Jahr wieder reich blühen.

Triebe werden mit jungem, kräftigem Austrieb reagieren. Wiederholen Sie diese Schnittmaßnahmen auch in den folgenden zwei Jahren, bis der Strauch von der Basis ausgehend neu aufgebaut ist. Diese Maßnahmen sind aber nur in Kombination mit entsprechender Bodenverbesserung und ausreichender Bewässerung möglich. Bei extrem überalterten Pflanzen ist ein Verjüngungsschnitt nicht mehr zielführend.

Besondere Hinweise: Rhododendren sind so genannte „Moorbeetpflanzen", die saure Bodenverhältnisse benötigen. Der Boden sollte mäßig feucht und gut mit Nährstoffen versorgt, der Standort leicht beschattet sein. Windexponierte Lagen sind zu vermeiden. Die neuen 'Inkarho'-Hybriden sind auf eine etwas besser kalktolerante Unterlage veredelt. Diese Sorten ertragen pH-Werte von 4,5–6,5! Rhododendren reagieren auch sehr empfindlich auf Staunässe und Bodenverdichtung.

Catawbiense-Hybriden sind raschwüchsig und werden sehr groß. Sollte das Raumangebot für einen großen Rhododendronstrauch nicht ausreichend sein, dann verwenden Sie besser die schwachwüchsigen, ungemein reichblühenden Yakushimanum-Hybriden!

Schnittzeitpunkt: Auslichtungs-, Korrektur- und Verjüngungsschnitt im zeitigen Frühjahr.

Weitere Arten: Yakushima-Rhododendron (*Rhododendron yakushimanum*) und dessen Hybriden sind dicht kugelig wachsende, immergrüne Sträucher bis zu 1 m Wuchshöhe und sehr reichem Blütenschmuck im Mai. Ihr Blütenspektrum reicht von Weiß über Zartrosa und Rot bis Lila. Die Sorten dieser Gruppe erkennt man an den silber-graufilzigen Blattunterseiten. Außer dem Ausbrechen der abgeblühten Blütenstände sind bei den Vertretern dieser Gruppe keine weiteren Schnittmaßnahmen erforderlich.

V–VI

Schneeball, Gewöhnlicher

Viburnum opulus

Beschreibung: Der Gewöhnliche Schneeball ist ein breit ausladender, unregelmäßig aufgebauter Großstrauch mit bis zu 4 m Höhe und 3–4 m Breite. Im Alter sind die Zweige etwas überhängend. Im Mai/Juni entfalten sich die rahmweißen, 8–10 cm breiten, tellerförmigen Schirmrispen, die von einem Kranz auffälliger steriler Randblüten umgeben sind. Im Herbst entwickeln sich die etwa 1 cm großen, leuchtend roten Früchte, die meist bis spät in den Winter hinein an den Sträuchern bleiben. Bei der Sorte 'Roseum' sind alle Blüten steril und die Blütenstände ballförmig entwickelt.

Erziehungsschnitt: Entfernen Sie nach dem Pflanzen alle schwachen und beschädigten Triebe. Kürzen Sie die restlichen um ein Drittel ein.

Erhaltungsschnitt: Die Sträucher sollen sich in den ersten Jahren ohne Schnittmaßnahmen entwickeln können. Damit die Pflanzen blühwillig bleiben und dabei nicht zu groß werden, schneiden Sie bei gut entwickelten Sträuchern am besten alle zwei bis drei Jahre jeweils nach der Blüte ein bis zwei Triebe an der Basis heraus und kürzen ein weiteres Drittel auf eine kräftige Verzweigung ein. Die kompakt wachsende Sorte 'Compactum' benötigt in der Regel keinen Schnitt, baut sich optimal auf und blüht und fruchtet dabei ungemein reichlich. Dennoch sollte man auch bei dieser Sorte nach etwa acht bis zehn Jahren mit einem leichten Auslichtungsschnitt beginnen.

Verjüngungsschnitt: Der Gewöhnliche Schneeball regeneriert sich nach einem kräftigen Rückschnitt recht gut. Schneiden Sie im Spätwinter alle kräftigen Triebe auf ein Gerüst von 50–70 cm zurück und entfernen Sie alle schwachen und die stark überalterten Triebe an der Basis. Durch den starken Neuaustrieb wird es notwendig sein, entsprechende Korrekturschnitte im Sommer bzw. im folgenden Spätwinter durch-

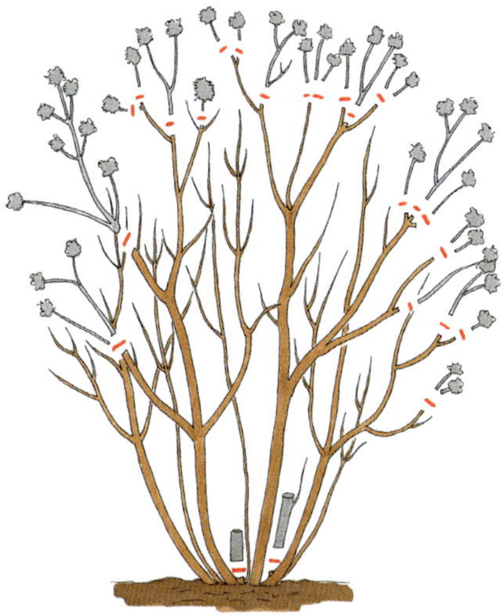

Der Erhaltungsschnitt beschränkt sich auf ein geringfügiges Auslichten, das in zwei- bis dreijährigem Turnus durchgeführt werden sollte.

zuführen, damit sich erneut eine regelmäßige Wuchsform aufbaut. Besser wäre es, den Schnitt auf zwei bis drei Jahre zu verteilen.

Besondere Hinweise: Der Gewöhnliche Schneeball wird in manchen Jahren sehr stark von Blattläusen befallen.

Schnittzeitpunkt: Auslichtungsschnitt nach der Blüte im Frühsommer, Verjüngungsschnitt im Spätwinter.

Weitere Arten: Burkwoods Schneeball (*Viburnum × burkwoodii*, siehe Bild links) erhält einen leichten Auslichtungsschnitt nach der Blüte und wird sonst wie *V. opulus* geschnitten.

Der Bodnant-Schneeball (*Viburnum × bodnantense*) ist ein dichtbuschiger, von der Basis an vieltriebiger Strauch bis etwa 2,5 m Höhe.

Die rosafarbenen, stark duftenden Blüten öffnen sich bei günstiger Witterung ab November, der Hauptflor erfolgt von Februar bis März. Die Blüten sitzen in 5–7 cm breiten, dichten Büscheln am Ende der vorjährigen Triebe. Dieser Schneeball entwickelt sehr viele Triebe aus der Basis heraus. Schneiden Sie bei gut entwickelten Pflanzen direkt nach der Blüte im zeitigen Frühjahr bis zu einem Fünftel der Triebe an der Basis heraus. Entfernen Sie alte, nicht mehr blühfreudige und zu dicht stehende Triebe, lassen Sie die übrigen jedoch unbeschnitten.

Um den Bodnant-Schneeball zu verjüngen, entfernen Sie alle alten Triebe an der Basis. Lassen Sie einige junge, gut entwickelte Triebe stehen. Nach dem neuen Austrieb sollten Sie zu dicht stehende Triebe entfernen. Die Sträucher werden erst wieder in ein bis zwei Jahren reich blühen. Sie können den Schnitt auch auf zwei bis drei Jahre verteilen und jeweils nur einen Teil der alten Triebe an der Basis herausnehmen.

Der Großblumige Duft-Schneeball (*Viburnum × carlcephalum*) ist ein mittelgroßer 2–2,5 m hoher und ebenso breiter, locker aufgebauter Strauch mit stumpfgrünen Blättern. Seine an den Zweigen endständig sitzenden, bis zu 13 cm großen Blütenstände duften stark. Sie sind in der Knospe rosafarben, im Aufblühen weiß und entfalten sich von Anfang bis Ende Mai. Ein leichter Auslichtungsschnitt nach der Blüte ist ratsam.

VII–VIII

Schönfrucht, Liebesperlenstrauch

Callicarpa bodinieri

Beschreibung: Die mittelgroßen, sommergrünen Sträucher wachsen anfangs schmal aufrecht, werden mit zunehmendem Alter breiter und sind dann etwa gleich breit wie hoch. Ihre helllilafarbenen Blüten entfalten sich im Juni. Sie sitzen in den Blattachseln und fallen deshalb nur bei genauerem Hinsehen auf. Unübersehbar hingegen sind jedoch die stecknadelgroßen, in Fruchtständen zusammenstehenden violetten Früchte. Bereits im Herbst leuchten sie unter den Blättern hervor. Vollends entfalten sie ihre Schmuckwirkung aber erst nach dem Laubfall, und bis lange in den Winter kann man dann die leuchtend violetten Früchte an den Sträuchern bewundern. Es gibt auch eine weiß fruchtende Schönfrucht (*Callicarpa japonica* 'Leucocarpa'), bei der der Fruchtbehang allerdings nicht ganz so massiv ist. Bei stark fruchtenden Sträuchern neigen sich die Triebe waagerecht oder hängen leicht über. Die Schönfrucht benötigt in den ersten Jahren keinen Schnitt.

Erziehungsschnitt: Junge Pflanzen benötigen einen scharfen Rückschnitt, damit sie sich von der Basis aus buschig verzweigen. Bevor die Pflanzen im Frühjahr zu wachsen beginnen, sollten alle schwachen und beschädigten Triebe entfernt werden. Die restlichen Triebe schneiden Sie auf drei bis fünf Augenpaare über dem Boden zurück. Damit ist der Erziehungsschnitt schon abgeschlossen.

Erhaltungsschnitt: Die jungen Pflanzen der Schönfrucht benötigen einige Jahre, bis sie richtig blühen und reichen Fruchtansatz bringen. In den folgenden Jahren werden die Sträucher durch die Entnahme von Fruchtzweigen für Dekorationszwecke ausreichend ausgelichtet. Auch das Entfernen der unter dem Fruchtgewicht stark herab gebogenen oder abgebrochenen Zweige trägt dazu bei. Kürzen Sie jene

Kürzen Sie die Zweige, die im Vorjahr gefruchtet haben, im Spätwinter um die Hälfte ein. Sie können in mehrjährigen Abständen auch jeweils die ältesten Triebe knapp über dem Boden herausschneiden.

Zweige, die im Vorjahr gefruchtet haben, im Frühjahr vor dem Austrieb etwa um die Hälfte ein. Nach etwa sechs bis acht Jahren ist es bereits empfehlenswert, alljährlich einige der ältesten Triebe an der Basis herauszuschneiden. Üblicherweise wird die Schönfrucht nur nach starken Frostschäden zurückgeschnitten. Dies kann im Vorfrühling geschehen. Dabei werden alle Triebe bis auf den Boden zurückgeschnitten (siehe Verjüngungsschnitt). Die Pflanzen regenerieren sich zwar gut, blühen und fruchten dann allerdings erst in den Folgejahren wieder.

Verjüngungsschnitt: Werden die Pflanzen für längere Zeit nicht geschnitten, entwickeln sie mit zunehmendem Alter ein Dickicht mit geringerem Blüten- und Fruchtansatz. Sie werden dann auch anfälliger für Krankheiten und Schädlinge. Zur Verjüngung belassen Sie die vier bis fünf jüngsten Triebe und schneiden alle übrigen 5–10 cm über dem Boden zurück. Dieser radikale Rückschnitt sollte im Spätwinter durchgeführt werden. Die Pflanzen werden daraufhin stark austreiben. Im darauf folgenden Jahr schneiden Sie wieder alle schwachen sowie die vom Vorjahr verbliebenen, vier bis fünf Jahre alten Triebe bodennah ab. Aus den verbliebenen Trieben wird sich der Strauch dann wieder neu aufbauen.

Besondere Hinweise: In sehr kalten und langen Wintern kann die Schönfrucht starke Frostschäden erleiden, die auch die ausgereiften Triebe betreffen können. Die fruchttragenden Zweige bieten sich wegen der auffallenden violetten Fruchtfärbung und der guten Haltbarkeit besonders für Dekorationszwecke an. Im Garten behalten die Sträucher ihren prächtigen Fruchtschmuck bis weit in den Winter hinein.

Schnittzeitpunkt: Auslichtungsschnitt im zeitigen Frühjahr vor dem Austrieb, Verjüngungsschnitt im Spätwinter.

VI

Sommerflieder, Schmalblättriger

Buddleja alternifolia

Beschreibung: Bezüglich Wuchs und Schnittmaßnahmen haben der Schmalblättrige Sommerflieder und der Schmetterlingsstrauch (*Buddleja davidii*, siehe S. 98) keine Gemeinsamkeiten! Erster ist ein eleganter, breit ausladender, sommergrüner Strauch mit kaskadenartig überhängenden Trieben. Deshalb wird er oft auch als „Kaskaden-Sommerflieder" bezeichnet. Entlang der vorjährigen Langtriebe bilden sich im späten Frühjahr kleine Blattrosetten. Daraus entwickeln sich dann im Frühsommer die hellvioletten, duftenden Blütenbüschel. Bereits während der etwa zwei bis drei Wochen dauernden Blütezeit bilden sich im mittleren Bereich der vorjährigen Triebe vereinzelt beblätterte Langtriebe. Dies sind bereits die Blütentriebe für das folgende Jahr. Die Pflanzen sollten sich natürlich entwickeln können, denn nur dann entfalten sie ihren malerischen Habitus. Allerdings wächst der Schmalblättrige Sommerflieder wegen seiner speziellen Wuchseigenschaften mit den Jahren immer mehr in die Breite und Höhe. Deshalb sollten Sie rechtzeitig mit den Schnittmaßnahmen beginnen.

Erziehungsschnitt: Entfernen Sie beschädigte und schwache Triebe und kürzen Sie die kräftigen Triebe um ein Drittel ein. Schneiden Sie bei jungen Pflanzen mit Blütentrieben diese nach der Blüte Ende Juni bis auf die bereits neuentwickelten diesjährigen Triebe zurück. Um den Aufbau eines kräftigen Gerüsts zu gewährleisten, kürzen Sie diese Triebe ebenfalls um die Hälfte oder um zwei Drittel ein.

Erhaltungsschnitt: In den ersten Jahren nach der Pflanzung sollten Sie nur einseitig wachsende oder zu stark wachsende Triebe einkürzen.
Hat der Sommerflieder einmal die gewünschte Größe erreicht, dann ist es Zeit, mit den Schnittmaßnahmen zu beginnen. Ein Auslichtungs-

schnitt nach der Blüte im Juni wird gut vertragen, gleichzeitig wird dadurch ein Vergreisen der Pflanze an der Basis zurückgehalten. Schneiden Sie die abgeblühten, vorjährigen Triebe auf gesunde Knospen oder blattlose, inzwischen neugebildete Triebe zurück. Von Zeit zu Zeit ist es ist auch ratsam, einzelne alte Triebe bis zu kräftigen Jungtrieben im Strauchinneren zurückzunehmen. Zusätzlich sollten in Abständen von mehreren Jahren jeweils auch einzelne ältere Triebe an der Basis herausgeschnitten werden, damit sich die Pflanze von innen heraus wieder verjüngen kann.

Verjüngungsschnitt: Bei vernachlässigten jüngeren Sträuchern kann ein Verjüngungsschnitt durchgeführt werden. Dieser geht allerdings auf Kosten der Blütenfülle im Folgejahr. Ältere Pflanzen zu verjüngen ist zwar möglich, aber dazu brauchen Sie viel Geduld. Beblätterte junge Triebe sind nur im äußeren Kronenbereich vorhanden, während sich im Strauchinneren nur noch dicke, blattlose Triebe befinden, die erst nach starkem Rückschnitt wieder austreiben. Kürzen Sie diese Triebe auf 50–60 cm ein. Den neuen Austrieb (lange, unverzweigte Triebe!) sollten Sie im Sommer nochmals einkürzen. In den folgenden ein bis zwei Jahren muss dann der Habitus durch neuerliches Einkürzen der Triebe neu aufgebaut werden.

Besondere Hinweise: Überalterte Pflanzen mit dicken Stämmen lassen sich zwar noch verjüngen, es dauert aber dann einige Jahre, bis die Pflanzen wieder ihren typischen Habitus entwickeln.

Schnittzeitpunkt: Auslichtungsschnitt nach der Blüte, Verjüngungsschnitt im Spätwinter.

Links: Schneiden Sie im Juni nach der Blüte alle abgetragenen Zweige bis zu den aufrecht wachsenden diesjährigen Neutrieben zurück.

Rechts: Erhaltungsschnitt nach der Blüte im Juni.

VII–IX

Sommerflieder, Schmetterlingsstrauch

Buddleja davidii

Beschreibung: Der Schmetterlingsstrauch zählt zu den beliebtesten Ziersträuchern unserer Gärten. Die lange Blütezeit, seine zahlreichen Farbvarietäten und vor allem die Tatsache, dass er Schmetterlinge wie ein Magnet anzieht, sind Grund für seine große Beliebtheit. Der sommergrüne, breit vasenförmige Strauch wächst mit trichterförmig-aufrechten Hauptästen und ausladenden, leicht überhängenden Seitenzweigen. Je nach Sorte kann er dabei Wuchshöhen von 3–4 m erreichen. Es gibt inzwischen aber auch einige Sorten mit wesentlich schwächerem Wuchs, wobei Wuchshöhen und -breiten von 1,2–2 m kaum überschritten werden. Diese Sorten sind vor allem für kleinere Gärten, Terrassengärten und für die Bepflanzung von Balkonen sehr empfehlenswert. Die langen, bogig übergeneigten Blütenrispen trägt der Schmetterlingsstrauch von Juli bis zum Herbst am Ende der diesjährigen Zweige. Damit der Strauch über viele Jahre hindurch vital und reichblühend bleibt, ist es unbedingt erforderlich, ihn von Anfang an regelmäßig zu schneiden. Wird der Schmetterlingsstrauch lange Zeit oder überhaupt nicht geschnitten, neigt er dazu, ein Gewirr lebender, abgestorbener und kaum noch blühender Zweige zu bilden. Die Strauchbasis verkahlt dann zusehends. Dann hilft nur noch ein kräftiger Verjüngungsschnitt mit all seinen nachteiligen Folgen. Der Sommerflieder sät sich leicht von selbst aus und neigt zum Verwildern. Aus diesem Grund wird mancherorts empfohlen, bzw. sogar vorgeschrieben, die abgeblühten Blütenrispen regelmäßig abzuschneiden, bevor sich die Samen entwickeln können.

Erziehungsschnitt: Entfernen Sie im ersten Jahr alle schwachen Triebe und kürzen Sie die Hauptäste ein, damit sich ein Gerüst ab etwa 40–50 cm über dem Boden aufbaut.

Erhaltungsschnitt im Spätwinter: Alle Triebe werden bis aus das Gerüst zurückgeschnitten. Vom vorjährigen Trieb bleiben nur kurze Stummel mit zahlreichen Knospen stehen (siehe Detail).

Damit dieses kräftig wird und sich reich verzweigt, sollten Sie auch in den folgenden ein bis zwei Jahren vor dem Austrieb im zeitigen Frühjahr den jeweiligen Jahreszuwachs auf etwa 10–15 cm zurückschneiden.

Erhaltungsschnitt: Die ersten abgeblühten Blütenstände können Sie gleich entfernen, um die Blüten an den nachfolgenden seitlichen Verzweigungen zu fördern. Im zeitigen Frühjahr wird nun alljährlich der vorjährige Wuchs scharf auf das Gerüst zurückgeschnitten, sodass jeweils nur zwei oder drei Augenpaare übrigbleiben. Trotz des scharfen Rückschnitts wird der Schmetterlingsstrauch von Jahr zu Jahr größer. Der Blütenreichtum wird durch diesen Schnitt beträchtlich gefördert, weil der Strauch ohnehin immer am Ende der diesjährigen Triebe blüht. Je mehr neue Triebe entwickelt sind, umso reicher blüht der Strauch natürlich!

In späteren Jahren werden noch alle abgestorbenen oder nicht austreibenden, alten Teile des Gerüsts mit einer Astschere oder Säge entfernt.

Verjüngungsschnitt: Sind die Sträucher bereits zu groß oder werden sie zu dicht, dann können Sie auch ins alte Holz zurückschneiden. Der Schmetterlingsstrauch wird (vorausgesetzt er ist nicht überaltert!) trotzdem noch im selben Jahr am Ende der neugebildeten Triebe blühen.

Besondere Hinweise: Bei stark überalterten Pflanzen ist ein Verjüngungsschnitt nicht mehr erfolgversprechend, denn sie regenerieren sich nur noch sehr schlecht. Ersetzen Sie diese besser durch junge Pflanzen, die innerhalb von zwei bis drei Jahren wieder zur vollen Größe heranwachsen.

Schnittzeitpunkt: Zeitiges Frühjahr vor dem Austrieb.

V

Spierstrauch, Belgischer

Spiraea × vanhouttei

Beschreibung: Spiersträucher gehören wegen ihres lockeren bis überhängenden Wuchses und der überreichen Blütenfülle zu den bekanntesten und am weitesten verbreiteten Ziersträuchern unserer Gärten. Der Belgische Spierstrauch, oft auch als Heckenspiere bezeichnet, ist ein 2–2,5 m hoher, breitbuschiger, kräftig und aufrecht wachsender, dichttriebiger Strauch. Seine Zweige sind insbesondere im Alter bogig überhängend. Im Mai entfalten sich die zahlreichen weißen Blüten auf der gesamten Länge der vorjährigen Triebe in dichten, halbrunden Doldentrauben. Dieser Spierstrauch stellt keine besonderen Ansprüche an Boden und Klima. Er wird sowohl als Einzelpflanze in Kombination mit Blütenstauden als auch für Gruppen- und Unterpflanzungen im lichten Schatten unter Bäumen verwendet. Als geschnittene sowie als freiwachsende Heckenpflanze trifft man den Belgischen Spierstrauch ebenfalls oft an.

Erziehungsschnitt: Entfernen Sie nach dem Pflanzen im Frühjahr dünne und beschädigte Triebe. Kürzen Sie die restlichen um zwei Drittel ein. Bei der Verwendung von Containerpflanzen lichten Sie diese bei der Pflanzung nur vorsichtig aus. Schneiden Sie an den jungen Pflanzen alle verblühten Triebe auf kräftige Augen zurück.

Erhaltungsschnitt: In den ersten Jahren nach erfolgtem Erziehungsschnitt können Sie die Pflanzen ohne besondere Schnittmaßnahmen wachsen lassen. Kürzen Sie bei etablierten sowie älteren Pflanzen nach der Blüte die abgeblühten Triebe etwa um die Hälfte ein und entfernen Sie zusätzlich etwa ein Viertel der Triebe an der Basis. Dadurch bleibt der Strauch locker und lässt sich in seiner Wuchskraft etwas eindämmen. Sträucher, die in gemischten Pflanzengruppen oder freiwachsende Spireenhecken wachsen, sollten zumindest in mehrjährigem Turnus kräftig ausgelichtet werden. Dazu schneiden

Sie jeweils etwa ein Drittel der Triebe bodennah heraus. Formhecken schneiden Sie stets nach der Blüte mit einer Heckenschere. Auch hier ist ein Auslichtungsschnitt in mehrjährigem Turnus von Vorteil, damit die Hecke an der Basis nicht verkahlt.

Verjüngungsschnitt: Obwohl Spiersträucher gut schnittverträglich sind, sollten Sie beim Verjüngungsschnitt etwas vorsichtiger vorgehen. Vernachlässigte Pflanzen regenerieren sich nach scharfem Rückschnitt auf etwa 50–60 cm recht gut, überalterte dagegen nur noch mäßig. Lassen Sie bei vernachlässigten Pflanzen wenige alte Triebe stehen und kürzen Sie diese nur ein. Die übrigen entfernen Sie knapp über dem Boden.

Besondere Hinweise: Der Belgische Spierstrauch ist sehr anpassungsfähig und gedeiht auch auf ungünstigen und trockenen Standorten noch zufriedenstellend. Stark überalterte Pflanzen sollte man besser ersetzen.

Schnittzeitpunkt: Auslichtungsschnitt nach der Blüte im Mai; Verjüngungsschnitt im Spätwinter.

Links: Wird der Belgische Spierstrauch nicht als Heckenpflanze verwendet, kürzt man die abgeblühten Triebe etwa um die Hälfte ein und entfernt etwa ein Viertel der Triebe an der Basis.

Rechts: Kürzen Sie die abgeblühten Triebe bei kräftig entwickelten Jungtrieben an der Trieboberseite ein.

Weitere Arten: Der Braut-Spierstrauch (*Spiraea × arguta*) ist ein zierlicher, dünntriebiger, bis zu 2 m hoher Strauch mit schmal lanzettlichen Blättchen und reinweißen Blüten. Seine Blüten entfalten sich in vielblütigen Trugdolden entlang der oberen zwei Drittel der vorjährigen Zweige. Der Braut-Spierstrauch blüht bereits vor dem Laubaustrieb im April ebenso wie der Aschgraue Spierstrauch (*Spiraea × cinerea*), der dem Braut-Spierstrauch sehr ähnlich ist. Beide Arten werden ebenfalls gleich nach der Blüte ausgelichtet.

Spierstrauch, Japanischer

Spiraea japonica

Beschreibung: Der Japanische Spierstrauch ist mit seinen zahlreichen Sorten ein vielseitig verwendbarer Kleinstrauch für kleine Gärten, Trogbepflanzungen und Dachgärten. Der dichttriebige Kleinstrauch wird etwa 0,5–0,8 m hoch, einige Sorten können aber mitunter bis zu 1,2 m Wuchshöhe erreichen. Die meist rosafarbenen, seltener auch weiß gefärbten Blüten entwickeln sich endständig an diesjährigen Langtrieben. Sie sitzen in etwa 5–15 cm breiten, endständigen Trugdolden und öffnen sich von Juli bis August. Es gibt zahlreiche Sorten, die sich in Wuchshöhe und Blütenfarbe unterscheiden. In den letzen Jahren werden auch einige Sorten mit intensiv gelbem oder rötlichem Laubaustrieb angeboten.

Erziehungsschnitt: Schneiden Sie beim Pflanzen alle schwachen Triebe heraus und kürzen Sie die verbleibenden, kräftigen Triebe auf ein 10–15 cm hohes Gerüst ein.

Erhaltungsschnitt: Japanische Spiersträucher können nach dem Erziehungsschnitt einige Jahre auch ohne Schnittmaßnahmen wachsen. Spätestens dann sollten sie aber auf jeden Fall kräftig zurückgeschnitten werden. Bei den stärkerwüchsigen Sorten (zum Beispiel der Zwergspiere 'Shirobana' sowie bei *Spiraea* × *bumalda* 'Dart's Red' und 'Zigeunerblut') kürzen Sie vor dem Austrieb im zeitigen Frühjahr alle vorjährigen Triebe auf zwei bis vier Knospen über dem verholzten Gerüst ein. Die schwachwachsenden Sorten, wie beispielsweise die häufig verwendete und bewährte Rosa Zwerg-Spiere 'Little Princess' sowie die Weiße Zwerg-Spiere 'Albiflora', können Sie bereits nach der Blüte im Spätsommer am besten mit einer Heckenschere schneiden. Entfernen Sie dabei nur die abgeblühten Blütenstände. Damit erübrigen sich weitere Schnittmaßnahmen im folgenden Frühjahr. Sorten mit farbigem Laubaustrieb (zum Beispiel

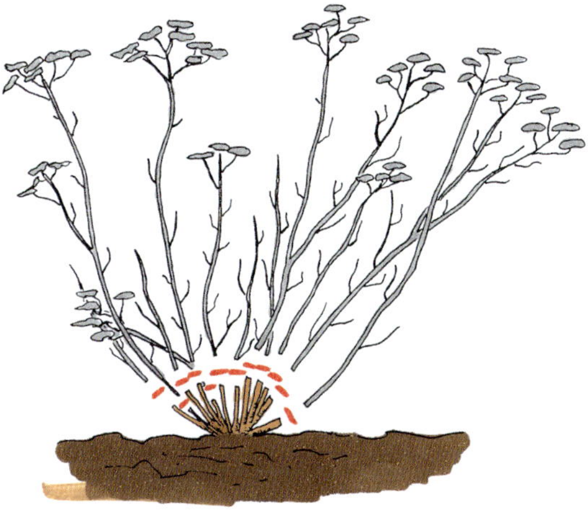

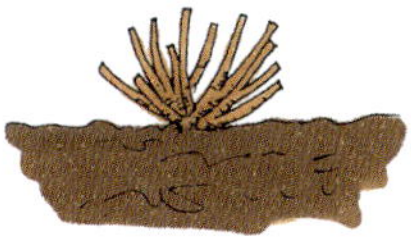

'Hubert Gold', 'Golden Princess', 'Firelight') schneiden Sie regelmäßig im Vorfrühling vor dem Austrieb stark auf ein niedriges Gerüst zurück. Dadurch entwickeln sich die Sträucher von Jahr zu Jahr dichter, die nunmehr zahlreichen diesjährigen Triebe weisen eine entsprechend gute Blattausfärbung auf. Die Blütenwirkung ist bei diesen Sorten jedoch zweitrangig.

Verjüngungsschnitt: Wird der Erhaltungsschnitt regelmäßig durchgeführt, dann erübrigt sich ein Verjüngungsschnitt. Überalterte Sträucher haben viel abgestorbenes Holz an der Basis angesammelt. Sie regenerieren sich nach einem scharfen Rückschnitt nicht mehr gut.

Besondere Hinweise: Japanspieren mit buntem Laubaustrieb eignen sich besonders gut dazu, Farbaspekte in den Garten zu bringen. Voraussetzung ist der alljährlich kräftige Rückschnitt vor dem Austrieb im zeitigen Frühjahr!

Schnittzeitpunkt: Rückschnitt im zeitigen Frühjahr, bei schwachwüchsigen Sorten bereits im Spätsommer nach der Blüte möglich.

Links: Der Japanische Spierstrauch wird im Frühjahr vor dem Austrieb auf ein niedriges Gerüst zurückgeschnitten.

Rechts: Die Pflanze nach dem Rückschnitt.

Weitere Arten: Der Birkenblättrige Spierstrauch (*Spiraea betulifolia*) und der Dichtblütige Spierstrauch (*Spiraea densiflora*) sind in ihrem Wuchs- und Blühverhalten dem Japanischen Spierstrauch ähnlich. Der Birkenblättrige Spierstrauch weist eine leuchtend orangefarbene bis weinrote Herbstfärbung auf. Die Blüten sind weiß bis rosa gefärbt. Die Schnittmaßnahmen sind dieselben wie beim Japanischen Spierstrauch. Der Niederliegende Spierstrauch (*Spiraea decumbens*) bleibt mit etwa 25 cm Wuchshöhe sehr niedrig und treibt Ausläufer. Diese Pflanze eignet sich als Flächenpflanze und ist ebenfalls gut schnittverträglich.

Trompetenwinde, Klettertrompete

Campsis radicans

Beschreibung: Die Trompetenwinde ist ein starkwachsender Kletterstrauch mit sprossbürtigen Haftwurzeln. Da die Pflanze mit zunehmendem Alter und mit den überhängenden Blütentrieben aber ein beachtliches Gewicht entwickelt, reichen die Haftwurzeln nicht aus, um die Pflanze dauerhaft und verlässlich zu tragen. Sie benötigt deshalb unbedingt ein kräftiges, gut verankertes Klettergerüst. Die endständigen Büschel orangefarbener bis scharlachroter oder gelber (Gelbe Klettertrompete, Sorte 'Flava'), trompetenförmiger Blüten erscheinen vom Hochsommer bis zum Herbst an den diesjährigen Trieben.
Erziehungsschnitt: Es ist wichtig, ein kräftiges, verholztes Gerüst aufzubauen, an dessen jährlich neu gebildeten Seitentrieben sich die Blüten entwickeln. Schneiden Sie deshalb nach dem Pflanzen die Triebe auf etwa 15 cm zurück, damit sich kräftige Neutriebe entwickeln, die später das Gerüst der Pflanze aufbauen. Lassen Sie einen oder zwei Triebe stehen, entfernen Sie die übrigen an der Basis. Leiten Sie die verbliebenen Sprosse nun an das Klettergerüst heran und binden Sie diese fest. Lassen Sie jedes Jahr etwa 1 m des Zuwachses an den Haupttrieben stehen, kürzen Sie jedoch vor dem Austrieb im Frühjahr alle seitlichen, vorjährigen Triebe auf ein bis zwei Knospenpaare ein. An deren Enden werden sich im Sommer die Blütenbüschel entwickeln.
Erhaltungsschnitt: Ist das Gerüst einmal aufgebaut, dann kürzen Sie alljährlich im zeitigen Frühjahr vor dem Austrieb alle vorjährigen Triebe auf ein bis zwei Knospenpaare ein. Nur so wird die Klettertrompete zuverlässig und reichhaltig blühen. Durch den scharfen Schnitt entwickeln sich drei bis vier kurze Triebe, die an ihren Enden jeweils ein großes Blütenbüschel tragen. Sind nach mehreren Jahren durch das kräftige Einkürzen der Seitentriebe verzweigte, wulstartige

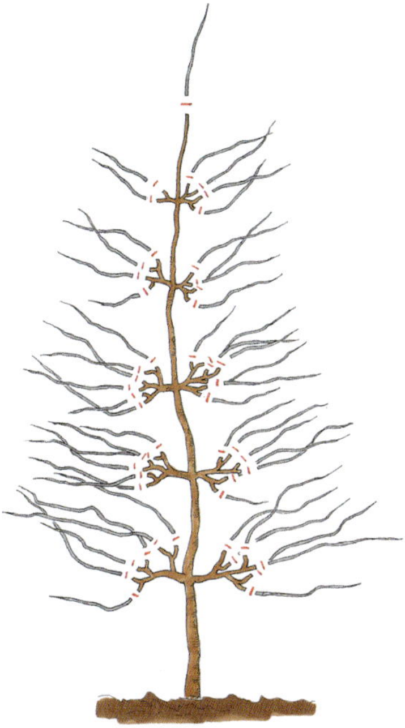

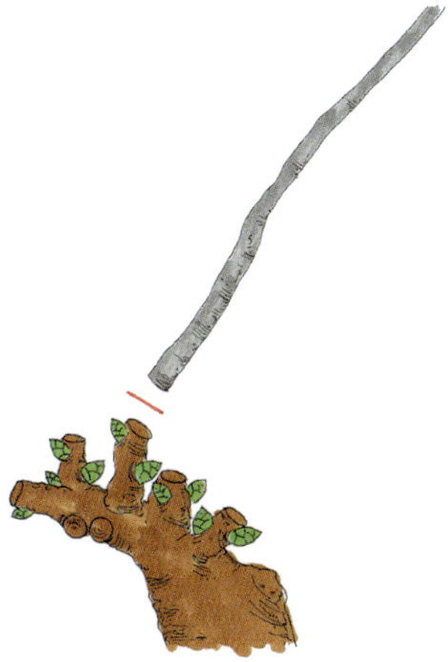

Köpfe entstanden, dann schneiden Sie diese bis auf einen an deren Basis wachsenden Jungtrieb zurück. Schwache und kranke Triebe sowie abgetrocknete Zapfen aus dem Vorjahr entfernen Sie ebenfalls vollständig.

Verjüngungsschnitt: Die Klettertrompete spricht auch auf einen kräftigen Rückschnitt gut an. Ist ein Hauptspross beschädigt oder bereits zu stark, dann kürzen Sie diesen vor dem Austrieb auf einen kräftig entwickelten Jungtrieb oder auf 30–50 cm über dem Boden ein. Bauen Sie mit dem jungen Trieb wieder ein neues Gerüst, wie oben erwähnt, auf. Nach etwa drei bis vier Jahren wird sich die Pflanze wieder vollständig regeneriert haben.

Besondere Hinweise: Vollsonnige, warme, geschützte Lagen werden bevorzugt und bringen reichen Blütenschmuck hervor. Gelegentlich treibt die Klettertrompete Wurzelausläufer, die Sie, falls diese unerwünscht sind, an deren Entstehungsstelle am besten ausreißen. Nicht abschneiden, dadurch wachsen sie nur noch stärker! Sie können die Klettertrompete durch entsprechende Schnittmaßnahmen auch als mehrstämmigen Strauch erziehen.

Schnittzeitpunkt: Zeitiges Frühjahr vor dem Austrieb.

Weitere Arten: Große Klettertrompete ‘Madame Galen’ (*Campsis* x *tagliabuana* ‘Mme. Galen’) wächst mit 4 m Höhe wesentlich schwächer als die gewöhnliche Klettertrompete, bildet aber kaum sprossbürtige Haftwurzeln aus. Ihre orange-scharlachroten Blüten sind breit trichterförmig und wesentlich auffälliger als jene der Art.

Links: Alle vorjährigen Triebe der Trompetenwinde werden vor dem Austrieb im Frühjahr bis auf 1–2 Augenpaare eingekürzt. An den Enden der neu gebildeten Triebe blüht die Trompetenwinde im Sommer.

Rechts: Das Detail zeigt den richtigen Schnitt der Triebe im zeitigen Frühjahr.

Waldrebe, Großblumige

Clematis-Hybriden

Beschreibung: Zu dieser Gruppe zählen die großblumigen *Clematis*-Hybriden. Sie blühen im Frühsommer am vorjährigen Trieb und im späten Sommer bis Frühherbst ein zweites Mal am diesjährigen Zuwachs. Wenn die Pflanzen entsprechend diesem Wuchs- und Blühverhalten geschnitten werden, können sich die beiden Blühphasen durchaus überschneiden. 'Dr. Ruppel', 'Nelly Moser' oder 'The President' sind bekannte Sorten aus dieser Gruppe.

Erziehungsschnitt: Achten Sie schon beim Kauf darauf, dass die leicht brechenden Triebe nicht geknickt oder abgebrochen sind. Beim Pflanzen ist es wichtig, dass das erste Knospenpaar der Sträucher unter der Erde zu liegen kommt. Dadurch ist dieses geschützt und die Pflanze kann sich regenerieren, falls die oberirdischen Triebe erfrieren oder abgebrochen sind. Schneiden Sie die junge Pflanze kapp über dem ersten über dem Boden befindlichen Knospenpaar zurück. Wenn die Pflanze erst später im Frühsommer im bereits blühenden Zustand gekauft wurde, unterbleibt dieser sehr wichtige Pflanzschnitt zumeist. Dann ist dieser Schnitt jedoch spätestens im nächsten Frühjahr nach der Pflanzung nachzuholen!

Leiten Sie die jungen, noch unverholzten Triebe auf das Klettergerüst. Versuchen Sie bei flächigen Gerüsten die Triebe möglichst waagerecht zu leiten und anzubinden.

Erhaltungsschnitt: Ziel des Schnittes bei dieser Gruppe ist bei bereits etablierten Pflanzen ein Gerüst aus altem Holz zu erhalten und gleichzeitig durch geeignete Schnittmaßnahmen die Bildung von Neutrieben anzuregen und damit die Blütenbildung zu steigern. Schneiden Sie im Frühjahr vor dem Austrieb alle schwachen oder beschädigten Triebe bis zum Ansatz oder bis zum Boden zurück. Lassen Sie jedoch ein gut verteiltes Gerüst aus alten Trieben stehen, kür-

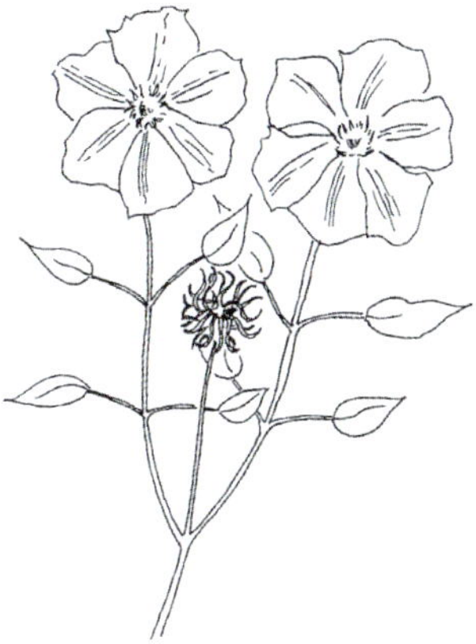

Bei den Sorten dieser Gruppe werden die ersten Blüten an den vorjährigen, die zweiten Blüten an den diesjährigen Neutrieben gebildet.

Unmittelbar nach der Blüte oder im zeitigen Frühjahr vor dem Austrieb wird ein Teil der Triebe eingekürzt, einzelne Triebe werden an der Basis herausgenommen. Dabei bleibt ein Teil der vorjährigen Triebe ungeschnitten (erster Blütenflor), die restlichen werden vor dem Austrieb leicht eingekürzt. An diesen entwickeln sich die Neutriebe, die den zweiten Blütenflor bringen.

zen Sie diese nur um ein Viertel ihrer Länge ein. Achten Sie darauf, dass die Triebe des Gerüsts in der Höhe etwas versetzt eingekürzt werden, damit die Blüten später locker über die ganze Pflanze verteilt sind. Es besteht natürlich die Möglichkeit, nach dem ersten Blütenflor die abgeblühten Triebe einzukürzen, dadurch einen neuen Austrieb anzuregen und damit den zweiten Blütenflor zu erzielen. Eine weitere Möglichkeit besteht darin, insbesondere bei dicht gewachsenen und weniger oft geschnittenen Pflanzen, diese im Frühjahr vor dem Austrieb kräftiger ins alte Holz zurückzuschneiden.

Verjüngungsschnitt: Da auch die Sorten dieser Gruppe sehr stark wachsen und mit zunehmendem Alter ein Gewirr von ineinander verwachsenen Trieben bilden, ist ein starker Rückschnitt (Verjüngungsschnitt) ins alte Holz in vier- bis fünfjährigen Abständen empfehlenswert. Auch in diesem Fall wird der erste Blütenflor entfallen, der zweite dafür aber reichlich ausfallen.

Besondere Hinweise: Oft kann man bei den großblumigen Hybriden ein plötzliches Vertrocknen einzelner Triebe beobachten. Vorsicht! Die Pflanze ist von der *Clematis*-Welke befallen. Schneiden Sie derartig verwelkte Triebe sofort direkt am Boden heraus und verbrennen sie diese oder entsorgen Sie diese mit dem Hausmüll! Nicht zum Kompost geben! Durch optimale Wasser- und Nährstoffversorgung ist die Gefahr des Auftretens der Clematis-Welke deutlich geringer.

Schnittzeitpunkt: Vor dem Austrieb im zeitigen Frühjahr.

VI–IX

Waldrebe, Italienische

Clematis viticella und deren Sorten

Beschreibung: Die Italienische Waldrebe und deren Sorten blühen ausschließlich am diesjährigen Trieb, je nach Sorte von Frühsommer bis in den Spätsommer hinein. Da sie sich von der Basis aus kräftig regenerieren, können sie alljährlich stark zurückgeschnitten werden. Diese Pflanzen benötigen den regelmäßigen Rückschnitt unbedingt, weil ansonsten die Blühfreudigkeit stark nachlässt oder gar verloren geht. Es gibt zahlreiche Sorten von der Italienischen Waldrebe. Von weiß über rosa, rot und blau sind alle Blütenfarben vertreten. Ihre meist glöckchenförmigen Blüten sind wesentlich zierlicher als jene der großblumigen Hybriden, auch das Blattwerk ist nicht so derb. Sie lassen sich gut mit Kletter-Rosen kombinieren. Weil sie ohnehin alljährlich bis knapp über dem Boden zurückgeschnitten werden, ist die Kletter-Rose freigestellt und lässt sich problemlos schneiden.

Erziehungsschnitt: Beim Pflanzen ist es wichtig, dass das erste Knospenpaar der Sträucher unter der Erde zu liegen kommt. Schneiden Sie die junge Pflanze knapp über dem ersten über dem Boden befindlichen Knospenpaar zurück. Leiten Sie die jungen, noch unverholzten Triebe auf das Klettergerüst und versuchen Sie bei flächigen Gerüsten, die Triebe möglichst waagerecht zu leiten und anzubinden.

Erhaltungsschnitt: Der Rückschnitt kann bereits im Spätherbst oder im zeitigen Frühjahr durchgeführt werden, wenn die Knospen zu schwellen beginnen. Schneiden Sie alle kräftigen Triebe auf ein Augenpaar etwa 15–30 cm über dem Boden zurück. Entfernen Sie alle abgestorbenen Triebe, die keine Knospen aufweisen, sowie alle schwachen und beschädigten Zweige.

Verjüngungsschnitt: Da die Pflanzen ohnehin alljährlich bis knapp über dem Boden zurückgeschnitten werden und die Pflanzen sich aus

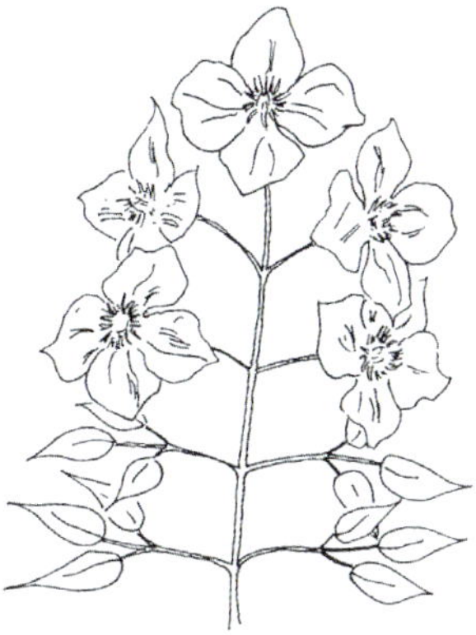

jungen Basistrieben regenerieren, erübrigt sich ein Verjüngungsschnitt.

Besondere Hinweise: *Clematis viticella* und andere Wildformen der Waldrebe sind nicht anfällig für die Clematis-Welke!

Schnittzeitpunkt: Spätherbst oder zeitiges Frühjahr.

Weitere Arten: Die Vertreter aus der Gruppe der Gold-Waldreben (z.B. Clematis 'Golden Tiara') sollten hier ebenfalls genannt werden. Sie sind allerdings starkwüchsig und überaus reichblühend. Ihre Besonderheit: Sie schmücken sich bereits ab dem Frühsommer mit leuchtend gelben, breit glockenförmigen Blüten gefolgt von einem überaus attraktiven silbrigen Fruchtschmuck. Man kann sie ebenso wie die Italienische Waldrebe im Spätherbst oder zeitigen Frühjahr bis etwa 20–30 cm über dem Boden zurückschneiden. Bis zum Sommer, also zur Blütezeit, regenerieren sie sich vollständig und blühen verlässlich.

Links: Bei der Italienischen Waldrebe und ihren Sorten erfolgt die Blütenbildung ausschließlich an den diesjährigen, neugebildeten Langtrieben.

Rechts: Die Pflanzen werden entweder bereits im Spätherbst oder im zeitigen Frühjahr stark zurückgeschnitten. Man kann auf etwa 30 cm über dem Boden auf kräftige Augen schneiden oder belässt ein niedriges Gerüst aus den stärksten Trieben, schneidet aber alles Übrige weg.

Weide, Hänge-Kätzchen-

Salix caprea 'Pendula', Syn. *Salix caprea* 'Kilmarnock'

Beschreibung: Hänge-Kätzchen-Weiden sind beliebte Gehölze für Vorgärten und kleine Gärten, weil sie bei geringem Platzbedarf und auffälliger Wuchsform dennoch attraktive Blüten aufweisen. Meist sind es hochstämmig veredelte, kleinkronige Bäumchen mit bis zum Boden schleppenförmig herabhängenden Zweigen. Im März/April zieren dichtstehende, entlang der vorjährigen Triebe sitzende, goldgelbe Blütenkätzchen diesen Zierstrauch. Die Sorte 'Kilmarnock' stellt die männliche Form der Hänge-Kätzchen-Weide dar.

Die Pflanzen sind in der Regel in Kronenhöhe, die von etwa 1,5–2,5 m variieren kann, veredelt. Hänge-Kätzchen-Weiden sind kurzlebige Ziersträucher, die sehr schnell vergreisen, wenn sie nicht regelmäßig geschnitten werden.

Erziehungsschnitt: Ein Pflanzschnitt ist nicht notwendig, da die Pflanze meist im Container gehandelt und im blühenden Zustand gekauft wird. Beginnen Sie deshalb mit dem Schnitt, nachdem die Hänge-Kätzchen-Weide abgeblüht ist. Entfernen Sie alle schwachen Triebe und kürzen Sie die verbleibenden um zwei Drittel ein, damit sich ein kräftiges, gut verzweigtes Astgerüst entwickeln kann.

Erhaltungsschnitt: Ziel des Erhaltungsschnitts ist es, die Wuchsform und die Blühwilligkeit der Pflanze zu erhalten. Entfernen Sie zu diesem Zweck alljährlich nach dem Abblühen etwa die Hälfte der Triebe bis auf wenige Augen. Dadurch wird der neue Zuwachs angeregt, einen locker verzweigten Vorhang aus Zweigen bilden, die bis zum Ende der Vegetationsperiode bis zum Boden reichen. Dünnen Sie zuerst die Zweige aus der Krone aus, damit die Regenschirmform betont wird. Lichten Sie dann die äußersten Seitentriebe aus und kürzen Sie die verbleibenden Triebe auf ein nach außen weisendes Auge um

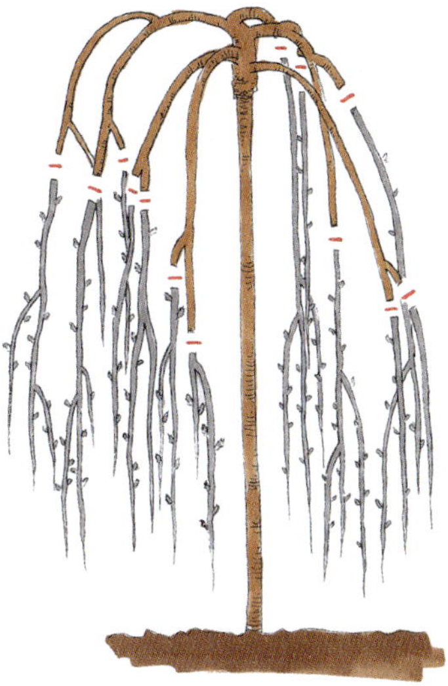

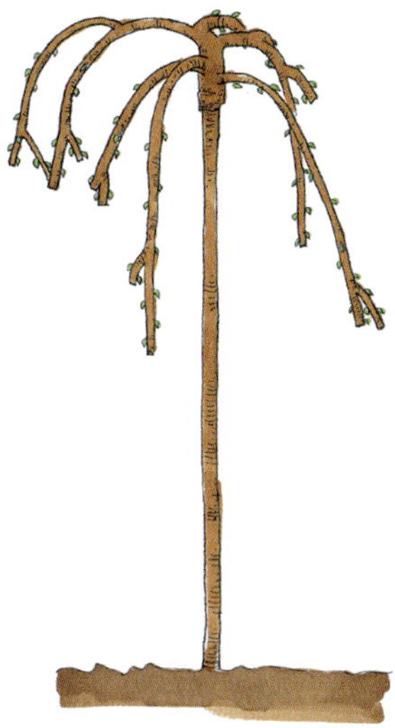

die Hälfte ein. An der Schnittstelle werden sich zwei bis drei Triebe entwickeln. Sie können alternativ auch alle Triebe bis auf wenige Knospen an der Basis zurückschneiden. In diesem Fall werden sich unverzweigte, lange Triebe entwickeln, die ebenfalls bis knapp über dem Boden reichen. Entfernen Sie auch regelmäßig unterhalb der Veredlungsstelle gewachsene Austriebe und Wurzelschösslinge!

Verjüngungsschnitt: Wenn die Hänge-Kätzchen-Weide über einen längeren Zeitraum nicht geschnitten wurde, dann entwickelt sich ein Wirrwarr von ineinander verschlungenen Zweigen. Bei derart vernachlässigten Pflanzen entfernen Sie nach dem Abblühen (oder besser bereits im Spätwinter vor dem Austrieb) alle dünnen Triebe und schneiden die restlichen bis knapp über der Veredlungsstelle zurück.

Besondere Hinweise: Im Gegensatz zu anderen Ziergehölz-Hängeformen ist bei der Hänge-Kätzchen- Weide ein Rückschnitt der Triebe nach der Blüte unumgänglich. Gelegentlich sterben

Die abgeblühten Triebe der Hänge-Kätzchen-Weide werden stark eingekürzt, sie regenerieren sich nach dem Rückschnitt rasch und werden bis zum Herbst wieder bis zum Boden reichen. Die rechte Zeichnung zeigt die Pflanze nach erfolgtem Schnitt.

die Pflanzen nach dem Blühen plötzlich ab (Schlagtreffen). Dafür ist ein Pilz verantwortlich, dessen Sporen durch die Blüten eindringen und dann die Leitungsbahnen verstopft. Die Pflanzen vertrocknen dann plötzlich, werden braun und treiben nicht mehr aus. Entfernen Sie diese Pflanzen gründlich und verbrennen sie diese (notfalls können Sie sie auch zerkleinern und mit dem Hausmüll entsorgen), um ein weiteres Ausbreiten der Pilzsporen zu verhindern.

'Weeping Sally' ist die weibliche Form der Hänge-Kätzchen-Weide. Sie blüht ebenfalls, aber ihre Blüten sind nicht ganz so attraktiv wie jene der männlichen Form ('Kilmarnock').

Schnittzeitpunkt: Rückschnitt und Auslichten nach der Blüte im späten Frühjahr.

Weigelie, Liebliche

Weigela florida sowie Sorten von *Weigela*

Beschreibung: Weigelien sind mittelhohe, im Alter breit überhängende Sträucher von 2–3 m Höhe und Breite. Sie entwickeln sich breit trichterförmig und wachsen sowohl basiton als auch mesoton. Sie regenerieren sich folglich durch junge Triebe an der Basis, gleichzeitig bilden sich auch junge Zweige in den unteren und mittleren Triebabschnitten. Lässt man Weigelien über längere Zeit unbeschnitten, so verkahlen sie an der Basis und im Inneren der Sträucher, und nur mehr die äußeren Triebenden tragen Blätter und Blüten. Ein Erhaltungsschnitt ist dann nicht mehr möglich.

Die weißen, rosafarbenen oder roten Blüten mit ihren glockigen bis trichterförmigen Kronröhren sind etwa 2–3 cm lang. Sie sitzen in den Blattachseln der vorjährigen Triebe. Je nach Sorte erstreckt sich die Blütezeit der Weigelien von Ende Mai/Anfang Juni bis Juli, meist kann eine Nachblüte bis August beobachtet werden. Alle Pflanzen vertragen einen Schnitt gut und benötigen diesen auch, damit die Blühwilligkeit langfristig erhalten bleibt. Die Sträucher wachsen auf jedem normalen Gartenboden und stellen keine besonderen Standortansprüche.

Erziehungsschnitt: Entfernen Sie bei wurzelnackte Sträuchern alle schwachen Triebe ganz, die kräftigen kürzen Sie auch bei einer Frühjahrspflanzung etwa um die Hälfte ein. Dadurch verzichten Sie zwar auf die Blüte in der aktuellen Saison, dafür entwickeln sich die jungen Sträucher von Anfang an recht kräftig. Entfernen Sie bei Containerpflanzen nur schwach entwickelte und beschädigte Triebe.

Erhaltungsschnitt: Lassen Sie die Weigelien in den nächsten Jahren ungehindert wachsen, entfernen Sie nur abgeblühte Triebe. Bei etablierten Sträuchern schneiden Sie nach der Blüte im Frühsommer die abgeblühten Triebe jeweils auf kräftige Triebe unterhalb der abgeblühten

Bei der Weigelie sollten alle abgeblühten Triebe nach der Blüte auf tiefer liegende, kräftige Jungtriebe zurückgeschnitten werden. Das Detail (rechts) zeigt, wo der Rückschnitt durchgeführt werden sollte.

Zweige zurück. Damit das Verhältnis von jungen und reiferen Trieben ausgewogen bleibt, schneiden Sie auch den einen oder anderen älteren Trieb an der Basis heraus. Kürzen Sie überlange Triebe ein. Es reicht auch, wenn Sie diesen Schnitt alle zwei bis drei Jahre durchführen.

Verjüngungsschnitt: Weigelien lassen sich gut verjüngen. Schneiden Sie am besten bereits im Spätwinter alle Triebe bis zur Basis heraus. Dünnen Sie den neuen dichten Wuchs im Sommer aus, sodass wenige, aber kräftige Triebe den Strauch neu aufbauen. Wenn die Triebe sehr kräftig und lang sind, können Sie diese auch um ein Drittel oder die Hälfte einkürzen. Nach etwa zwei bis drei Jahren haben sich die Sträucher regeneriert, die natürliche Wuchsform ist wieder hergestellt und die Pflanzen blühen ebenso reich wie früher.

Besondere Hinweise: Für beengte Gartenräume, Pflanztröge und Dachgärten empfiehlt es sich, die neuen schwachwüchsigen Sorten ('Evita', 'Suzanne' oder 'Victoria') zu verwenden. Dadurch erübrigen sich in vielen Fällen größere Schnittmaßnahmen. Kürzen Sie bei Sorten mit panaschierten ('Nana Variegata') oder roten Blättern ('Purpurea') die Triebe etwas kräftiger ein, sodass sich kräftige, neue Triebe mit optimal gefärbten Blättern entwickeln können. Bei den Zwergformen können Sie ebenfalls die abgetragenen Blütenzweige geringfügig auf darunter befindliche kräftige Verzweigungen einkürzen.

Schnittzeitpunkt: Auslichtungsschnitt nach der Blüte im Juli, Verjüngungsschnitt im Spätwinter.

Infoplus

Was Sie noch wissen sollten über Wurzelausläufer, Wildtriebe, Schnittfehler und deren Korrektur.

Wurzelausläufer

Die meisten Sträucher entwickeln sich aus einem Trieb oder aus mehreren aus der Basis entspringenden Trieben und entwickeln eine breit aufrechte bis ausladende Pflanze mit schmaler Strauchbasis. Ausläufertreibende Gehölze wie die Strauchrosskastanie entwickelt mit ihren Wurzelausläufern einen schönen geschlossenen Pflanzenbestand. Beim Flieder sind Wurzelausläufer ebenfalls bekannt und auch erwünscht, aber nur dann, wenn es sich um wurzelechte (durch Stecklinge oder aus in vitro-Vermehrung hervorgegangene) Pflanzen oder um die Wildform handelt. Treten bei veredelten Sorten des Flieders (oft Edelflieder genannt) derartige Wurzelausläufer aus der Unterlage (dies ist die Wildform des Flieders) auf, so sind diese unerwünscht und müssen entfernt werden.

Wildtriebe

Viele der Ziergehölze sind „veredelte" Pflanzen. Sie sind aus zwei unterschiedlichen Pflanzenteilen, der Unterlage und der Edelsorte, zusammengesetzt. Bei den Ziergehölzen ist die Unterlage ebenfalls meist die Wildform oder eine nahe Verwandte der Art, während die darauf „veredelte" Sorte, also der zweite Pflanzenteil, sich durch besonderen Blüten-, Blatt- oder Fruchtschmuck auszeichnet oder eine besondere Wuchsform darstellt. Gelegentlich ist dabei die Wuchsstärke der Unterlage größer als jene der darauf veredelten Sorte, sodass es zu einem Ungleichgewicht zwischen Unterlage und Edelsorte kommt. Als Folge dieses Ungleichgewichtes kann die Unterlage unterhalb der Veredlungsstelle „durchtreiben", was natürlich nicht erwünscht ist.

Die so genannten „Wild- oder Unterlagentriebe" können sich knapp über der Erdoberfläche bilden, in den meis-

Bildung erwünschter Wurzelausläufer bei der Strauch-Rosskastanie.

Bildung von Wurzelausläufern beim Blutroten Hartriegel.

Durchtrieb der Unterlage: Bei veredelten Gehölzen wie der Korkenzieher-Hasel entwickeln sich an der Basis oft Triebe der Unterlage, die an deren Entstehungsstelle entfernt werden müssen. Nicht über dem Boden abschneiden!

Durchtrieb der Unterlage am Stamm unterhalb der Veredlungsstelle bei Kronenveredlungen am Beispiel der Japanischen Zier-Kirsche.

ten Fällen entspringen die Wildtriebe aber dem Wurzelbereich knapp unterhalb der Erdoberfläche. Sehr häufig ist dies bei der Korkenzieherhasel zu beobachten. Hier ist die Unterscheidung jedoch leicht möglich: Die Unterlage bildet gerade aufrechte Triebe, während die darauf veredelte Korkenzieherhasel die typisch stark gekrümmten Triebe aufweist. Die gerade wachsenden Wildtriebe sind sofort an der Stelle ihrer Bildung zu entfernen.

Rosen (mit Ausnahme der Wildrosen) sind nicht ganz winterhart und können mitsamt der Veredlungsstelle abfrieren, wenn sie nicht tief genug gepflanzt wurden. Bei der Pflanzung von Rosen müssen Sie unbedingt darauf achten, dass die deutlich sichtbare Veredlungsstelle etwa eine Handbreit unter der Erdoberfläche zu liegen kommt. Wildtriebe bei Rosen wachsen direkt neben der veredelten Pflanze aus dem Boden. Sie können sie leicht erkennen, denn ihre Blätter unterscheiden sich deutlich von jenen der Edelsorte. Diese Wildtriebe müssen Sie sofort an deren Entstehungsstelle entfernen. Wenn Sie die Wildtriebe einfach bodeneben abschneiden, dann werden diese doppelt so stark wieder durchtreiben!

Zierbäume, wie etwa Japanische Zierkirschen, werden oft in Kronenhöhe veredelt. In diesem Fall stammen sowohl das Wurzelsystem als auch der Stamm von der Unterlage, nur die Krone wird von der Edelsorte gebildet.

Erscheint bei veredelten Rosen neben der Pflanze ein meist kräftiger Trieb, dann treibt die Unterlage durch. Legen Sie die Austriebsstelle frei und reißen Sie den Wildtrieb ab.

Werden immer wieder nur die Triebspitzen eingekürzt, entwickelt sich der Strauch besenartig. Das Einkürzen, wie hier gezeigt, ist deshalb eine falsche Schnittmaßnahme.

Hier kommt es häufig vor, dass die Unterlage knapp unterhalb der Veredlungsstelle, also in Kronenhöhe, durchtreibt. Alles, was unterhalb der Veredlungsstelle austreibt, gehört zur Unterlage. Da die Triebe der Unterlage deutlich stärker wachsen und abweichende Blätter ausweisen, erkennt man sie leicht. Entfernen Sie diese sorgfältig an der Entstehungsstelle.

Schnittfehler und deren Korrektur

Ein häufiger Fehler beim Schnitt von Sträuchern ist das Einkürzen, wenn dies unabhängig von Art und Sorte durchgeführt wird. Der dadurch resultierende Besenwuchs sieht nicht nur unschön aus. Die Pflanzen blühen in der Regel auch kaum und verkahlen stark an der Basis.

Das Korrigieren derart zugeschnittener Sträucher ist zwar möglich, dazu sind aber mehrere Schritte nötig, die mehrere Jahre in Anspruch nehmen. Ist der Strauch noch durch mehrere dicke Triebe aufgebaut, entfernen Sie zuerst einen oder zwei der am stärksten vergreisten Triebe. Schneiden Sie gleichzeitig jeweils ein Viertel bis ein Drittel der besenartig entwickelten Triebe bei tiefer liegenden Verzweigungen heraus. Die übrigen Triebe mit besenartigem Wuchs an den Triebspitzen kürzen Sie nicht ein. Entfernen Sie von den dicht stehenden vorjährigen Trieben alle bis auf einen oder zwei an ihren Entstehungsstellen und kürzen Sie die verbleibenden nicht ein. Lassen Sie auch die jungen Triebe, die sich aus der Strauchbasis entwickeln, ungekürzt stehen. Geht man so in den folgenden drei bis vier Jahren vor und ersetzt sukzessive die alten Äste durch junge, dann erhält der

Um bei einem besenartig wachsendenden Strauch wieder einen akzeptablen Habitus zu erhalten, muss dieser über einen Zeitraum von zwei bis drei Jahren erneuert werden.

So sieht ein vernachlässigter Strauch aus, wie er oft in Gärten anzutreffen ist.

Aus Unkenntnis wird ein derartig vernachlässigter Strauch oft gerade wie eine Hecke abgeschnitten oder radikal bis auf den Boden zurückgeschnitten. Beides ist falsch.

Mögliche Alternative zum radikalen Rückschnitt: Kürzen Sie möglichst die alten Triebe bei tiefer liegenden Verzweigungen so ein, dass der Habitus des Strauchs einigermaßen erhalten bleibt oder sich aus den gekürzten Trieben wieder leicht aufbauen lässt. Kürzen Sie an den verbliebenen Trieben alle langen Seitentriebe auf kurzes, möglichst junges Seitenholz ein. Lassen Sie die jungen Triebe an der Strauchbasis ungeschnitten, sie werden in einigen Jahren den Strauch neu aufbauen.

Strauch wieder seine typische, natürliche Wuchsform.

Ein weiterer Fehler, den Gartenbesitzer oft machen, ist das Zurückschneiden der Sträucher mit einer Heckenschere und das gerade Abschneiden der Pflanzen mit der Schere wie bei einer Hecke, um sie niedrig zu halten. Mit diesem Schnitt wird jedoch der gegenteilige Effekt erzielt, da dadurch der Habitus völlig zerstört sowie die Bildung von Blütentrieben verhindert wird. Gleichzeitig reagieren die Sträucher mit einem noch stärkeren Austrieb.

Der radikale Rückschnitt der Pflanzen bis knapp über dem Boden ist ein weiterer Fehler. Dies geschieht entweder, weil die Pflanzen nie geschnitten wurden, deshalb überaltert sind und nun verjüngt werden sollen, oder weil die Pflanzen zu groß geworden sind. Bei diesem Rückschnitt werden alle Triebe auf 20–50 cm über dem Boden zurück geschnitten und die jungen Triebe, sofern vorhanden, meist ganz entfernt. Abgesehen davon, dass manche Pflanzen diese Rosskur überhaupt nicht vertragen, verursacht eine solche Behandlung den Gehölzen großen Stress. Weiterhin kommt es nur zu einer mangelhaften Verjüngung, weil die jungen Triebe wieder aus den überalterten, zurückgeschnittenen Trieben austreiben, das Altholz an der Basis also bestehen bleibt.

Ein Korrekturschnitt so geschnittener Gehölze ist kaum möglich. Die Alternative zu dem oben genannten unsachgemäßen Schnitt ist ein fachgerechter Verjüngungsschnitt. Dazu werden die ältesten zwei bis drei Äste bodennah entfernt. Die jungen, an der Strauchbasis gebildeten Triebe bleiben weitgehend unbeschnitten. Die übrigen verbliebenen alten Triebe werden auf eine darunter befindliche Verzweigung eingekürzt, wobei nach Möglichkeit die jüngeren, nach außen gerichteten Triebe erhalten bleiben sollen. Diese Schnitte werden in den folgenden zwei bis drei Jahren wiederholt, bis alle überalterten Triebe durch neue, kräftige Jungtriebe ersetzt sind. Auf diese Weise können die meisten Ziersträucher verjüngt und deren Größe reduziert werden.

Ein radikaler Verjüngungsschnitt sollte nur in Ausnahmefällen durchgeführt werden und ist nur bei Gehölzen mit stark basitoner Verzweigung, wie zum Beispiel bei der Hasel, erfolgreich.

Erkrankte und beschädigte Pflanzen

Neben dem Erhaltungsschnitt gibt es noch einige andere Situationen, die ein Eingreifen notwendig machen und Schnittmaßnahmen erfordern. Dies können durch Krankheiten oder Schadinsekten verursachte Schäden sein. Aber auch Wind, Schneedruck etc. führen oft dazu, dass Zweige und Äste abbrechen und Triebspitzen umgeknickt werden.

Infektionen durch Pilze

Während der Vegetationszeit kann bei Zierkirschen Triebwelke durch eine Pilzinfektion (*Monilia*) und bei Fächerahornen Zweigsterben (*Verticillium*-Pilz) auftreten. Schneiden Sie alle kranken und befallenen Triebe bis ins gesunde Holz (!) heraus. Um eine weitere Verbreitung dieser Pilzkrankheiten zu unterbinden, dürfen Sie das Schnittgut nicht auf den Kompost geben, sondern müssen es verbrennen! Sofern es sich nur um geringe Mengen Schnittgut handelt, können Sie dieses eventuell auch im Hausmüll entsorgen.

Triebsterben durch Pilzinfektionen kommen auch bei Nadelgehölzen wie Lebensbaum, Scheinzypresse oder Wacholder vor. Schneiden Sie die befallenen Triebe auch hier bis ins gesunde Holz zurück.

Die gefürchtete „Clematis-Welke“ wird ebenfalls durch einen Pilz verursacht und tritt vorwiegend bei den großblumigen Hybriden auf. Dabei welken einzelne Triebe (manchmal sogar die ganze Pflanze) schlagartig oder innerhalb weniger Tage. Die befallenen Triebe regenerieren sich nicht mehr. Schneiden Sie die befallenen Triebe möglichst knapp über dem Boden ab. Wenn die ganze Pflanze befallen ist, schneiden Sie diese bodennah ab; sie wird aus den im Boden befindlichen Knospen wieder neu austreiben. Die kranken Triebe vernichten!

Rückmutationen

Sie treten besonders bei buntlaubigen Gehölzen und Zwergformen von Gehölzen auf, da diese Sorten durch „Mutationen“ (genetische Veränderungen) entstanden sind. Manchmal „reparieren“ Pflanzen diese Mutation (man spricht dann von „Rückmutation“) von selbst. Dann kommt an einzelnen Knospen oder Trieben wieder die ursprüngliche Ausgangsform zum Vorschein und es können etwa beim weiß-

Entfernung von grünblättrigen Zweigen (Rückmutationen) beim buntlaubigen Eschen-Ahorn.

panaschierten Eschen-Ahorn, dem weißpanaschierten Tatarischen Hartriegel oder manchen anderen rotlaubigen Gehölzen vereinzelt „grüne“ Triebe auftreten. Diese wachsen wesentlich stärker als die Sorte und müssen sogleich entfernt werden. Sie würden die buntlaubige Sorte bald überwachsen und verdrängen.

Bei Kleinkoniferen wie der Zuckerhutfichte (*Picea glauca* ‘Conica’) wachsen einzelne Triebe aus der Pflanze heraus und sehen auch meist etwas anders aus. Hier hat sich wieder die ursprüngliche Schimmelfichte (*Picea glauca*) durchgesetzt. Diese Triebe müssen unbedingt entfernt werden.

Werden bei der Zuckerhutfichte die Nadeln stellenweise braun, so ist dies auf einen Befall von Spinnmilben (Rote Spinne) zurückzuführen. Diese Triebe sterben ab. Hier hilft auch ein Herausschneiden der befallenen Triebe nicht, denn die Pflanze kann sich nicht mehr regenerieren!

Das 1 x 1
des Rosenschnitts

Wuchsformen

Alle Rosen entwickeln sich zu Sträuchern unterschiedlicher Wuchshöhe und -breite. Einige Arten können mit Hilfe sehr langer Triebe in die Kronen benachbarter Bäume oder Großsträucher klettern (Spreizklimmer). Aus natürlich auftretenden Mutationen und der Kreuzungsarbeit der letzten Jahrhunderte entstand daraus eine kaum zu überschauende Pflanzengruppe.

Hinsichtlich des Schnittes lässt sie sich in drei Hauptgruppen unterscheiden: Niedrig wachsende Busch-, höher werdende Strauch- und langtriebige Kletterformen. Übergänge zwischen diesen drei Grundtypen sind die Regel. So kann sich eine Rose im Frühsommer zum ersten Flor als Beetrose darstellen und wird mit dem zweiten Flor zur Kleinstrauchrose. Diese individuellen Sortenentwicklungen können Sie nur bedingt durch Schnitt beeinflussen. Eine weitere, das Erscheinungsbild der Rose beeinflussende Größe ist das Klima. So wird eine Rose bei mildem Klima zum Kletterkünstler und an Standorten mit „echten" Wintern bleibt sie eine Strauchrose.

Buschformen

Bodendeckerrosen
Eigentlich gibt es keine „echten" Bodendeckerrosen. Dazu fehlt ihnen die Fähigkeit, sich bei Bodenkontakt eines Triebes zu bewurzeln. Es gibt aber sehr flach wachsende Sorten, die dünne, mehr oder weniger lange, auf dem Boden aufliegende Triebe bilden, die sich ihrer-

Eine gemischte Rosenanlage geschnitten im April ...

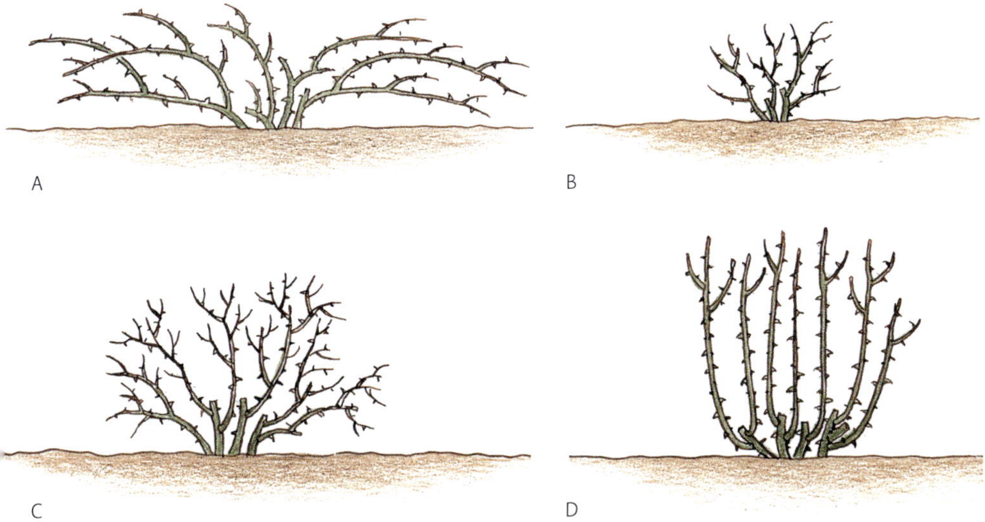

Schematische Darstellung des Wuchscharakters: (A) flächig wachsende Bodendeckerrosen, (B) kleinwüchsige Zwergrosen, (C) buschig verzweigte Beetrosen und (D) straff aufrecht wachsende Edelrosen.

… und blühend im Juni.

seits verzweigen und so den Boden mehr oder weniger vollflächig bedecken.

Zwergrosen
Zu dieser Klasse zählen Rosensorten mit einer Höhe von bis zu 40 cm mit zierlichen Blüten. Diese können eine edle Teehybridenform haben, klassisch geviertelt sein oder einfach blühen. Die Blüten können einzeln oder in Büscheln zusammen stehen. Infolge der zunehmenden Beliebtheit von Rosen, die sich auch für die Kultur in Gefäßen und Trögen eignen, bieten die Züchter inzwischen eine breite Palette an robusten, zwergwüchsigen Sorten an.

Beetrosen
Unter diesem Oberbegriff finden sich heute die Klassen der Floribunda- und Polyantharosen sowie alle ihre Mischformen von mehr oder weniger „edlem Geblüt". Sie werden zwischen 50–80 cm hoch und wachsen von straff aufrecht bis leicht überhängend. Ihre Blüten entwickeln sich in Büscheln.

Edelrosen
Die Aristokraten der Rosenwelt! Sie gelten immer noch als Inbegriff der edlen Blüte. Unter dem Begriff „Edelrose" vereinen sich die Klassen der Teehybriden mit einer endständigen Blütenknospe sowie die *Floribunda-/Grandiflora*-Hybriden mit besonders großen Blüten in Büscheln. Sie werden 70–120 cm hoch und wachsen in der Regel straff aufrecht.

Strauchformen

Kleinstrauchrosen
Bis vor wenigen Jahren als „Bodendeckerrosen" bezeichnet, etabliert sich der Begriff „Kleinstrauchrose" zusehends. Diese Rosen wachsen bogig überhängend und werden 50–120 cm hoch und breit.

Strauchrosen
Die Gruppe der Strauchrosen umfasst neben den modernen Sorten alle historischen Rosen und die Wildrosen.

Schematische Darstellung des Wuchscharakters: Kleinstrauchrosen (links) im Vergleich zur Strauchrose (rechts; in der Abbildung der moderne Typ).

Sie werden, je nach Sorte, 120–300 cm hoch. Durch den meist überhängenden Wuchs entspricht ihre Höhe in der Regel auch ihrer Breite.

Kletterformen

Diese Rosen zeichnen sich durch Ausbildung sehr langer, sich im Jahresverlauf stark verzweigende Triebe aus.

Kletterrosen

Moderne Kletterosen bilden sparrige, aufrechte Triebe mit einer Länge von 200–350 cm aus, die – sofern sie geeignet gestützt und befestigt werden, für die Begrünung kleiner Hauswandpartien, Säulen und kleinerer Rosenbögen geeignet sind. Sie sind meist öfterblühend.

Rambler

Sehr wuchsstarke Kletterrosen mit biegsamen, nur langsam verholzenden Trieben werden Rambler genannt. Sie eignen sich mit einem Jahreszuwachs von 250–600 cm für große Rosenbögen mit einer Durchgangsbreite ab 200 cm, zur Begrünung ganzer Lauben und alter Bäume. Bis auf wenige neue Sorten sind sie einmalblühend.

Climber

Bei Climbern handelt es sich um Mutationen von Rosensorten, die im Normalfall nicht die für Kletterrosen üblichen Langtriebe ausbilden.

Schnittregeln

Schnittregeln ergeben sich aus der natürlichen Entwicklung der Rosen und ihrer Reaktion auf Schnittmaßnahmen. Nur durch Ihr Verständnis für die Pflanze können Sie durch den Schnitt fördernd in ihre Entwicklung eingreifen. In Gärten und Parks finden sich leider immer zu viele aus Unverständnis zusammengestutzte Rosen. Das andere Extrem ist die aus falscher Naturliebe oder Angst ungeschnittene Rose. Für Wildrosen mag dies angehen. Sie

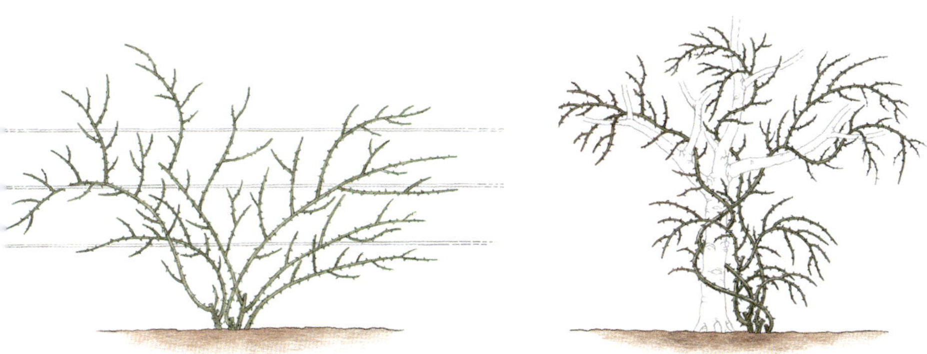

Schematische Darstellung des Wuchscharakters der meist „steiferen“ Kletterrose (links) zum biegsamen „weichen“ Rambler (rechts).

Aufbau und Verzweigung einer Rose.

entwickeln und erhalten ihren Habitus auch selbstständig. Durch den Eingriff der Züchtung in die Eigenschaften der Rosen hat sich jedoch die Notwendigkeit eines ordnenden Schnittes ergeben.

Wie entwickelt sich eine Rose?

Rosen verzweigen sich vom Wurzelhals ausgehend (siehe Zeichnung). Bei veredelten Rosen ist das die Stelle am Wurzelhals, an der das Edelauge oder -reis eingesetzt wurde. Zunächst entwickeln sich hiervon ausgehend die ersten Haupttriebe, die sich anschließend in Triebe aufsteigender Ordnung verzweigen. Die Triebe der höchsten Ordnung tragen jeweils die Vermehrungsorgane, die aus den Blüten hervorgehenden Früchte (Hagebutten).

Grundregeln

Jede Rose ist ein Individuum. So wird zum Beispiel nicht jede Teehybride gleich geschnitten. Ihrer jeweiligen Entwicklungssituation entsprechend sind beim Schnitt einer Rose folgende Grundregeln zu beachten:

- Starke Triebe werden wenig geschnitten. So wird die Rose gezwungen, ihre Kraft auf viele Knospen zu verteilen. Ein starker Schnitt würde einen übermäßigen Austrieb anregen. Die einzige Ausnahme stellt hierbei der Verjüngungsschnitt dar (siehe Seite 133).
- Schwache Triebe werden stark geschnitten. Die Rose kann ihre Kraft dann in wenigen Knospen sammeln. Auch ein schwacher Trieb kommt so zu einem guten Wachstum. Dies gilt besonders bei ohnehin schwach wachsenden Sorten.
- Die höchste Knospe eines Rosentriebes treibt früher und stärker als der Rest. So treibt die Knospe auf dem Scheitelpunkt eines gebogenen Trie-

bes auch am stärksten. Dieses Wissen hilft, die Knospenentwicklung und damit das spätere Erscheinungsbild der Rose vorauszuahnen.

- Die stärkste Blütenbildung findet je nach Rosenklasse am ein- oder zweijährigen Holz statt. Jeder Schnitt, der die Blütenbildung anregen soll, muss darauf ausgelegt sein, möglichst viele starke Verzweigungen zweiter und dritter Ordnung zu erzeugen. Dies gilt besonders für Triebe von Strauch- und Kletterrosen.
- Ein Trieb, der im Vorjahr kaum Zuwachs gezeigt hat, treibt auch dieses Jahr nur schwach aus. Deshalb sollten Sie schwache Verzeigungen immer bis auf den Astring entfernen.
- Zu viele Verzweigungen am Ende eines Haupttriebes führen zu einem Besenwuchs. Gabeln werden deshalb bis auf den stärksten oder am günstigsten sitzenden Trieb entfernt.

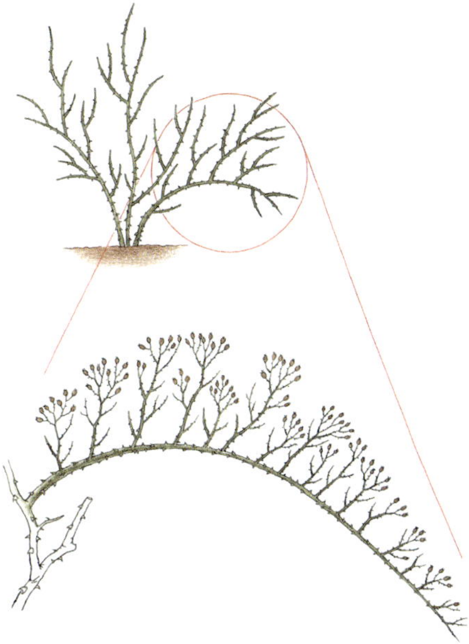

Typisch bei Rosen ist die Veranlagung, an der am höchsten gelegenen Knospe am stärksten auszutreiben. Dies kann auch der Scheitelpunkt eines Bogens sein.

Schon „Rosenpapst“ Dietrich Woessner stellte fest: „Die richtige Ausführung des Schnittes setzt das Erkennen der Augen voraus“ (Woessner 1978).

- Der Schnitt verläuft leicht schräg vom Auge nach hinten. Wird der Schnitt zu schräg geführt, kann das Holz hinter dem Auge austrocknen und es stirbt ab. Es ist besser, Sie schneiden etwas zu gerade als zu schräg.
- Der Abstand zwischen Auge und Schnitt beträgt mindestens 5 mm und höchstens 10 mm bei starken Trieben mit über 2 cm Durchmesser. Wird der Schnitt zu knapp ausgeführt, trocknet er ein und die oberen Knospen nehmen Schaden. Ist zu viel Holz stehen geblieben, entsteht ein eingetrockneter Stumpf, der eine Eintrittspforte für Schadorganismen darstellt.
- Die oberste Knospe sollte wenn möglich immer nach außen zeigen.

Die verschiedenen Schnittarten

Pflanzschnitt

Der Pflanzschnitt hat die Aufgabe, der Rose den Neustart am neuen Standort zu erleichtern.

Wurzelnackte Ware

Die beste Pflanzzeit für wurzelnackte Rosen ist der Herbst. Die Pflanze kann im noch warmen Boden neue Wurzeln bilden, ohne gleich oberirdische Triebe entwickeln zu müssen. Die Frühjahrspflanzung regt genau dazu an und ist deshalb nicht ideal. Eine im Herbst gepflanzte Rose entwickelt sich im ersten Standjahr deutlich besser.

Unabhängig von der Pflanzzeit werden die Wurzeln der Rose auf 20–25 cm eingekürzt. Dadurch wird eine starke Verzweigung angeregt. Die oberirdischen Triebe wurden normalerweise in der Baumschule schon vorgeschnitten. Der eigentliche Rückschnitt der Triebe erfolgt immer erst im Frühjahr. Nur beschädigte Triebe werden sofort bis zu einer Verzweigung oder auf einen Astring entfernt.

Bei einer Rose der Qualitätsklasse A müssen drei gut entwickelte Triebe vorhanden sein. Zwei von ihnen müssen aus der Veredlungsstelle entspringen. Der dritte darf nicht mehr als 5 cm darüber ansetzen. An starken Trieben bleiben bis zu fünf Knospen (Augen) stehen. An schwachen Trieben bis zu drei Knospen.

Tipp

Wurzelschnitt: Bei wurzelnackter Ware vor der Pflanzung durchführen!
Rückschnitt der Triebe: ab Mitte März!

Containerware

Die Kultur von Rosen in Containern (Töpfen) hilft, den Eingriff des Rodens auf dem Veredlungsfeld, des wurzelnackten Versandes und den damit verbundenen Rückschritt in der Entwicklung der Rosenpflanze zu mindern. Die

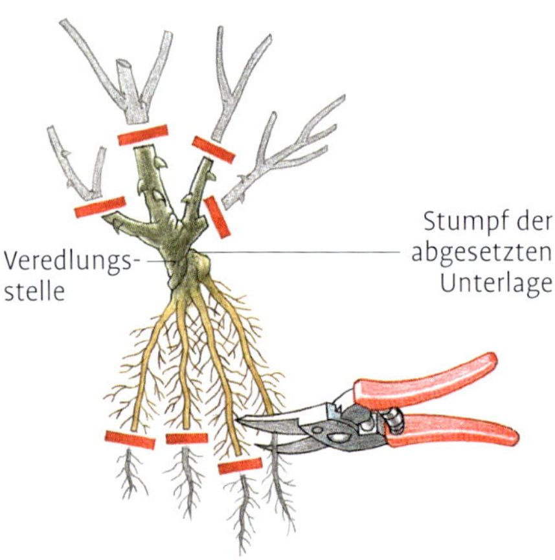

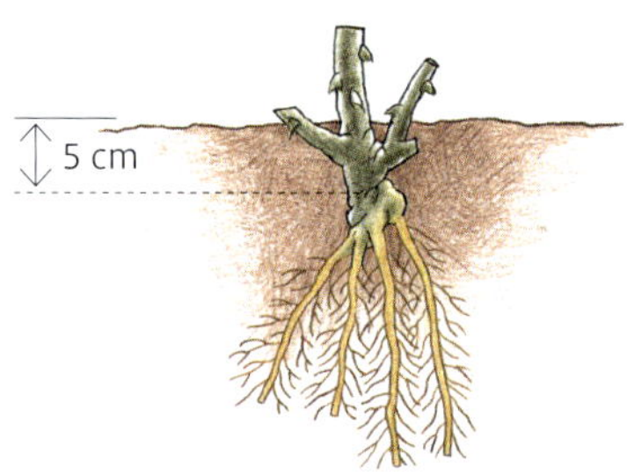

Nachdem die Rose 24 Stunden im Wasser gestanden hat, werden alle Triebe und die Wurzeln geschnitten. In beiden Fällen soll ein Neuaustrieb angeregt werden.
Die Pflanzung erfolgt so tief, dass die Veredlungsstelle 5 cm unter der Oberfläche liegt.

Rose erhält eine Zwischenkultur im Topf und nimmt dadurch einen Teil ihres unterirdischen Lebensraumes mit an den neuen Standort. Bei aufmerksamer Pflege ist eine fast ganzjährige Pflanzung möglich.

Die Wurzeln bleiben – je nach verwendetem Container und Standzeit der Rose im Topf – unbeschnitten. Gittertöpfe oder Töpfe aus verrottendem Material belässt man am Wurzelballen. Geschlossene Rosentöpfe aus Kunststoff muss man vor dem Pflanzen entfernen. Die Rose sollte das Substrat gut durchwurzelt haben. Nur dann fällt der Ballen nicht auseinander. Falls sich Wurzeln an der Topfwand entlang entwickelt haben (Drehwuchs), werden sie bis zu ihrer Austrittsstelle am Substratballen zurückgeschnitten. Sie wachsen sonst weiter im Kreis und geben der Rose keinen Halt. Dünne, bräunliche Wurzeln an der Ballenunterseite behandelt man ebenso.

Das Pflanzloch sollte mit einem ähnlichen Substrat wie dem der Baumschule gefüllt werden. Nur so können die Wurzeln ungehindert weiterwachsen.

Je nach Jahreszeit erfolgt der Rückschnitt der Triebe unterschiedlich: Im Herbst werden nur beschädigte oder trockene Pflanzenteile entfernt. Im Frühjahr und im Sommer nimmt man

Tipp

Wurzelschnitt: Bei Containerware je nach Topf vor der Pflanzung!
Rückschnitt der Triebe: je nach Jahreszeit erforderlicher Erhaltungsschnitt!

Oben: Diese verrottbaren Töpfe können beim Pflanzen an der Pflanze verbleiben.
Unten: Zur Präsentation im Verkauf haben sich solche Töpfe durchgesetzt.

einen jahreszeitlichen Erhaltungsschnitt vor.

Erhaltungsschnitt

Der Erhaltungsschnitt untergliedert sich in zwei bis drei Schnitte im Jahr. Er soll die Vitalität der Rose erhalten, den Aufbau der Pflanze unterstützen und gleichzeitig zu einer möglichst üppigen Blüte führen.

Frühjahrsschnitt

Im Frühjahr werden die Rosen je nach Klasse und Wuchsform zwischen Ende Februar und Mitte April zurückgeschnitten. Dies ist der erste Erhaltungsschnitt des Jahres. Ein etwas späterer Schnitt wird von den Rosen besser vertragen als ein verfrühter. Sollte es noch zu Spätfrösten kommen, besteht die Gefahr, dass die Knospen am geschnittenen Holz schon „im Saft stehen" und geschädigt werden. Die Jahresentwicklung würde dadurch deutlich verzögert.

Frostschäden sollte man bis ins ungeschädigte Holz zurückschneiden. Der Trieb würde spätestens im Sommer vollständig absterben.

Tipp

Schnittzeitpunkt Frühjahrsschnitt: Strauch- und Kletterrosen ab Ende Februar/Anfang März, Buschformen ab Mitte März schneiden!

Generell werden ältere und beschädigte Triebe oder solche mit Frostschäden bis zu einer Verzweigung zurückgeschnitten oder ganz entfernt. Triebe mit Frostschäden an der Basis der Pflanze werden immer auf Astring am Ansatz entfernt. Diese Triebe würden spätestens im Laufe des Frühsommers absterben. Der Schnitt regt die Pflanze zur Bildung neuer Triebe aus der Veredlungsstelle an. Dadurch erreicht man eine ständige Verjüngung. Gleichzeitig werden die kräftigsten Haupttriebe des Vorjahres als Basis für eine neue Verzweigung verwendet. Sie sind je nach Klassenzugehörigkeit der Rose und der Stärke des Triebes zu schneiden.

Sommerschnitt

Sobald die Rose eine gewisse Blattmasse aufgebaut hat und die Temperatur auf 18–23 °C angestiegen ist, bildet sie an den Triebspitzen Blüten. Wenn diese verblüht sind, entwickeln sich daraus Früchte (Hagebutten). Wünschenswert ist dies ist aber in der

Tipp

Schnittzeitpunkt Sommerschnitt: nach der Blüte, je nach Sorte und Region ab Ende Juni!

Regel nur an Wildrosen und sonstigen einmalblühenden Rosen, da sie die weitere Blütenbildung der dauerblühenden und remontierenden Sorten unterbinden. Deshalb werden die Blütenstände dieser Rosen bis zu einem kräftigen Laubblatt, manche sogar bis über dem ersten vollständigen Blatt, entfernt.

Rosenblätter setzen sich aus Fiederblättchen zusammen. Kulturrosen haben drei, fünf oder sieben, Wildrosen bis zu fünfzehn Fiederblättchen. Man spricht bei Kulturrosen ab fünf Fiederblättchen von einem vollständigen Blatt. In der Achsel eines solchen Blattes sitzt eine Knospe, die einen starken Trieb hervorbringt. Je nach Klasse wird beim Rückschnitt ein ganzer Blütenbund oder nur eine Einzelblüte entfernt. Nach etwa drei bis vier Wochen – abhängig von der Stärke des Rückschnittes – hat sich eine neue Blüte entwickelt.

In günstigen Jahren kann dieser Schnitt ein weiteres Mal angewendet werden, um eine dritte Blüte zu erreichen. Ab Mitte September sollte Sie die Rose aber zur Ruhe kommen lassen. Neuaustriebe würden ohnehin vor dem ersten Frost weder aushärten noch verholzen.

Der Sommerschnitt der einmalblühenden historischen Rosen wird auf Seite 160 behandelt.

Den Wildling an der Kulturrose zu erkennen, ist dank der sehr unterschiedlichen Belaubung recht einfach. Links: Fiederblätter einer Kulturrose, rechts: Wildrose (*Rosa moyesii*).

Verjüngungsschnitt

Ein Verjüngungsschnitt soll die Vitalität einer Rose fördern, damit sie einen starken Austrieb aus der Basis hervorbringen kann.

Die Buschformen werden, sofern der Erhaltungsschnitt im Frühjahr richtig ausgeführt wird, automatisch verjüngt. Dort bleiben selten Triebe stehen, die älter als zwei Jahre sind. Strauch- und Kletterrosen brauchen ab dem vierten Standjahr einen Verjüngungsschnitt. Bei diesen Wuchsformen bilden die ältere Triebe das Grundgerüst der Pflanze. Mit ihnen gewinnen sie Höhe und Form.

Ab dem dritten Jahr verlieren die Haupttriebe aber an Wuchskraft. Weniger und schwächere Verzweigungen werden aufgebaut. Die Blätter sind anfälliger für Pilzkrankheiten. Wenn über die Jahre immer mehr alte

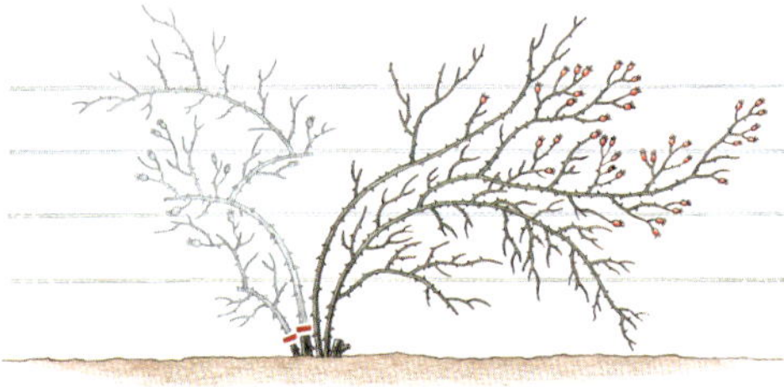

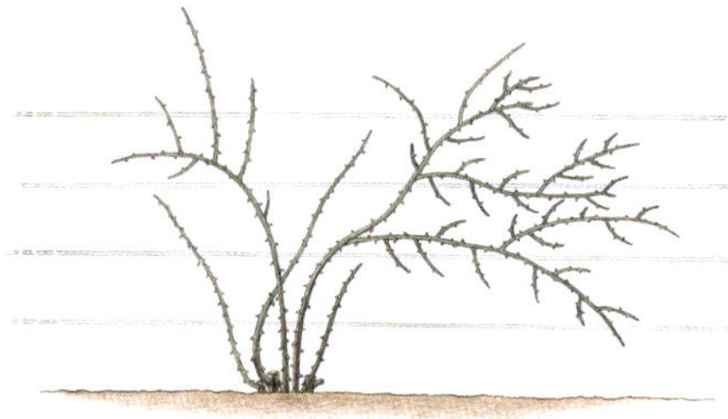

Wenn eine Kletterrose nur schwachen oder sogar keinen Neuaustrieb hervorbringt, kann sie durch einen starken Rückschnitt einzelner Triebe bis an die Basis Kraft schöpfen und wieder zu neuem Austrieb angeregt werden.
Nach dem Rückschnitt sind dem Frühjahr starke Neuaustriebe zu erwarten. Gleichzeitig wird die Rose an der Kletterhilfe möglichst fördernd formiert.

Auch eine überalterte, „langbeinige" Strauchrose lässt sich so über mehrere Jahre schonend verjüngen.

Haupttriebe belassen wurden, kann es vorkommen, dass ein Austrieb aus der Basis ganz ausbleibt. Die Rose scheint abzusterben. Die Kraft der Pflanze fließt dann ganz in den Erhalt der vorhandenen Holzmasse.

Wenn nun ein bis zwei alte Haupttriebe an der Basis auf Astring geschnitten werden und bei Kletterrosen noch dazu ein Seitentrieb erster Ordnung bis auf den Ansatz entfernt wird, bekommt die Rose die Möglichkeit, frei werdende Kraft in einen neuen Haupttrieb aus der Basis fließen zu lassen.

Ein richtig durchgeführter Verjüngungsschnitt fällt bei einer gewissenhaften Rosenpflege nicht auf. Jedes zweite Jahr angewendet, behält die Rose ihre Vitalität, ohne bedeutend an Masse zu verlieren. Der richtige Zeitpunkt des Schnittes richtet sich nach seiner Stärke: Je vernachlässigter die Rose ist, also je stärker geschnitten wird, um so früher muss man die Schnittmaßnahmen durchführen.

Tipp

Schnittzeitpunkt Verjüngungsschnitt: Mitte Februar bis Mitte März!

Schnittwerkzeuge

Rosenschere

Die Rosenschere ist das wichtigste Werkzeug des Rosengärtners. Sie wird für den Pflanz- und Erhaltungsschnitt am häufigsten benötigt.

Es gibt seit vielen Jahren zahlreiche Scheren- und Klingenformen. Einige grundsätzliche Eigenschaften muss die praktische Schere für den Rosenschnitt erfüllen:

- Sie muss eine schmale Spitze haben, um in engen Verzweigungen schneiden zu können.
- Der Griff sollte ergonomisch geformt sein. Wegen der zahlreichen Schnitte ist eine Rollgriffschere ideal. Sie schont die Sehnen des Handgelenkes. Nach einer Gewöhnungsphase will man eine solche Schere nicht mehr missen.
- Sie sollte eine Gegenklinge haben. Ambossscheren eignen sich für den Rosenschnitt nicht, da sie beim Schnitt der dünnen Rosenzweige Druck auf das empfindliche Holz hinter der Knospe ausüben. Außerdem bildet sich in der Ambossklinge schnell eine Kerbe. Diese führt zu einem unsauberen Schnitt, da das Holz nicht mehr vollständig durchtrennt wird.
- Die Klinge muss aus gutem Stahl sein, damit sie länger scharf bzw. zu schärfen bleibt.
- Bei besonders guten Scheren lassen sich Verschleißteile wie die Klinge und Kleinteile wie Schrauben, die beim Reinigen leicht verloren gehen, nachkaufen.

Schnittwerkzeuge von oben nach unten: spitze Säge, Astschere mit schmaler Spitze, Rosenschere.

- Nach jedem Gebrauch sollten Sie die Schere reinigen und alle Metallteile einölen. Dadurch wird sie vor Rost geschützt und ihre Funktion bleibt erhalten.

Astschere

Die Astschere ist die „große Schwester" der Rosenschere. Astscheren kommen vor allem beim Erhaltungsschnitt im Frühjahr oder beim Verjüngungsschnitt zum Einsatz, wenn dickere Äste entfernt werden sollen. Es gelten die gleichen Anforderungen, die an die Rosenschere gestellt werden. Scheren mit den immer häufiger zu findenden breiten Gegenklingen lassen keinen sauberen Schnitt in Gabelungen zu. Sie verletzen das Holz der verbleibenden Triebe. Die Griffe der Schere sollten lang genug sein, um eine kraftvolle Schnittführung ohne „Nachhebeln" zu ermöglichen.

Astsäge

Ab einer gewissen Dicke schneidet eine Astschere nicht mehr sauber. Ein Trieb mit mehr als 4 cm Dicke sollte mit einer Astsäge geschnitten werden. Das Sägeblatt muss schmal und spitz sein, um sich zwischen den Trieben vorsichtig ins Holz vorarbeiten zu können. Klappsägen mit einer guten Arretierung des Sägeblattes sind ideal für diese Arbeit.

Da solche Sägen meist nahe der Erde im Einsatz sind, werden die Sägeblätter schnell stumpf. Es gibt Hersteller, die aus diesem Grund für ihre Produkte günstige Ersatzblätter anbieten. Andere Hersteller bieten Sägen mit extrem hochwertigen Sägeblättern an, die sich nachschärfen lassen. Diese Arbeit verlangt aber einiges Geschick im Umgang mit der Feile.

Nach Rosenklassen schneiden

Hier finden Sie die richtigen Schnittmaßnahmen für die einzelnen Rosenklassen und Hinweise auf Besonderheiten.

Erklärung der Symbole

Blütenfüllung

einfach = 4–5 Blütenblätter

halbgefüllt = 6–15 Blütenblätter

gefüllt = 16–35 Blütenblätter

stark gefüllt = 36 und mehr Blütenblätter

Blattgesundheit

sehr anfällig

Pflege mit zugelassenem Mittel möglich

Befall möglich, Regeneration aus eigener Kraft

praktisch kein Befall

Duft

ohne

leicht

reichlich

intensiv

sehr intensiv

überragend

ADR-Rose

Das ADR-Symbol (Allgemeine Deutsche Rosenneuheitenprüfung) kennzeichnet die als besonders robust geltenden Vertreter, die über strenge Prüfverfahren ermittelt und ausgezeichnet werden.
Sie sollten bei Ihrer Sortenwahl besonderes Augenmerk auf diese Rosen mit hoher Widerstandskraft legen.

Edelrosen

Frühjahrsschnitt

Zielsetzung

Eine Edelrose soll möglichst viele lange, gerade Blütenstiele bilden, die später die Blüten tragen können. Zu viele Verzweigungen stören dabei diese Entwicklung. Sie würden zu schwache Triebe zweiter oder dritter Ordnung hervorbringen.

Je nach Wuchskraft der Rose erfolgt der Rückschnitt auf drei bis sechs kräftige Triebe mit je drei bis fünf Knospen.
Aus diesem „Rest" entwickelt sich bis Ende Mai eine kräftige Pflanze.

Nach dem Schnitt setzt ein starker Neuaustrieb ein.

Vorgehensweise
Zuerst entfernen Sie abgestorbene, erfrorene und beschädigte Triebe bis ins gesunde Holz. Dann werden alle stärkeren Triebe auf fünf Augen und alle schwächeren Triebe auf drei Augen zurückgeschnitten.
Wählen Sie jetzt bei einer schwach wachsenden Sorte drei bis vier gesunde, kräftige Triebe aus, die Sie erhalten. Alle anderen werden am Ansatz entfernt. Bei einer stark wachsenden Sorte verbleiben fünf bis sechs Triebe. So können sich die neuen Verzweigungen optimal entwickeln, ohne sich gegenseitig zu behindern.

Besonderheiten/Hinweise
Schneiden Sie an älteren Rosen möglichst einen mehrjährigen Trieb bis zum Ansatz am Boden zurück. Durch einen Neuaustrieb aus der Basis wird eine Verjüngung angeregt. Es kommt so nicht zur Vergreisung der Pflanzen. Die Pflanzen werden außerdem nicht „hochbeinig" durch fehlende Seitentriebe im bodennahen Bereich.

Sommerschnitt

Zielsetzung
Die Förderung einer schnellen Blütenbildung für den zweiten Flor.

Vorgehensweise
Die abgeblühten Zweige werden über dem ersten vollständigen Fiederblatt (fünf Teilblätter) geschnitten. Edelrosen mit mehreren Blüten an einem Stiel, meist *Floribunda-Grandiflora*-Hybriden, bekommen fortlaufend die verblühten Einzelblüten entfernt. Die

Der Rückschnitt nach der Blüte der Edelrose erfolgt über dem ersten gut entwickelten Fiederblatt.

Blütezeit der Nebenknospen wird dadurch deutlich verlängert. Wenn nur noch eine oder zwei Knospen übrig sind, kann der ganze Trieb schon zugunsten der Entwicklung des Folgeflors wie vorher beschrieben geschnitten werden.

Besonderheiten/Hinweise
Achten Sie darauf, im Sommer nicht zu stark zurückzuschneiden, da dies einen starken Holzaufbau fördert und die zweite Blütenbildung verzögern würde.

Rechte Seite:
Oben: Nach der Blüte kommt es zur Hagebuttenbildung.
Unten: Die Hagebutten werden durch den Sommerschnitt entfernt und dadurch eine weitere Blüte angeregt.

‘Gräfin Diana®’

(Kordes 2012)

Blüte: purpurrot, ∅ 8–10 cm
Wuchs: buschig aufrecht, 80–120 cm
Besonderheiten: für Vasenschnitt geeignet

‘Laudatio®’

(Noack 2016)

Blüte: purpur bis pinkviolett, ∅ 10 cm
Wuchs: buschig aufrecht, 60–80 cm
Besonderheiten: sehr hitze- und sonnenverträglich

‘Maxim®’

(Tantau 2016)

Blüte: leuchtend rosa mit silbrig-weißer Mitte, ∅ 8–10 cm
Wuchs: straff aufrecht, 70–100 cm
Besonderheiten: für Vasenschnitt geeignet

‘Pink Paradise®’

(Delbard 2011)

Blüte: kräftig pink-gelb, ∅ 8–10 cm
Wuchs: aufrecht, 70–90 cm
Besonderheiten: für Vasenschnitt geeignet, regenfest

'Limona®'

(Kordes 2016)

Blüte: hellgelb, ∅ 7–8 cm
Wuchs: straff aufrecht, 80–100 cm
Besonderheiten: hitzeverträglich, für Vasenschnitt geeignet

'Anastasia®'

(Nirp 2014)

Blüte: cremeweiß, Mitte pfirsichfarben, ∅ 10–12 cm
Wuchs: buschig aufrecht, 90–120 cm
Besonderheiten: sehr edle Blüte

'Madame Anisette®'

(Kordes 2013)

Blüte: creme-apricot, ∅ 7–9 cm
Wuchs: straff aufrecht, 100–150 cm
Besonderheiten: Vasenschnitt, dunkles Laub, sehr schön mit Lavendel

'Duftjuwel®'

(Meilland 2012)

Blüte: pfirsich-rosé, ∅ 8–10 cm
Wuchs: buschig aufrecht, 80–100 cm
Besonderheiten: sehr regenfest, zartes Farbspiel

Beetrosen

Frühjahrsschnitt

Zielsetzung

Mit diesem Schnitt will man die Bildung möglichst viele Blütentriebe mit zahlreichen Blüten anregen. Dabei darf die Pflanze nicht zu langtriebig werden, da sie sonst auseinander fällt und der eigentlich buschige Charakter verloren geht.

Vorgehensweise

Zuerst sollte man feststellen, ob die Sorte starkwachsend oder schwachwachsend ist, ob sie sich buschig verzweigt oder eher straff aufrecht wächst. Dann werden alle beschädigten und abgestorbenen Triebe entfernt oder bis ins gesunde Holz zurückgeschnitten. Nun schneiden Sie alle Triebe der Wuchskraft der Sorte entsprechend zurück. Bei einer stark wachsenden Sorte wird jeder Trieb auf fünf Augen, bei einer schwachwachsenden auf drei Augen zurückgeschnitten. An einem älteren Exemplar, das sich breiter aufbaut, kann man auch auf Verzweigungen zweiter Ordnung schneiden. Jetzt gilt es, drei bis fünf gute Triebe erster Ordnung auszuwählen, die erhalten werden. Der Rest wird am Ansatz entfernt. Bei sehr buschigen, starkwachsenden Sorten können auch zwei Triebe zweiter Ordnung an einem kurzen Haupttrieb verbleiben. Die Auswahl sollte auch den Aufbau der Pflanze und das Verhältnis zu ihren Nachbarpflanzen berücksichtigen, damit sich die Rose frei entwickeln kann.

Um einer schwach wachsenden Beetrose eine gute Entwicklung zu ermöglichen, verbleiben nur drei gesunde Triebe mit je drei Knospen.

Um die Wuchskraft einer stark wachsenden Beetrose zu leiten, verbleiben fünf Triebe mit je fünf Knospen. So wird sie sich buschiger entwickeln.

Aus den verbliebenen Knospen baut sich eine kräftige Pflanze auf.

Besonderheiten/Hinweise

Wenn möglich, sollte immer ein Trieb erster Ordnung ganz entfernt werden, um die Selbstverjüngung durch Austriebe aus der Basis anzuregen. So könnten etwa nur vier statt fünf Triebe stehen bleiben.

Sommerschnitt

Zielsetzung

Hiermit möchte man einen üppigen, schnellen Folgeflor fördern, ohne die Rose zu übermäßiger Holzbildung anzuregen.

Vorgehensweise

Der Beginn des Rückschnittes hängt davon ab, ob die Rose in einer Gruppe steht oder als Einzelpflanze wirken soll.

Wenn Sie eine flächige Blüte wünschen, wird der Rückschnitt ganzer Blütenbüschel oder Dolden erst vorgenommen, wenn etwa drei Viertel des Flors verblüht sind. Vorher werden aus ästhetischen Gründen lediglich Einzelblüten entfernt. Durch den einmalige Komplettrückschnitt kommt das ganze Beet wieder als Fläche zur Blüte.

Wünschen Sie die Einzelwirkung der Pflanzen, kann der Rückschnitt für jeden Blütenstand individuell erfolgen. Sie haben dann fast einen fließenden Übergang zwischen erstem und zweitem Flor. Die Gesamtwirkung ist dadurch aber etwas zurückhaltender.

Geschnitten wird immer nur der Blütenstand über einem der ersten kräftigen Laubblätter. Es bleibt möglichst viel Holz erhalten.

Besonderheiten/Hinweise

Der Sommerschnitt wiederholt sich bis Anfang September. Dann lassen Sie die Rose zur Ruhe kommen.

Links: Um einen schnellen Folgeflor zu gewährleisten und nicht zu starke Holzbildung anzuregen, werden bei den Beetrosen nur die Blütenstände über dem ersten Laubblatt entfernt.

Links:
Die Blütenstände beginnen nun zu reifen. Deshalb werden sie entfernt.
Unten:
Durch den hohen Schnittansatz kommt es zu wenig Blattverlust.

‘Resonanz®’

(Noack 2005)

Blüte: leuchtend rot, in Dolden, ∅ 6 cm
Wuchs: buschig, 90–100 cm
Besonderheiten: extrem blühwillig, hitzeverträglich

‘Out of Rosenheim®’

(Kordes 2010)

Blüte: rot, ∅ 7–8 cm
Wuchs: buschig aufrecht, 80 cm
Besonderheiten: für Vasenschnitt und Töpfe geeignet

‘Fräulein Maria’

(Kordes 2019)

Blüte: pink/rosa, ∅ 8–10 cm
Wuchs: buschig aufrecht, 70–90 cm
Besonderheiten: reichblühend, nostalgisch

‘Domaine De Chantilly®’

(Delbard 2017)

Blüte: rosa/apricot, ∅ 10–12 cm
Wuchs: buschig aufrecht, 80–120 cm
Besonderheiten: nostalgische Blütenform, sehr haltbar

‘Sirius®’

(Tantau 2013)

Blüte: creme-apricot, ∅ 6–8 cm
Wuchs: breit buschig, 70–90 cm
Besonderheiten: Dauerblüte, für Töpfe geeignet

‘Prague Castle’

(Poulsen 2012)

Blüte: leuchtend weiß, ∅ 7–9 cm
Wuchs: buschig aufrecht, 60–80 cm
Besonderheiten: extrem blühwillig, hitzeverträglich

‘Sunmaid®’

(Kordes 2020)

Blüte: gelb, ∅ 6–7 cm
Wuchs: buschig aufrecht, 70 cm
Besonderheiten: auch für Halbschatten geeignet

‘Morning Sun®’

(Tantau 2016)

Blüte: goldorange, ∅ 6–8 cm
Wuchs: buschig aufrecht, 50–80 cm
Besonderheiten: hitzeverträglich, gut selbstreinigend

Strauchrosen

Frühjahrsschnitt remontierender Sorten

Zielsetzung

Strauchrosen bauen sich über mehrere Jahre auf. Sie müssen erst ein starkes Gerüst aus Trieben erster und zweiter Ordnung bilden. Dieses Gerüst trägt dann die Jahrestriebe mit den Blüten. Gleichzeitig sollte man aber auch auf einen fließenden Ersatz dieser gerüstbildenden Verzweigungen hinarbeiten, um ein Verkahlen im unteren Strauchbereich zu verhindern.

Vorgehensweise

Zuerst schneiden Sie alle abgestorbenen und beschädigten Verzweigungen bis ins gesunde Holz zurück. Nun werden Langtriebe erster Ordnung, die sich im Vorjahr gebildet haben, auf etwa 20 cm unter den Strauchdurchmesser des letzten Frühjahrsschnittes zurückgeschnitten. Dadurch wird ihre weitere Verzweigung und das Dickenwachstum angeregt. Jetzt werden alle übrigen Verzweigungen zweiter und dritter Ordnung auf drei bis fünf Augen geschnitten. An ihnen werden sich die meisten blütentragenden Triebe bilden. Nun müssen Sie die besten drei bis fünf Haupttriebe auszuwählen, die dieses Jahr ihre Rose formen. Schwache oder überalterte Triebe werden am Ansatz entfernt. In einem zu dichten Strauch können die Blätter schlecht abtrocknen und es breiten sich leichter Pilze aus. Außerdem haben es die für

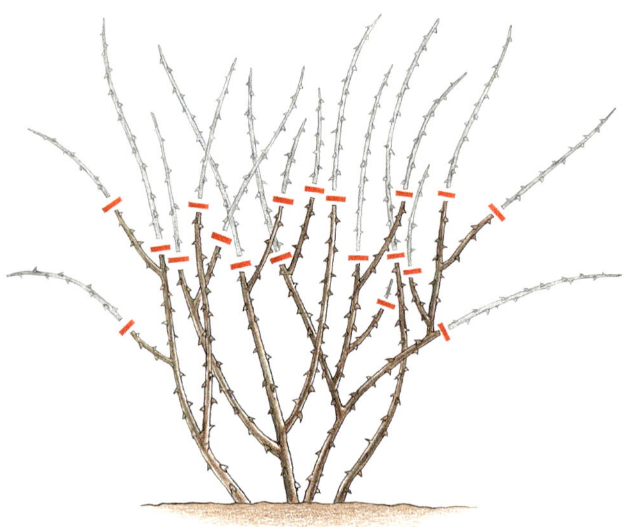

An den modernen Strauchrosen wird ein luftiges, sparriges Gerüst aus Trieben erster bis dritter Ordnung aufgebaut.

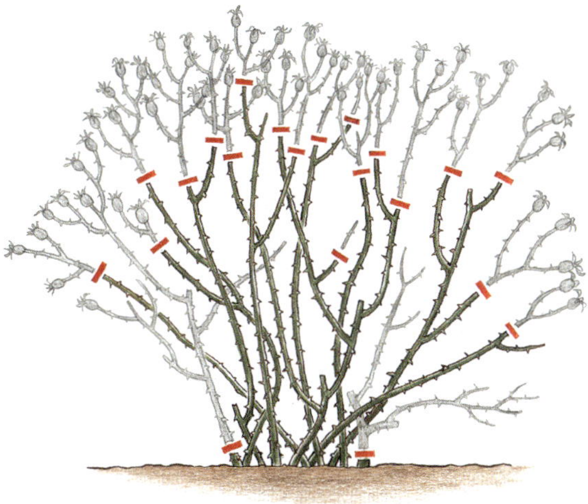

Historische remontierende Strauchrosen bleiben nach dem Schnitt deutlich dichter stehen als ihre modernen Verwandten. Ihre oft deutlich dünneren Triebe stützen sich so gegenseitig.

Geschnittene Strauchrose mit Austrieb Ende Mai.

die Verjüngung wichtigen Austriebe aus der Basis schwerer, sich zu entwickeln.

Besonderheiten/Hinweise

Wenn Ihre Rose keine kräftigen Triebe aus der Basis mehr bildet, sollten Sie einen stärkeren Rückschnitt, ähnlich dem radikaleren Verjüngungsschnitt, vornehmen. Dabei wird die Rose um etwa die Hälfte zurückgeschnitten und mindestens ein starker Haupttrieb am Ansatz entfernt. Die freiwerdende Kraft sollte eine Neubildung ermöglichen.

Remontierende historische Rosensorten mit dünneren Trieben, die sich unter dem Blütengewicht leicht umlegen, behalten deutlich mehr Triebe. Bei ihnen stützt das „Geflecht“ der älteren Triebe die jüngeren. Ansonsten werden sie wie die modernen Strauchrosen behandelt.

Sommerschnitt remontierender Sorten

Zielsetzung

Es gilt, eine möglichst lange Blüte zu erreichen und die Bildung des Folgeflors zu fördern. Historische remontierende Sorten benötigen den Schnitt oftmals, um überhaupt weitere Blüten bilden zu können. Die Entwicklung der Hagebutten schließt ansonsten ihren Jahreszyklus ab und es kommt nur im Spätsommer zu einer leichten Nachblüte.

Vorgehensweise

Einzelblüten schneiden Sie bis zum ersten vollständigen Laubblatt zurück. Dadurch werden eine stärkere Verzweigung und die neue Blütenbildung angeregt. Aus Blütenbüscheln und Dolden werden zuerst die verblühenden Einzelblüten ausgeschnitten. So verlängern Sie die Haltbarkeit der Folgeblüten. Später entfernen Sie nur den Blütenstand über dem ersten Blatt. Bei diesen Rosen soll eine kurze Verzweigung aus den oberen Knospen, jedoch kein Längenwachstum im oberen Strauchbereich gefördert werden.

Besonderheiten/Hinweise

Je häufiger und früher die Blüten remontierender historischer Sorten geschnitten werden, desto stärker fällt der Folgeflor aus. Sehr starke Jahrestriebe sollten Sie bis auf zwei Drittel zurückschneiden. Dadurch regen Sie schon dieses Jahr erste Verzweigungen an. Ab Anfang September sollten Sie die Rose zur Ruhe kommen lassen.

Links: Der Rückschnitt nach der Blüte der Strauchrosen mit Einzelblüten erfolgt über dem ersten gut entwickelten Fiederblatt.
Rechts: Bei Strauchrosen mit Blütenbüscheln werden nur die Blütenstände über dem ersten Laubblatt geschnitten.

‘Soul®’

(Tantau 2014)

Blüte: purpurviolett, ∅ 8–10 cm, öfterblühend
Wuchs: buschig aufrecht, 100–130 cm
Besonderheiten: UV-beständige Farbe, guter Staudenpartner

‘Roter Korsar®’

(Kordes 2004)

Blüte: leuchtend dunkelrot, ∅ 9 cm, öfterblühend
Wuchs: buschig, leicht überhängend, 150 cm
Besonderheiten: starkwüchsig

‘New Look®’

(Noack 2009)

Blüte: karminrosa, in Dolden, ∅ 8 cm, öfterblühend
Wuchs: breit buschig, 160 cm
Besonderheiten: sehr hitzefest, dunkelgrünes Laub

‘La Rose de Molinard®’

(Delbard 2008)

Blüte: kräftig rosa, in Büscheln, ∅ 8–10 cm, öfterblühend
Wuchs: breitbuschig, 150 cm
Besonderheiten: herrlicher Akzent in Einzelstellung

'Matthias Claudius Rose'

(Tantau 2018)

Blüte: apricot bis hellrosa, ∅ 8–10 cm, öfterblühend
Wuchs: buschig, bogig überhängend, 100–130 cm
Besonderheiten: nostalgische Schalenblüten

'Summer Memories®'

(Kordes 2004)

Blüte: cremeweiß, ∅ 10 cm, öfterblühend
Wuchs: buschig, aufrecht, 130 cm
Besonderheiten: nostalgische Blütenform

'Chateau de Cheverny®'

(Delbard 2016)

Blüte: safrangelb, ∅ 7–9 cm, öfterblühend
Wuchs: breitbuschig, 120–150 cm
Besonderheiten: sehr lange Blütezeit

'Goldspatz®'

(Kordes 2009)

Blüte: hellgelb, ∅ 5 cm, öfterblühend
Wuchs: bogig überhängend, 150 cm
Besonderheiten: insektenfreundlich

Winterschnitt einmalblühender Sorten

Im Gegensatz zu remontierenden Rosensorten erfolgt der eigentliche Aufbauschnitt der einmalblühenden Sorten nicht im Frühjahr, sondern im Sommer des Vorjahres. Im Winter wird der Strauch nur noch „in Form“ gebracht.

Zielsetzung

Einmalblühende historische Rosensorten erfordern von Ihnen ein anderes Vorgehen beim Schnitt. Diese Rosen bilden Kurztriebe mit Blüten am Holz des Vorjahres. Sie besitzen häufig dünnere, biegsamere Verzweigungen als ihre modernen Verwandten. Die älteren Triebe stützen dabei die jungen Ruten. Sie sollten also so viele starke und gesunde Triebe wie möglich zu erhalten. Gleichzeitig dürfen Sie aber nicht die Verjüngung aus dem Auge verlieren.

Vorgehensweise

Im ausgehenden Winter, Ende Februar bis Anfang März, wenn sich die Pflanze noch in Winterruhe befindet, werden bei den einmalblühenden Rosen die verbliebenen Langtriebe des vergangenen Sommers auf Strauchniveau zurückgeschnitten. Achten Sie darauf, dass mindestens 10–15 cm und drei bis fünf Augen vom Trieb erhalten bleiben. Wenn die Triebe zu lang gelassen werden, fällt der Strauch leicht unter der Blütenlast an den äußeren

Um den Habitus des Strauches zu erhalten, werden die Spitzen der Spätsommertriebe des letzten Jahres auf das Blütenniveau zurückgenommen. Es bleiben am Trieb aber immer drei bis fünf Knospen erhalten. Zusätzlich werden die verbliebenen Fruchtstände entfernt.

Nach dem Einkürzen der letztjährigen Triebe haben sich bis Anfang Juni zahlreiche kurze, frischgrüne Blütenansätze gebildet.

Astbereichen auseinander. Um eine schöne Höhenstaffelung zu erreichen, sollten Sie schon bei der Erziehung der Rose darauf achten, die Haupttriebe am Rand etwas kürzer zu halten. Durch den stärkeren Rückschnitt der äußeren Triebe verkahlt die Pflanze am Fuß auch nicht.

Ab dem vierten Jahr verliert das Holz an Kraft. Es bringt weniger Verzweigungen und damit auch weniger Blüten hervor. Auch die Blätter werden anfälliger für Blattpilze. Deshalb sollte Sie solche Triebe entfernen. Wenn Sie dies nach dem ersten Aufbau des Strauches Jahr um Jahr machen, behält er Volumen und Stabilität. Es wird immer wieder Platz geschaffen und Kraft freigesetzt für frische Austriebe aus der Basis. Schneiden Sie alte Ruten komplett heraus, dadurch werden keine jüngeren durch querstehende Verzweigungen verletzt.

Besonderheiten/Hinweise

Es gibt auch Rosenliebhaber, die diese Rosen überhaupt nicht schneiden. Die Sträucher werden dann deutlich größer als in historischen Quellen beschrieben, haben aber nicht unbedingt mehr Blüten, da eine Förderung der Blütenbildung entfällt. Dann wird alle fünf bis sechs Jahre ein starker Verjüngungsschnitt ähnlich dem der Wildrosen nötig, um die Rose vor einer Überalterung zu bewahren.

Sommerschnitt einmalblühender Sorten

Zielsetzung

Die Habitus des Strauches soll erhalten und die Anzahl der Blütentriebe des nächsten Jahres vermehrt werden.

Vorgehensweise

Nach der Blüte im Frühsommer setzt das Längenwachstum ein. Im Juli sollten Sie die sich bildenden Langtriebe auf etwa 5–10 cm unterhalb des diesjährigen Blütenniveaus einkürzen. Dadurch wird das Längenwachstum unterbrochen und noch in diesem Sommer ein Austrieb an den oberen Knospen angeregt. Dies führt zur Bildung zusätzlicher kurzer Blütentriebe für das Folgejahr. Da die wenigsten dieser Rosensorten besonders schmückende Hagebutten entwickeln, sollten auch die Blütentriebe eingekürzt und dadurch zu einer Seitenverzweigung angeregt werden.

Besonderheiten/Hinweise

In klimatisch milderen Regionen wie dem Rheinland, Südengland oder dem südlichen Frankreich setzt das Längenwachstum schon vor der Blüte ein. Dann ist dieser Schnitt entsprechend früher anzusetzen, da sonst ein Teil der Blüte vom Laub der Langtriebe verdeckt würde.

Im August werden die sich entwickelnden Langtriebe auf Strauchniveau zurückgeschnitten und so eine mehrfache kurztriebige Verzweigung angeregt.

Über den vergangenen Blüten hat die 'Königin von Dänemark' zahlreiche Austriebe gebildet. Diese werden nun zur Förderung der Verzweigung und zur Erhaltung des Habitus eingekürzt.
Die Aufnahme zeigt die Rose mit Tautropfen auf den Blättern, was ihnen einen Grauschleier verleiht.

‘Tuscany Superb’

(Paul 1848)

Blüte: samtig dunkelrot, gelbe Staubgefäße, ∅ 6 cm, einmalblühend (Juni)
Wuchs: buschig aufrecht, 120 cm
Besonderheiten: Sorte der Art *Rosa gallica*, oft mit der nur 90 cm hohen ‘Tuscany’ verwechselt

‘Königin von Dänemark’

(Booth 1816)

Blüte: silbrig rosa, zur Mitte dunkler, ∅ 8 cm, einmalblühend
Wuchs: bogig überhängend, 150 cm
Besonderheiten: Alba-Rose, sehr frosthart

‘Mme Hardy’

(Hardy 1832)

Blüte: weiß mit grüner Mitte, ∅ 7 cm, einmalblühend (Mitte Juni für sechs Wochen)
Wuchs: aufrecht, leicht überhängend, 150 cm
Besonderheiten: Sorte der Damaszenerrose (*Rosa damascena*), verträgt Halbschatten

‘Maigold’

(Kordes 1953)

Blüte: goldgelb mit Kupfer, ∅ 9 cm, einmalblühend (ab Mitte Mai)
Wuchs: breitbogig überhängend, 250 cm
Besonderheiten: Sorte der Bibernell-Rose (*Rosa pimpinellifolia*)

Kletterrosen

Neben der Formierung ist der Schnitt die zweite Säule des Blütenreichtums einer Kletterrose. Diese Rosengruppe unterteilt sich hinsichtlich des Schnittes in einmal- und öfterblühende Sorten. Innerhalb der Gruppe der einmalblühenden Rosen gibt es dann noch einen Unterschied zwischen den *Rosa multiflora*-Hybriden und den sonstigen Ramblern, etwa Hybriden von *Rosa wichuriana*, *Rosa arvensis* oder den Climbern. Gerade bei den Kletterrosen muss vor dem Schnitt der Weg zum erstrebten Ergebnis klar sein.

Frühjahrsschnitt öfterblühender Kletterrosen

Zielsetzung
Die Kletterrose soll ihre Kletterhilfe gleichmäßig bedecken. Es soll eine Verjüngung und ein Aufbau aus der Basis erfolgen. In der Strauchmitte müssen starke Triebe zweiter Ordnung für den Raumgewinn gezogen werden. Möglichst viele Seitenverzweigungen höherer Ordnung sollten durch den Schnitt zum Blütenbesatz angeregt werden.

Links ist angedeutet, wie die Kurztriebe zurückgeschnitten werden. Rechts ist der Arbeitsschritt erfolgt und die Rose kann neu an der Kletterhilfe formiert werden.

Die Rose ist formiert und ein gleichmäßiger Austrieb setzt ein.

Vorgehensweise

Zuerst sollten Sie die Rose möglichst von ihrer Rankhilfe lösen und die Triebe so gut es geht auslegen. Wenn sich im letzten Sommer ein starker Langtrieb aus der Basis entwickelt hat, können Sie dort im Gegenzug einen älteren Trieb am Ansatz entfernen. Dadurch wird zum einen Kraft für die Entwicklung weiterer Langtriebe freigesetzt, zum anderen eine stärkere Verzweigung auf mittlerer Strauchhöhe ermöglicht. Jetzt schneiden Sie alle Verzweigungen zweiter oder höherer Ordnung entlang der Haupttriebe auf drei bis fünf Augen zurück. Dies sind in der Regel die Blütentriebe des letzten Sommers. Achten Sie aber darauf, gut entwickelte Langtriebe unbeschnitten stehen zu lassen. So sind nun „Hühnerleitern" mit einzelnen längeren Sprossen entstanden. Jetzt beginnen Sie die „Hühnerleitern" eine nach der anderen an der Kletterhilfe zu formieren. Die belassenen Langtriebe dienen dazu, Lücken in der Bedeckung zu schließen. Sollten es zu viele sein, werden die überzähligen eingekürzt.

Besonderheiten/Hinweise

Beginnen Sie bei der Formierung immer mit dem besten Trieb und arbeiten sie sich hinsichtlich deren Vitalität abwärts. Unter Umständen werden nicht alle „Hühnerleitern" benötigt und dann kann die schwächste am Ende entfernt werden.

Sommerschnitt öfterblühender Kletterrosen

Zielsetzung

Es soll ein starker zweiter Flor und der weitere Aufbau der Rose gefördert werden.

Vorgehensweise

Die verblühenden Rosen können fortlaufend geschnitten werden. So wirken gerade Rosen mit Blütenbüscheln deutlich gepflegter. Einzelblüten, aber auch komplett verwelkte Blütenstände werden bis zum ersten vollständigen Laubblatt entfernt. Der darauf folgende stärkere Austrieb der verbliebenen Knospen ist bei Kletterosen durchaus wünschenswert. Langtriebe, egal wo sie entstehen, sollten Sie nicht zurückschneiden. Binden Sie diese nur in die Rankhilfe mit ein. Im nächsten Jahr werden sie zur Verjüngung und zum weiteren Aufbau benötigt. Außerdem können sich an den Trieben noch dieses Jahr erste Blüten bilden.

Es mag Privatgärten geben, in denen sich eine Ramblerrose völlig frei entwickeln darf. In einem entsprechend tragfähigen Baum wirkt dies besonders schön. In der Regel werden die meisten Rambler jedoch an einer anderen Kletterhilfe kultiviert. Es kommt ihrer Wirkung dabei sehr entgegen, wenn ihre Entwicklung durch einen leitenden Schnitt begleitet wird.

Der Rückschnitt nach der Blüte der Kletterrosen erfolgt über dem ersten gut entwickelten Fiederblatt.

Frühjahrsschnitt einmalblühender Kletterrosen

Zielsetzung

Durch den Rückschnitt soll der Blütenansatz gefördert, die Verzweigung gesteuert und – besonders bei *Rosa multiflora*-Hybriden – ein starker Neuaustrieb aus der Basis angeregt werden.

Vorgehensweise

Auch Rambler sollten für den Schnitt von ihrer Kletterhilfe gelöst werden. Schneiden Sie zuerst alle beschädigten und abgestorbenen Teile bis ins gesunde Holz zurück. Ab dem dritten Standjahr müssen Sie, sofern genügend Triebe erster Ordnung vorhanden sind, einen der älteren von diesen entfernen. Ebenso entfernen Sie schwache Austriebe am Ansatz. Dadurch wird immer wieder die frühe Bildung starker, langer Triebe aus der Basis angeregt. Die entsprechenden Verzweigungen an diesen Ruten blühen dann im kommenden Jahr am stärksten.

An den zwei- bis dreijährigen Trieben werden die Verzweigungen, die letztes Jahr schon Blüten getragen oder die sich im Hochsommer gebildet haben, auf drei Augen zurückgeschnitten. Das können auch Verzweigungen dritter Ordnung sein. An diesen Sprossen werden sich blütentragende Kurztriebe bilden. Einige besonders kräftige Langtriebe lassen Sie unbeschnitten, um mit ihnen Höhe zu gewinnen oder Fläche zu bedecken. Durch Anschneiden ihrer Spitzen wird eine stärkere Seitenverzweigung angeregt. Die entstandenen langen „Hühnerleitern“ werden an der Kletterhilfe neu formiert.

Besonderheiten/Hinweise
Bei Climber-Rosen dürfen die Langtriebe niemals vollständig entfernt werden, da sonst die Gefahr besteht, dass die ursprüngliche Wuchsform durchschlägt. Hybriden von *Rosa multiflora* benötigen dagegen einen besonders starken Rückschnitt, da die Art kurzlebige Triebe erster Ordnung entwickelt. Nur so behalten sie ihre überwältigende Blühkraft.

Sommerschnitt einmalblühender Kletterrosen

Zielsetzung/Hinweise
Dieser Schnitt entfällt fast vollständig. Nur an extrem stark wachsenden Sorten kann ein Teil der sich entwickelnden Langtriebe bereits im Hochsommer (Juli/August) an den Spitzen eingekürzt werden. Dadurch wird das Längenwachstum gestoppt und es entwickeln sich erste Seitenverzweigungen, die im folgenden Jahr zusätzliche Blüten tragen. Ansonsten sollte man die restlichen Langtriebe von Zeit zu Zeit ordnend einbinden.

Links: Im Hintergrund ist an den Trieben zu sehen, wie die Verzweigungen geschnitten werden. Dabei bleiben immer auch einige Langtriebe erhalten. Im Vordergrund liegt ein fertiger Trieb bereit, neu formiert zu werden.

Rechte Seite:
Oben: Nach dem Schnitt kommt es an den „Stummeln“ zur Blütenbildung an zahlreichen Kurztrieben.
Unten: Die Langtriebe dieses Sommers tragen nächstes Jahr die Blüten und dienen vor allem dem Aufbau und der Verjüngung.

‘Perennial Domino®’
(Tantau 2021)

Blüte: rot, in Dolden, ∅ 2–4 cm, öfterblühend
Wuchs: 300 cm
Besonderheiten: Rambler-Typ

‘Florentina®’
(Kordes 2011)

Blüte: rot, ∅ 8–10 cm, öfterblühend
Wuchs: 200 cm
Besonderheiten: für Halbschatten geeignet

‘Rosengarten Zweibrücken®’
(Warner 2008)

Blüte: purpurviolett, in Dolden, ∅ 6–8 cm, öfterblühend
Wuchs: 200–300 cm
Besonderheiten: auch im Verblühen schön

‘Jasmina®’
(Kordes 2005)

Blüte: violett-rosa, in Dolden, ∅ 5–6 cm, öfterblühend
Wuchs: 250 cm
Besonderheiten: auch für den Halbschatten geeignet

'Libertas®'

(Tantau 2015/16)

Blüte: kräftig rosa, in Dolden, ∅ 2–4 cm, öfterblühend
Wuchs: 200–300 cm
Besonderheiten: Dauerblüher bis zum Spätherbst, Rambler-Typ

'Sabrina®'

(Meilland 2012)

Blüte: cremeweiß, Mitte apricot, ∅ 6–8 cm, öfterblühend
Wuchs: 180–250 cm
Besonderheiten: dunkles Laub, sehr regenfest

'Moscalbò®'

(Novaspina 2015)

Blüte: weiß, in Dolden, ∅ 3–4 cm, öfterblühend
Wuchs: 200–300 cm
Besonderheiten: Rambler-Typ, überragende Blütenfülle

'Sommergold®'

(Noack 2012)

Blüte: goldgelb, in Dolden, ∅ 8–10 cm, öfterblühend
Wuchs: 250 cm
Besonderheiten: starktriebig, aufrecht

Kleinstrauchrosen und Bodendecker

Frühjahrsschnitt

Zielsetzung

Je nachdem, wie Sie Kleinstrauchrosen verwenden, sind zwei Zielsetzungen möglich: Solitärpflanzen und kleine Gruppen oder flächendeckende Pflanzung.

Einzelpflanzen sollen natürlich wirken und eine möglichst üppige Blüte hervorbringen. Ist eine ansprechende Flächendeckung gewünscht, wird eine möglichst starke Verzweigung angestrebt. Die Einzelpflanze ist nicht mehr zu erkennen.

Vorgehensweise bei Einzelwirkung (Kleinstrauch)

Zuerst schneiden Sie alle beschädigten oder abgestorbenen Triebe bis ins gesunde Holz zurück. Nun wählen Sie je nach Wuchskraft der Sorte drei bis fünf starke Triebe zweiter Ordnung aus, die erhalten werden. Den Rest entfernen Sie am Ansatz. Verzweigungen dritter Ordnung an den verbliebenen Haupttrieben schneiden Sie auf drei bis fünf Augen zurück. Zuletzt kürzen Sie die Haupttriebe so ein, dass jeweils zwei bis drei der Seitentriebe erhalten bleiben. Dadurch baut sich ein kleiner Strauch auf. Starke Triebe aus der Basis werden zur Förderung der Verzweigung um ein Drittel gekürzt.

Die Kleinstrauchrose wird wie die größeren Verwandten von einem luftigen Gerüst aus Trieben gebildet. Es soll ein kleiner Solitärstrauch entstehen.

Aus den wenigen Trieben ...

... bildet sich schnell ein dichter Strauch.

In der Flächenwirkung bleiben deutlich mehr Verzweigungen erhalten als in der Solitärentwicklung. So bildet sich eine dichte Rosenfläche.

Vorgehensweise bei Flächenwirkung (Bodendecker)
Verfahren Sie wie zuvor beschrieben. Erhalten Sie aber die Triebe zweiter Ordnung in voller Länge. Aus den zahlreichen Knospen entwickeln sich wie bei einer Kletterrose viele Seitentriebe, die eine Fläche gut abdecken. Die Triebe liegen durch ihr Eigengewicht etwas dichter am Boden auf.

Bemerkungen/Hinweise
Bei Flächenpflanzungen reicht es aus, diesen Schnitt nur alle zwei Jahre vorzunehmen. Eine in dieser Weise verwachsene Fläche zu schneiden, ist allerdings kein Vergnügen. Es ist wichtig, dass die verwendete Sorte eine hohe Widerstandskraft gegen Blattpilze besitzt, da infolge des Schnittes eine sehr dichte Blattmasse entsteht.

Sommerschnitt

Zielsetzung
Es soll ein starker Folgeflor angeregt werden, ohne den Habitus zu zerstören.

Vorgehensweise
Entfernen Sie zunächst wie bei den Beetrosen die verwelkenden Einzelblüten aus den Blütenständen. Bei den Kleinstrauchrosen sollten Sie aber auf jeden Fall den Rückschnitt der komplett verwelkten Blütenstände auf einmal vornehmen. Kleinstrauchrosen treiben nach diesem Schnitt oft sehr stark durch. Erfolgt der Schnitt nicht an allen Trieben gleichzeitig, entsteht ein sehr ungleichmäßiges Wuchsbild. Der Strauch verliert seine Form und Wirkung. Bei Sorten mit einer sehr hohen Wuchskraft sollte der Schnitt nur vor dem ersten Blatt angesetzt werden. Ist die Sorte schwachwüchsiger, wird am ersten vollständigen Blatt geschnitten.

In der Flächenwirkung werden nur die verwelkten Blütenstände stärker gefüllter Sorten entfernt, damit deren Blütenballen nicht als Brutstätte für Schimmelpilze dienen.

Besonderheiten/Hinweise
Ab September sollte die Rosen zur Ruhe kommen. Einige Sorten bilden sehr schöne kleine Hagebutten aus. Verwandte von *Rosa rugosa* werden wegen ihrer Hagebutten im Sommer überhaupt nicht geschnitten.

Der Schnitt setzt direkt unter dem Blütentrieb an, so wird der Rose nur wenig Laub genommen und sie treibt schnell neue Blüten.

‘Alexander von Humboldt’

(Kordes 2018)

Blüte: leuchtend rot, in Büscheln, ∅ 5–6 cm, öfterblühend
Wuchs: flach niederliegend, 40 cm
Besonderheiten: auch für Halbschatten, sonnenfest, hitzeverträglich

‘Matador®’

(Tantau 2011)

Blüte: hellrot, in dichten Büscheln, ∅ 2–4 cm, fortlaufend
Wuchs: aufrecht buschig, 50–80 cm
Besonderheiten: sehr dunkles Laub

‘Salsa®’ (‘Grugapark-Rose’)

(Tantau 2014)

Blüte: feuerrot, ∅ 4–6 cm, öfterblühend
Wuchs: stark verzweigt, buschig, 50–80 cm
Besonderheiten: Kübelbepflanzung

‘Heidetraum®’

(Noack 1988)

Blüte: karminrosarot, in Dolden, ∅ 4 cm, öfterblühend
Wuchs: buschig überhängend, 70–80 cm
Besonderheiten: DER „echte“ Klassiker

‘Jojo® Peach’

(Noack 2019)

Blüte: außen apricot bis rosa, Mitte gelb mit dunklem Auge, ∅ 6 cm, öfterblühend
Wuchs: buschig breit, bis 50 cm
Besonderheiten: Persica-Typ, sehr sonnenverträglich

‘Lemon Fizz®’

(Kordes 2017)

Blüte: gelb, ∅ 6–7 cm, öfterblühend
Wuchs: aufrecht buschig, 80 cm
Besonderheiten: hitzefest, für Kübelpflanzung

‘Sedana®’

(Noack 2005)

Blüte: cremeorange, ∅ 5 cm, öfterblühend
Wuchs: breit buschig, bis 70 cm
Besonderheiten: harmonischer Kontrast zwischen dunklem Laub und leuchtender Blüte

‘Summer of Love®’

(Kordes 2017)

Blüte: gelb mit kirschrotem Rand, ∅ 5–6 cm, öfterblühend
Wuchs: aufrecht buschig, 80 cm
Besonderheiten: hitzefest, insektenfreundlich

Zwergrosen

Frühjahrsschnitt

Zielsetzung
Bei den allgemein etwas schwächer wachsenden Zwergrosen ist das Ziel, mit dem Schnitt jährlich einen kleinen, buschigen Strauch aufzubauen. Wenn neuere, wüchsigere Sorten zu stark geschnitten werden, entwickeln sie sich oft wie ein schwacher Bodendecker.

Vorgehensweise
Entfernen Sie zuerst alle beschädigten und abgestorbenen Triebe bis ins gesunde Holz. Nun schneiden Sie alle Triebe erster Ordnung. Ist die Sorte sehr kurz verzweigt, bleiben auch Triebe zweiter Ordnung stehen. Bei einer besonders wüchsigen Sorte belassen Sie bis zu sieben Augen. Ist die Sorte in ihrer Entwicklung schwächer, wird jeder Trieb auf drei bis fünf Augen zurückgeschnitten. Wählen Sie die fünf kräftigsten, sich nicht behindernden Triebe aus und entfernen Sie den Rest am Ansatz.

Besonderheiten/Hinweise
Sollten Sie Ihre Zwergrosen in Pflanzkübeln oder großen Töpfen kultivieren, kann es reizvoll sein, wenn die äußeren Verzweigungen leicht über den Topfrand hinaus hängen. Wenn Sie die äußeren Pflanzen etwas stärker schneiden, werden sie zu stärkerem Triebwachstum angeregt, womit Sie genau diesen Effekt erzielen.

Nachdem das beschädigte und erfrorene Holz entfernt wurde, schneidet man fünf kräftige Triebe auf drei bis fünf Knospen zurück. Es können bei den Zwergrosen auch Triebe zweiter Ordnung stehen bleiben.

Sommerschnitt

Zielsetzung
Die Rose soll „sauber“ abblühen und schnell einen starken Folgeflor entwickeln. Eine übermäßige Holzbildung nach dem Rückschnitt soll vermieden werden.

Vorgehensweise
Stärker gefüllte Blüten neigen zum Verkleben. Bei einer kleineren Rose fällt dies besonders negativ auf. Schneiden Sie verwelkende Blüten fortlaufend heraus. Dadurch halten die darunter liegenden Knospen länger und sie können sich auch besser entfalten. Nach dem vollständigen Verblühen erfolgt der Rückschnitt der Blütenstände über dem ersten kräftigen Laubblatt.

Besonderheiten/Hinweise
Gerade Zwergrosen profitieren in ihrer Wirkung von einem gleichzeitigen Rückschnitt der gesamten Pflanze. So bleibt der Habitus erhalten.

Um einen schnellen Folgeflor zu gewährleisten und nicht zu starke Holzbildung anzuregen, werden bei den Zwergrosen nur die Blütenstände über dem ersten Laubblatt entfernt.

‘Limesglut®’

(Pearce/RU 2004)

Blüte: blutrot, ∅ 4 cm, öfterblühend
Wuchs: kompakt buschig, bis 40 cm
Besonderheiten: UV-stabile rot Blütenfarbe

‘Corazon®’

(Kordes 2020)

Blüte: rot, mit weißlicher Außenseite, ∅ 5 cm, öfterblühend
Wuchs: aufrecht buschig, 50 cm
Besonderheiten: geeignet für Töpfe

‘King George I.®’

(Meilland 2014)

Blüte: royal rot, in Dolden, ∅ 4–6 cm, öfterblühend
Wuchs: kompakt buschig, 30–50 cm
Besonderheiten: tolle Laubfarbe zur Blüte, geeignet für Töpfe

‘Bienenweide® Rosa’

(Tantau)

Blüte: rosa, in dichten Dolden, ∅ 2–4 cm, öfterblühend
Wuchs: breit, locker, 50–80 cm
Besonderheiten: insektenfreundlich, geeignet für Töpfe

‘Sternenhimmel®’

(Kordes 2020)

Blüte: helles Zartrosa, in Dolden, ∅ 3–4 cm, öfterblühend
Wuchs: kompakt buschig, 30 cm
Besonderheiten: insektenfreundlich, geeignet für Töpfe

‘Sonnenröschen®’

(Kordes 2005)

Blüte: weiß mit gelbem Auge, ∅ 3 cm, öfterblühend
Wuchs: breit buschig, bis 30 cm
Besonderheiten: hitzeverträglich

‘Schneeküsschen®’

(Kordes 2016)

Blüte: weiß, in Dolden, ∅ 4–5 cm, öfterblühend
Wuchs: breit buschig, 40 cm
Besonderheiten: geeignet für Töpfe

‘Bienenweide® Fruity’

(Tantau 2019)

Blüte: fruity, in Dolden, ∅ 3–4 cm, öfterblühend
Wuchs: kompakt buschig, 40–60 cm
Besonderheiten: bienenfreundlich, besondere Farbe

Wildrosen

Wildrosen werden so groß, wie es ihre Art vorgibt und der Standort ermöglicht. Einen Schnitt wie bei den Zuchtformen gibt es nicht. Wer versucht, eine Wildrose in eine Form zu pressen, wird auf die Dauer ein trauriges „Gestell" erzeugen. Am Naturstandort entwickeln Wildrosen sich zunächst üppig, beginnen nach Überalterung zu kümmern und schließlich einzugehen.

Es gibt jedoch Möglichkeiten, im Garten ihre Vitalität und dadurch ihren besonderen Charme langfristig zu erhalten.

So frei kann sich eine große Wildrose im Hausgarten selten entfalten.

Erhaltungsschnitt

Zielsetzung

Die Rose soll verjüngt werden. Der Strauch baut sich nach dem Schnitt mit neuer Kraft auf.

Vorgehensweise

Dieser Schnitt wird alle vier bis fünf Jahre im Winter erforderlich. Schneiden Sie alle Triebe, die älter als drei Jahre sind, so dicht wie möglich über dem Boden ab. Dadurch wird ein starker Neuaustrieb angeregt und es bleiben dennoch stützende Verzweigungen für die neuen Ruten erhalten. Überlange Ruten am verbleibenden Holz kann man für eine bessere Standfestigkeit im ersten Jahr etwas einkürzen.

Wenn nur wenig jüngeres Holz vorhanden ist, können Sie trotzdem ein bis zwei ältere, gesunde Triebe bis auf 40 cm zurückschneiden. An diesen Triebstücken werden schlafende Augen zum Ausschlagen aktiviert. Der folgende Austrieb versorgt die Rose in folgenden Jahr mit, ohne den Neuaustrieb aus der Basis zu stören.

Die Kartoffel-Rose (*Rosa rugosa*) wird komplett auf diese Art verjüngt. Nur die ältesten, zu dicht stehenden Triebe müssen Sie kurz über dem Boden entfernen.

Um einen gesunden Strauch zu erhalten, können im Winter einige der ältesten Triebe entnommen werden. Zusätzlich ist es möglich, einige der längsten Ruten des Vorjahres durch einen starken Rückschnitt zu Seitenverzweigungen anzuregen.

Eine Wildrose (*Rosa multiflora*) im dritten Jahr nach starkem Rückschnitt.

Besonderheiten/Hinweise

Wenn die Rose sehr dicht geworden ist, dürfen Sie die abgeschnittenen Äste nicht mit Gewalt aus dem Strauch herausziehen. Dadurch würden sehr viele Verzweigungen der jüngeren Triebe abgerissen oder beschädigt. Zerteilen Sie einfach die zu entfernenden Äste.

Pflegeschnitt

Zielsetzung

Der jährliche Pflegeschnitt der Wildrose ist in der Natur unnötig, im Garten eher eine ästhetische Frage. Man will damit im Frühjahr behutsam das Aussehen des Strauches durch Ausputzen korrigieren.

Vorgehensweise

Schneiden Sie abgestorbene und beschädigte Triebe bis in das Strauchinnere zurück, sodass sie im Sommer unter dem Laub verschwinden. Als Stütze für die überhängenden Zweige benötigt eine größere Wildrose im Innern des Strauches sogar einen Anteil Totholz.

Besonders lange Aufsitzer können ebenfalls etwas eingekürzt werden, wenn sie das „Idealbild" des natürlichen Habitus stören. Ansonsten sollten Sie nur die Fruchtstände des Vorjahres entfernen.

Bemerkungen/Hinweise

Vorsicht beim Korrekturschnitt an einer Wildrose! Schnell zieht ein Scherenansatz den nächsten nach sich und der ganze Habitus wird verändert. Unter Umständen löst man damit einen unnatürlichen Austrieb in diesem Jahr aus.

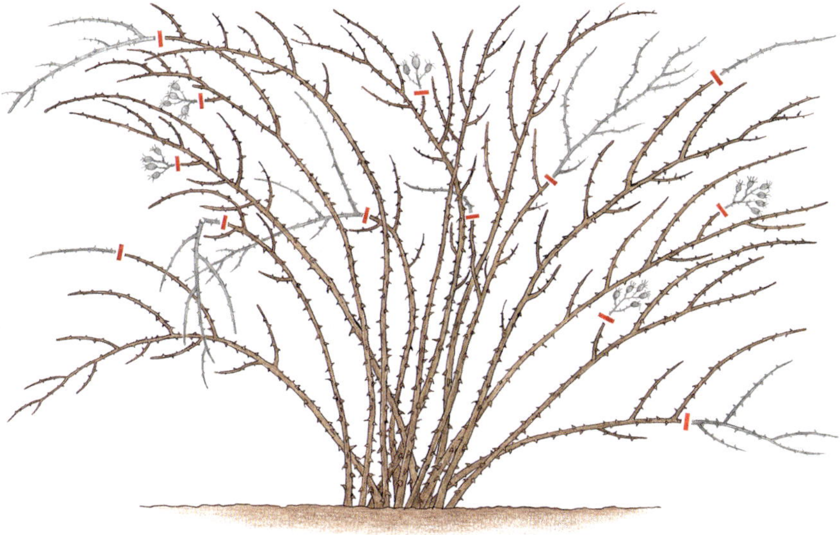

Als jährlicher Pflegeschnitt kommt bei den Wildrosen nur der Rückschnitt verletzter oder abgestorbener Triebe und alter Fruchtstände in Frage. Eventuell können einige überlange Triebspitzen zur „Formvollendung" leicht eingekürzt werden.

Rosa moyesii

Herkunft: Westchina
Blüte: karmesinrot, ∅ 4 cm, Juni/Juli
Frucht: klein, leuchtend orange
Wuchs: starkwüchsig, überhängend, 300 × 180 cm, regelmäßige Verjüngung nötig
Besonderheiten: Eine der seltenen, wirklich roten Wildrosen! Halbschatten erwünscht.

Rosa gallica

Herkunft: Europa
Blüte: dunkelrosa, ∅ 3 cm, Juni/Juli
Frucht: braunrot
Wuchs: leicht überhängend, 100 × 80 cm
Besonderheiten: Ausläufer bildend, wünscht keine Sandböden

Rosa rugosa

Herkunft: Japan
Blüte: lilarosa, ∅ 5 cm
Frucht: groß, rot
Wuchs: aufrecht, 150 × 100 cm
Besonderheiten: leichte Dauerblüte, gut auf Sandböden

Rosa villosa 'Duplex'

Herkunft: Europa, um 1900 in England gefunden
Blüte: reinrosa, ∅ 9 cm, Juni/Juli, mit einer Nachblüte
Frucht: wenige, orangerot, 3 cm
Wuchs: aufrecht, 150 × 120 cm
Besonderheiten: reichlich duftend

Rosa glauca

Herkunft: Osteuropa
Blüte: zartrosa, ∅ 4 cm
Frucht: oval, dunkelrot
Wuchs: überhängend, 180 × 180 cm
Besonderheiten: Triebe und Laub purpurrot

Rosa pimpinellifolia

Herkunft: Europa
Blüte: weiß, in Dolden, einfach, ∅ 4 cm, intensiver Duft, Mai/Juni
Frucht: klein, schwarzbraun
Wuchs: schwachwüchsig, 100 × 120 cm
Besonderheiten: Ausläufer bildend, Sandböden

Rosa multiflora

Herkunft: Ostasien
Blüte: weiß, in Dolden, ∅ 2 cm, Juni/Juli
Frucht: klein, rot
Wuchs: starkwüchsig, überhängend, 200 × 200 cm
Besonderheiten: regelmäßiger starker Rückschnitt fördert die Blühleistung

Rosa hugonis

Herkunft: China
Blüte: goldgelb, ∅ 5 cm, Mai
Frucht: rot/schwarz
Wuchs: starkwüchsig, bogig überhängend, 200 × 200 cm

Hochstammrosen

Frühjahrsschnitt

Der Schnitt der Hochstammrosen verfolgt ein anderes Ziel als der übliche Schnitt derselben Sorte auf Beethöhe. Im Beet wird weit weniger Wert auf einen möglichst symmetrischen Aufbau der Pflanze gelegt, als dies eine Hochstammkrone verlangt. Gleichzeitig stellt der Stamm ein „Nadelöhr" für die Nährstoffversorgung der Rose dar.

Durch einen qualitativ hochwertigen Hochstamm mit mindestens drei veredelten Augen ist der Grundstein für eine gleichmäßigen Kronenbildung gelegt.

Zielsetzung

Die Veredlungsstellen sollen durch die Anregung von frischen Austrieben vital gehalten werden.

Vorgehensweise

Auch hier schneiden Sie zuerst alle beschädigten, abgestorbenen und zu schwachen Triebe bis ins gesunde Holz zurück. Aus jeder Veredlungsstelle sollten zwei bis drei Austriebe mit der entsprechenden Verzweigung gefördert werden.

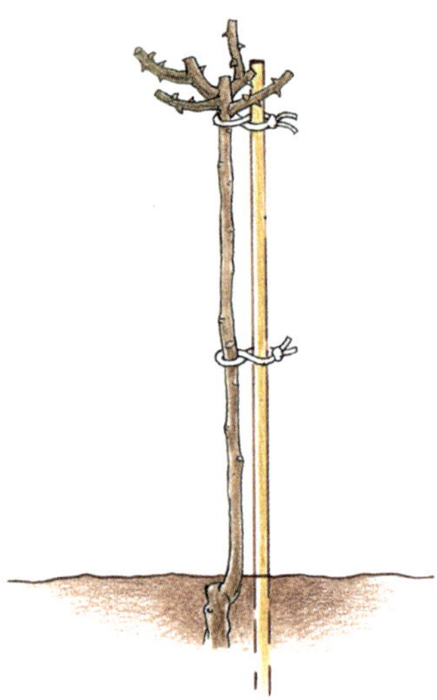

Die Rose nach dem Frühjahrsrückschnitt im 2. Standjahr.

Die Rose nach dem Rückschnitt im 3. Jahr. Eine erste Krone ist entstanden.

So ist es möglich, durch Entfernen eines alternden Austriebs eine Verjüngung aus dieser Veredlungsstelle anzuregen, ohne die ganze Krone zu zerstören. Der grundsätzliche Schnittansatz erfolgt entsprechend der veredelten Sorte.

Bei besonders stark treibenden Sorten, wie zum Beispiel vielen Edelrosen oder Kleinstrauchrosen, sollten die Verzweigungen jedoch etwas weniger geschnitten werden. Sonst regt der Schnitt zur Bildung labiler Langtriebe an, die unter Windlast leicht ausbrechen. In solch einem Fall bleiben fünf Augen stehen, um kürzere Austriebe zu erzielen. Zwergrosen und Beetrosen sind in dieser Beziehung unproblematischer.

Besonderheiten/Hinweise

In einem Hochstamm kann es nötig sein, die oberste Knospe bewusst nach innen stehen zu lassen, um eine Lücke in der Kronenmitte zu füllen.

Sommerschnitt

Der Sommerschnitt zur Förderung des Folgeflors wird entsprechend der Klassenzugehörigkeit der Sorte durchgeführt.

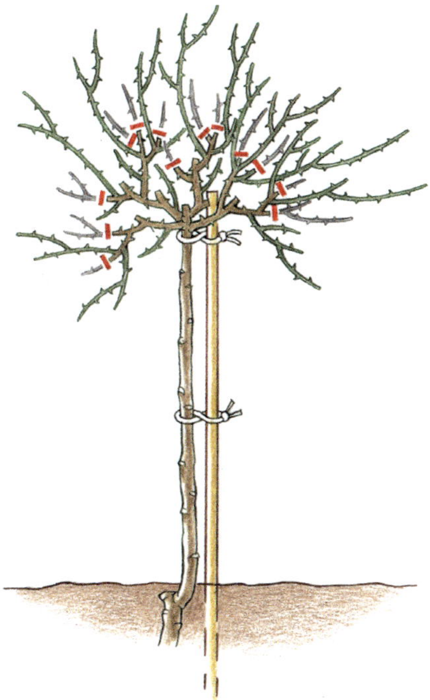

Rückschnitt und Verjüngung der Rose im 4. Jahr. Durch Absetzen älterer Verzweigungen werden Seitenknospen gefördert.

Rückschnitt und Verjüngung der Rose im 5. Jahr.

Frühjahrsschnitt von Kaskadenrosen

Kaskadenrosen sind Hochstämme mit einer Kletterrosenveredlung. Ihr Aufbau dauert mehrere Jahre und so besitzt sie wesentlich mehr Holzmasse auf dem Stamm. Deshalb sollten nur qualitativ hochwertige Stämme als Unterlage verwendet werden, um eine ausreichende und dauerhafte Versorgung der Krone zu gewährleisten.

Zielsetzung

Die Rose soll sich wie eine Schleppe aus Blütenranken rund um den Stamm entwickeln. Die Triebe dürfen dabei bis fast zum Boden reichen.

Vorgehensweise

Verfahren Sie wie zuvor schon beschrieben. Die Langtriebe der Rose, die eigentlich bei der Kletterrose nach

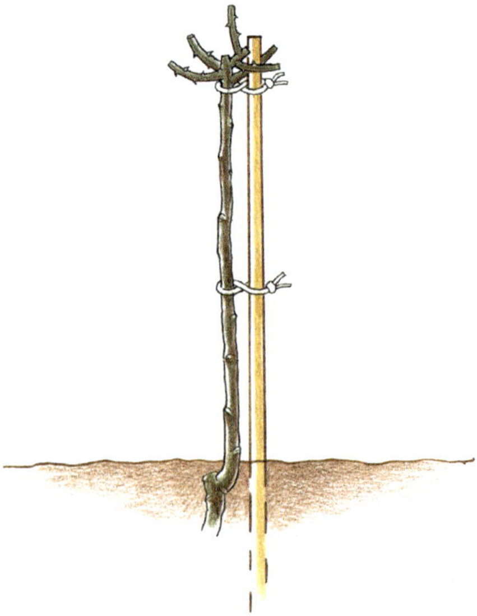

Die Rose nach der Pflanzung (1. Jahr).

Die Rose nach dem Frühjahrsschnitt im 2. Jahr. Erste Langtriebe bleiben zur „Schleppenbildung“ stehen.

oben gezogen werden, sollen hier in Bögen herabhängen. Deshalb werden sie zunächst nicht geschnitten.

Um eine stärkere Seitenverzweigung anzuregen, kann jedoch die Spitze eines ausreichend langen, einjährigen Triebes etwas eingekürzt und damit das Längenwachstum gestoppt werden. Haben sich wiederum an einem mehrjährigen Trieb schon lange Aufsitzer gebildet, werden diese im Gegensatz zur „normalen" Kletterrose eingekürzt, da die Rose sonst schnell aus der Form gerät. Der stärkste Aufsitzer bildet sich gewöhnlich auf dem Scheitelpunkt.

Im 3. Jahr sind die Schleppen deutlich länger geworden. Es erfolgt der typische Kletterrosenschnitt. Durch das Blatt- und Blütengewicht senken sich die Triebe noch deutlich herab. Die Kaskadenwirkung ist perfekt.

Die Rose hat im 4. Jahr meist genug Schleppen gebildet, dass durch ein Absetzen einer Schleppe (siehe Kasten) eine jüngere gefördert werden kann. Gleichzeitig wird ein stärkerer Austrieb angeregt. Dieser wird im folgenden Jahr wieder zur Verjüngung genutzt.

Dieser wird nur bis auf fünf bis sieben Augen zurückgeschnitten, da dort wieder ein starker Austrieb zu erwarten ist und die Kraft auf viele Knospen verteilt werden soll. Die anderen Seitentriebe, Träger der blütentragenden Kurztriebe, schneiden Sie zur „Hühnerleiter“. Es besteht die Möglichkeit, einen kräftigen Aufsitzer als Verjüngung für den Haupttrieb zu nutzen, indem Sie den älteren Trieb hinter dem jüngeren kappen.

Besonderheiten/Hinweise
Setzen Sie von Anfang an einen besonders stabilen Rosenstab an den Kaskadenstamm. Sonst kann Ihre Hochstammrose wegen der Kopflastigkeit leicht vom Wind umgeworfen werden.

Absetzen einer Schleppe.

Sommerschnitt von Kaskadenrosen

Zielsetzung
Ein schneller Folgeflor soll eingeleitet werden, um Langtriebe für das kommende Jahr zu gewinnen.

Vorgehensweise
Die Blütenstände werden nach dem vollständigen Abblühen nur bis zum ersten Blatt zurückgeschnitten. Ein stärker angesetzter Schnitt würde zu Lasten der Blüten gehen und die Holzbildung anregen. Einige, sich vorteilhaft für den Aufbau entwickelnde Langtriebe bleiben ungeschnitten bis zum nächsten Frühjahr.

Nur der Blütenstand wird bei der Kaskade entfernt.

Oben: Nach dem Rückschnitt verbleibt ein scheinbar spärliches Gerippe, dessen Entwicklung bis zum Sommer aber überzeugt (rechte Seite).

'Rose de Resht'

(eingeführt 1950)

Blüte: hell purpurrot, ∅ 4–6 cm, remontierend
Wuchs: aufrecht buschig
Besonderheiten: Damaszener-Rose

'Perennial Blue'

(Tantau 2008)

Blüte: violett-blau, in dichten Büscheln, ∅ 2–3 cm, remontierend
Wuchs: überhängend (Kaskade)
Besonderheiten: einzigartiges Farbspiel der Blüte

'Leonardo da Vinci®'

(Meilland 1993)

Blüte: dunkelrosa, in Dolden, ∅ 7–9 cm, öfterblühend
Wuchs: aufrecht buschig
Besonderheiten: nostalgische Blüte, ein „Klassiker“

'Apfelblüte®'

(Noack 1990)

Blüte: weiß, in Büscheln, ∅ 4 cm, öfterblühend
Wuchs: überhängend (Kaskade)
Besonderheiten: Insektenmagnet

‘Lions-Rose®’

(Kordes 2002)

Blüte: cremeweiß mit rahmgelber Mitte, ∅ 8–10 cm, öfterblühend
Wuchs: aufrecht, buschig
Besonderheiten: regenfeste Farbe

‘Golden Age’

(Nirp 2014)

Blüte: gelb, in dichten Büscheln, ∅ 5 cm, öfterblühend
Wuchs: überhängend (Kaskade)
Besonderheiten: sehr sonnenfeste Farbe

‘Ghislaine de Féligonde®’

(Turbat 1916)

Blüte: gelborange/apricot, ∅ 4 cm, remontierend
Wuchs: überhängend (Kaskade)
Besonderheiten: Hybride der Art *Rosa multiflora*, verträgt Halbschatten

‘Westpoint®’

(Noack 2011)

Blüte: blutorange, ∅ 6 cm, öfterblühend
Wuchs: buschig aufrecht
Besonderheiten: frühe Blüte mit reichem Folgeflor

Infoplus

Was Sie noch wissen sollten über Düngung, Wässern, Pflanzenschutz, Winterschutzmaßnahmen und Klettervorrichtungen für Rosen.

Düngung

Das Pflanzenwachstum, aber auch Auswaschung und Ausgasung senken den Nährstoffgehalt im Boden. Die humosen Bestandteile werden über Jahre hinweg durch das Bodenleben zersetzt und die gebundenen Nährstoffe für die Pflanzen verfügbar gemacht. Dadurch sinkt der Humusgehalt. Schnittmaßnahmen zwingen die Rose, immer neue Pflanzenmasse aufzubauen, ohne dass das geschnittene Material dem Boden wieder zugeführt würde und ein Kreislauf entstehen könnte. Sogar die abgefallenen Rosenblätter werden aus dem Beet entfernt, da sie potenzielle Träger von Sporen schädlicher Blattpilze sind. Sie sollen in der Mülltonne entsorgt werden. Nur durch gewissenhafte Pflege des Bodens kann man ihn dauerhaft als wertvollen Rosen-Standort erhalten. Die Düngung ist ein Bestandteil der Bodenpflege und des Pflanzenschutzes. Nur eine richtig ernährte Pflanze ist auch eine widerstandsfähige Pflanze!

Es lohnt sich auf jeden Fall, etwa alle fünf Jahre eine Bodenanalyse machen zu lassen. Dadurch können Sie genau verfolgen, wie sich Ihre Pflegemaßnahmen auf den Boden auswirken. Eine Bodenanalyse sollte den Gehalt der wichtigsten Nährstoffe und Spurenelemente umfassen. Das ausführende Labor spricht dann auch eine entsprechende Düngeempfehlung aus.

Was, wann, wie viel?

Je nach Düngerart kann die benötigte Menge stark variieren. Von mineralischen NPK-Düngern, zum Beispiel Blaukorn oder Floranid, werden im April 80 g/m² gegeben und im Juni noch einmal 50 g/m². Damit ist die Rose versorgt. Mineralische Langzeitdünger liegen bei 120–150 g/m² für sechsmonatige Wirkung. Beachten Sie bei solchen Düngern immer die Herstellerangaben.

Die Aufwandmenge liegt bei organischen NPK-Düngern aufgrund des geringeren Nährstoffgehaltes pro Gramm und des Anteils an Hornspänen, die als Langzeitdepot dienen, deutlich höher. Im März sind 150 g/m² und im Juni noch einmal 150 g/m² auszubringen.

Die Angaben zur Düngermenge bei speziellen Rosendüngern könnten unterschiedlicher nicht sein. Bei den flüssigen Formen sind es 3 × 30 g/m², bei den teilorganischen Streuformen bis zu 3 × 150 g/m². Langzeitformen beschränken sich auf einmalig 120–150 g/m². Bitte richten Sie sich auch hier stets nach den Herstellerangaben.

Welchen Dünger Sie auch verwenden: Wichtig ist, dass die Nährstoffe gleichmäßig freigesetzt werden und von April bis August zur Verfügung stehen – dann, wenn die Rose sie braucht. Ab Mitte Juli darf auf keinen Fall stickstoffhaltiger Dünger ausgebracht werden, da die Rose sonst bis in den Herbst zu stark wachsen würde. Sie hätte nicht genügend Zeit, das Verholzen der neuen Triebe vor dem Winter abzuschließen.

Wässern

Wasser ist wichtig für das Leben, auch bei Rosen. Ihre Strategie, sich auch bei lang anhaltender Trockenheit noch mit Wasser zu versorgen, ist die Ausbildung langer, in tiefere Bodenschichten reichender Wurzeln. Nach wenigen Jahren haben sie eine Tiefe von 60–100 cm erreicht. Dort finden sie unter normalen Bedingungen immer ausreichend Feuchtigkeit. Wann sollte eine Rose dennoch gewässert werden und wie viel Wasser braucht sie?

- Eine frisch gepflanzte Rose wird angegossen. Pro Quadratmeter sind dafür 20 l nötig. Dann ist der Boden tief durchfeuchtet. Sollte es nach der Pflanzung nicht regnen, braucht die Rose nach zwei bis drei Wochen wieder eine Wassergabe.
- Nach der Düngung muss bei Trockenheit gewässert werden, da sonst der Dünger nicht umgesetzt werden kann. Gerade an heißen Tagen geht sonst viel Stickstoff an die Luft verloren.
- Nach einer längeren Hitzeperiode können sich die Blätter der Rose leicht wellen, die Blüten zeigen einen Kümmerwuchs und halten nur wenige Tage. Dann hilft eine Wassergabe von 30 l/m². Aber selbst drei Wochen Hitze vertragen Rosen, ohne Schaden zu nehmen.
- Bewässern Sie am besten am Abend nach Sonnenuntergang oder in der Nacht. Dann sinkt die Temperatur und das Wasser kann ungehindert einsickern. Durch Bewässerung am Tag kommt es mit hoher Wahrscheinlichkeit zu einer Blattpilzerkrankung, außerdem können nasse Blätter durch den Brennglaseffekt Schaden nehmen. Versuche in der Schweiz (Woessner 1978) ergaben, dass eine Bewässerung über Nacht in Bezug auf den Pilzbefall keinerlei negative Auswirkungen hat. Unabhängig von Zeitpunkt der Wassergabe sollten Sie aber immer darauf achten, die Blätter und Blüten möglichst nicht zu benetzen. Deshalb bietet es sich an, mit einem Schlauch oder einem langen Gießstab zwischen den Pflanzen zu wässern. Dadurch haben Pilze es auf jeden Fall schwerer und die Blüten verkleben nicht.

Aber auch wenn Sie Ihre Rosen nicht gießen, wachsen werden sie trotzdem. Nur eben langsamer.

Pflanzenschutz

Pflanzenschutz ist, wie der Name schon sagt, weit mehr als nur der Einsatz von biologischen oder industriellen Präparaten. Diese Mittel kommen eigentlich erst dann zum Einsatz, wenn bereits eine Schädigung eingetreten ist.

- Der erste Schritt, Ihre Pflanzen zu schützen: Eine optimale Kultur, bei der Sie die bestmöglichen Lebensbedingungen für Ihre Rosen schaffen.
- An zweiter Stelle steht die Sortenwahl. Die Züchter bieten ein immer breiteres Sortiment mit hoher Widerstandskraft an, gerade gegen blattschädigende Pilze. Das ADR-Symbol (Allgemeine Deutsche Rosenneuheitenprüfung) kennzeichnet die als besonders robust geltenden Vertreter.
- Der dritte Schritt ist die regelmäßige Kontrolle Ihrer Rosen, das Hinter-

fragen von Veränderungen und gegebenenfalls die umgehende Reaktion darauf. Dies setzt ein gewisses Interesse und Verständnis für die Entwicklung der Rosen und auch deren „Feinde“ voraus. So können Sie durch vorbeugende Maßnahmen den Präparateinsatz deutlich vermindern.

Vorbeugen gegen Schadpilze

- Ein gut durchlüfteter und weiter Stand, vor allem bei stark belaubten Rosensorten, ermöglicht den Blättern das schnelle Abtrocknen. An trockenen Blättern können sich Pilzsporen schwerer ansiedeln. Die ideale Pflanzdichte beträgt 4 Pflanzen/m² bei Beet-, Edel- und Bodendeckerrosen, 2–3 Rosen/m² bei Kleinstrauchrosen und maximal eine Strauchrose auf den Quadratmeter. Ein solch weiter Stand verringert das Pilzrisiko bis um die Hälfte.

Tipp

Erfahrungen aus dem Rosengarten Zweibrücken

Im Rosengarten in Zweibrücken setzten wir das Präparat Vitanal sauer Kombi als Stärkungsmittel ein. Es wird mit der Pflanzenschutzspritze 0,2 %ig ausgebracht. Schon bei der Blattentwicklung kann eine deutlich positive Entwicklung festgestellt werden. Die Laubblätter sind üppiger ausgebildet.
Auch bei den typischen „Zeigersorten“ tritt während der Knospenentwicklung praktisch kein Echter Mehltau auf. Die folgenden Blüten zeigen eine besondere Farbintensität.

Pflanzenstärkungsmittel der verschiedenen Hersteller haben sich in der Praxis bewährt.

- Die Düngung ist der zweite Pfeiler einer guten Kultur. Sie sollte angemessen und nicht übertrieben sein.
- Die heute zugelassenen Präparate zur Pilzbekämpfung können Sie in Ihren Bemühungen unterstützen. Sie hemmen aber lediglich die Entwicklung der Pilze. Wenn eine Infektion auftritt, kann auch im günstigsten Fall der Schaden nur eingedämmt werden. Deshalb ist eine frühzeitige, vorbeugende Behandlung angeraten. Sollten Sie eine empfindliche Sorte besitzen, müssen Sie bei feucht-warmem „Pilzwetter“, wie im Weinbau schon lange üblich, spritzen. Befallene Blätter werden abgezupft oder aufgesammelt und im Restmüll entsorgt. Wenn Sie derart vorgehen, wirken die zugelassenen Mittel mehr als ausreichend.

Tipp

Ein frühzeitiger Einsatz eines sanft wirkenden Mittels ist besser als die späte „chemische Keule“!

Häufige Schadpilze an Rosen

Ring- oder Blattfleckenkrankheit

Dieser Erreger ist in den letzten Jahren auf dem Vormarsch. Auf der Blattoberfläche bilden sich zuerst rötlich orange runde Flecken, die aus der Mitte heraus absterben. Besonders dicht belaubte Strauch- und Kletterosen sind davon betroffen.
Auslöser: feucht-warme Witterung.

Ringfleckenkrankheit an Rosen

Falscher Mehltau

Sternrußtau

Rosenrost (an 'New Dawn')

Echter Mehltau

Botrytis (an 'Chapeau de Napoleon')

Sternrußtau
Weit verbreitet unter den blattschädigenden Pilzen. Es bilden sich grob sternförmige, schwarze Flecken auf den Blättern. Diese verfärben sich durch den gestörten Stoffwechsel gelb und fallen schließlich ab.
Auslöser: feuchtes Wetter im Sommer begünstigt die Infektion.

Echter Mehltau
Auf der Blattoberseite von jungen Blättern und an den Knospen bildet sich ein mehliger, grauweißer Pilzbelag. Die Blätter werden stark wellig.
Auslöser: trockene, warme Sonnentage, mit Taubildung in der Nacht.

Falscher Mehltau
Auf der Blattoberseite ist zuerst ein rötlicher Schimmer zu erkennen, der später zu rötlichen Flecken wird. Auf der Blattunterseite bildet sich ein grauer Pilzrasen. Die Blätter bleiben haften.
Auslöser: feucht-warmes Wetter.

Rosenrost
Auf der Blattunterseite bilden sich orangerote Pusteln, später sind auf der Oberfläche helle Flecken zu sehen. Im Herbst verfärben sich die Pusteln schwarz.
Auslöser: feucht-warmes Wetter, außerdem begünstigen sonnige Lagen mit Schatten am Nachmittag den Befall.

Botrytis
Die große Gruppe der Grauschimmelpilze zeigt sich an Laubblättern zuerst durch gelbe, sich später braun verfärbende Flecken. Dies tritt besonders an den Blattspitzen auf. Der Pilzrasen ist ohne Lupe kaum zu erkennen. Blüten und Knospen stark gefüllter Rosensorten verkleben und werden braun.
Auslöser: regenreiche Sommertage.

Vorbeugen gegen Schädlinge
Die tierischen Schädlinge können Sie durch ihre natürlichen Gegenspieler dezimieren. Räuberisch lebende Insekten und unsere heimische Vogelwelt sind ausdauerndere Jäger als jeder Gartenbesitzer. Durch Nistmöglichkeiten und eine abwechslungsreiche Bepflanzung schaffen Sie Lebensräume für Nützlinge. Eine artenreiche Pflanzung erschwert auch eine Massenvermehrung der Schädlinge. Wie bei den Pilzen ist auch bei den tierischen Schädlingen eine gute Düngepraxis ein wichtiger Schritt zur Vorbeugung. Meist entwickeln sich die räuberischen Nützlinge nach den Schädlingen, da erst dann eine ausreichende Nahrungsgrundlage vorhanden ist. Ein früh eingesetztes biologisches Präparat, das die Nützlinge schont, wird die Schädlinge auch nicht vollständig vernichten – aber es verschafft den Raubinsekten die nötige Entwicklungszeit, um wirksam werden zu können.

Häufige Schädlinge an Rosen

Blattläuse
Blattläuse lassen sich aus keinem Garten vollständig vertreiben. Durch eine ausgeklügelte Vermehrungsstrategie und die Beweglichkeit der geflügelten Nachkommen sind ihre Kolonien extrem widerstandsfähig. Im späten Frühjahr treten sie an den noch weichen Trieben auf. Durch ihre zahllosen

Blattlausbefall an einer Rose

Schaden durch die Rosenblattwespe

Schaden durch Spinnmilben

Fraßschaden mit Frostspanner

Schaden durch die Blattrollwespe

Schadbild des aufwärtssteigenden Rosentriebbohrers mit Fraßkanal (kleines Foto)

Einstiche und die Saugtätigkeit verkrüppeln Triebspitzen und Knospen. Eine üppige Düngung fördert den Befall.

Spinnmilben
Spinnmilben lieben heiße, trockene Lagen. Deshalb treten sie besonders im Hochsommer an Kletterrosen oder in Rosenrabatten an Mauern oder Hauswänden auf. Die Schäden durch die Einstiche führen zu eine blassgrünen, später gelblichen Blattfarbe. Es kann zu vorzeitigem Blattfall kommen. In den Blattachseln kann man die Gespinste beobachten. Durch eine regelmäßige Befeuchtung der gefährdeten Beete und der dadurch gesteigerten Luftfeuchtigkeit, kann ein Befall teils vermindert werden. Ansonsten helfen gegen Spinnmilben nur systemische Präparate gegen stechend-saugende Schädlinge.

Blattrollwespe
Durch die zusammengerollten, nahe beieinander liegenden Blätter ist dieser Schädling leicht zu erkennen. Im Blatt liegt das Gelege der Wespe. Sie tritt für gewöhnlich im Mai auf. Wenn Sie die Blätter umgehend entfernen und im Hausmüll entsorgen, verhindern Sie, dass die Larven im Juli in den Boden wandern und eine neue Population entsteht. Wird der Befall toleriert, wird er von Jahr zu Jahr stärker.

Rosenblattwespe
Die Larven dieser Wespe nagen die Oberseite des Blattes in unregelmäßigen Formen ab. Nur die untere Haut bleibt zurück (= Fensterfraß). Später fällt dieses Teil meist heraus. Wenn dieser Schädling nicht frühzeitig bekämpft wird, kann der Schaden an den Blättern erheblich werden. Eine Bekämpfung ist nur mit einem systemischen Präparat möglich, da die erwachsene Wespe praktisch nicht zu treffen ist.

Frostspanner
Durch die milderen Winter hat die Raupe des Frostspanners als Rosenschädling an Bedeutung gewonnen. Die Fraßschäden können die Rosenpflanze in ihrer Entwicklung erheblich beeinträchtigen. Sobald Sie im Frühjahr die ersten angefressenen Blattränder beobachten, sollten Sie die Rose und benachbarte Pflanzen nach Raupen absuchen. Durch regelmäßige Kontrolle und Vernichtung der Raupen kann größerer Schaden verhindert werden. Wichtige „biologische Helfer“ sind die Meisen.

Rosentriebbohrer
Es gibt zwei verschiedene Rosentriebbohrer: den aufwärts- und den abwärtssteigenden Triebbohrer. Der aufwärtssteigende Vertreter legt sein Ei an den Blattstiel. Die Larven fressen sich seitlich in den Trieb und dann nach oben. Das Wachstum des Rosentriebes wird mit zunehmender Fraßtätigkeit gehemmt. Infolge des eintrocknenden und somit dünner werdenden Triebstückes rücken die Stacheln dichter zusammen und der Befall lässt sich gut erkennen. Wenn Sie den Trieb anschneiden, erkennen Sie den Fraßkanal. Dünne Triebe können sogar aufplatzen. Der abwärtssteigende Triebbohrer legt sein Ei in der jungen Triebspitze ab. Die Larve frisst

sich nach unten in den Trieb. Es entsteht ein Blindtrieb. Beide Arten müssen durch Ausschneiden der befallenen Triebe vor dem Schlupf bekämpft werden. Wird dies unterlassen, nimmt die Population stark zu und es kommt zu massiven Schäden an den Rosen. Bei stärkerem Befall hilft oft nur ein systemisch wirkendes Präparat.

Winterschutzmaßnahmen

Trotz der milden Winter der letzten Jahre brauchen Rosen einen Schutz vor ungünstigen Witterungsbedingungen in der kalten Jahreszeit. In vielen Teilen Deutschlands, so in den Hochtälern der Schwäbischen Alb, ist er unter Umständen sogar wichtiger als zuvor. Es sind nicht die lange anhaltenden Frostperioden mit ausreichendem Schnee, die den Rosen Schaden zufügen.

Wenn die Tagestemperaturen in der Sonne ausreichen, dass die Knospen anschwellen und sich die Triebe beleben, dann zerstört ein Nachtfrost das mit Zellsaft gefüllte Gewebe. Ebenso ungünstig wirkt sich starker Wind an sonnigen Tagen mit Bodenfrost aus. Die Rose verliert Feuchtigkeit aus den Trieben, ohne sie aus dem Boden nachführen zu können. Sie erfriert nicht, sondern die Triebe vertrocknen am Rosenstock. Man muss also die wichtigsten Teile der Rose schützen.
Dies sind:

- die bodennahen Triebe der Busch- und Strauchformen
- die Kletterrosen, vor allem an Hauswänden
- die Stämme und Veredlungsstellen der Stammrosen

Kalidüngung

Ab Mitte Juli sollen Rosen keinen austriebsfördernden Dünger mehr erhalten. Dies sind all jene Dünger die Stickstoff enthalten. Die spät gebildeten Triebe sind kaum frosthart und würden die Pflanze nur unnötig schwächen. Der Mitte August ausgebrachte Kali unterstützt dagegen die wichtige Holzreife und ist ein erster aktiver Winterschutz.

Anhäufeln

Durch das Heranziehen der Erde rund um den Rosenstock wird ein

Die Rose ist vor starken frostbedingte Bodenbewegungen wie Rissbildung oder Auffrieren und Winterwind geschützt.

Durch die Abdeckung werden die frisch gepflanzten Rosen vor Sonne und Wind geschützt.

15–20 cm hoher „Hügel" über das Zentrum der Rose gebildet. Dieser schützt die Haupttriebe mit den tief sitzenden Knospen vor Wind und Sonne. So bleibt der wichtigste Teil jeder Rose, die Basis ihres Wachstums, auf jeden Fall geschützt. Sie können auch alle 2–3 Jahre die Kompost- oder Mistgabe dafür verwenden.

Voraussetzung für das Anhäufeln ist, dass Sie Ihre Rosen nicht zu dicht gepflanzt haben. Sollte dies der Fall sein, decken Sie sie mit Fichten- oder Tannenreisig ab.

Abdecken

Fichten- und Tannenreisig beschattet Ihre Rosen, verhindert so eine Austrocknung und puffert starke Temperaturwechsel. Die Zweige werden schindelartig über die Rosen gelegt. Achten Sie darauf, nicht zu kurze Zweige zu verwenden, da diese sonst leicht verweht werden. Abdeckmaterial können Sie beim Forstamt beziehen. Die zuständigen Forstämter geben darüber Auskunft. Auch Grünschnittlagerplätze sind ergiebige Quellen.

Kletterrosen können Sie ebenso abdecken. Die Zweige werden dann vor die Haupttriebe gebunden. Einfacher ist es jedoch, eine Schilfrohrmatte vor die Pflanze zu stellen oder eine schützende Säule daraus zu wickeln. Die Matten lassen sich über Jahre verwenden.

Stamm und Veredlung sind vor Winterwind und Sonne geschützt.

Stammrosen umlegen

Nicht viele Rosenfreunde haben den Mut, ihre Rosenstämme umzubiegen und abzudecken. Wenn man die natürliche Biegung des Rosenstammes kennt und dabei die korrekte Biegerichtung infolge der Fußstamm-Veredlung beachtet, kann man dies über viele Jahre problemlos tun.

Genauso gut können Sie jedoch auch Ihren Stamm einpacken. Eine Schilfrohrrolle, durch drei Pfosten an ihrem Platz gehalten, ist eine dauerhafte Lösung. Wichtig ist, dass Stamm und Veredlungsstelle bedeckt sind. Mit langem Reisig können Sie auch einen dekorativen „Pilz" bauen. Dabei sollten Sie aber darauf achten, einen wirklich stabilen Rosenstab zu verwenden, sonst kann das Ganze im Sturm oder unter Schneelast umfallen.

Als weitere Alternative bietet sich der immer beliebter werdende Jutesack über der Pflanze an. Größere Trauerstämme bekommen Sie damit aber nur teilweise bedeckt.

Klettervorrichtungen für Rosen

Um Kletterosen ansprechend zu präsentieren, gibt es verschiedene Möglichkeiten. Sie kann einen Eingang betonen, sie kann Schattenspender sein, sie kann begleitend an einem Weg oder gar in einem Beet stehen.

Aus der gestalterischen Aufgabe und der Sortenwahl ergibt sich die Ausführung der Kletterhilfe.

Mit langtriebigen Rosen lassen sich Rankhilfen wie Obelisk, Säule oder Girlanden „garnieren".

Bauliche Kriterien für eine Kletterhilfe **Tipp**

- Rosen brauchen horizontal verlaufende Fixiermöglichkeiten.
- Die Verankerung im Boden muss der Blattmasse und der sich daraus ergebenden Windlast gewachsen sein. Sie sollte mindestens 50–80 cm tief reichen und möglichst in Beton fixiert sein. Ein entsprechendes Schotterfundament würde zu viel Raum einnehmen.
- Die Befestigung an einer Wand muss stabil sein. Ein Zaun benötigt unter Umständen zusätzliche Spanndrähte.
- Das Material der Kletterhilfe sollte eine der Blattmasse entsprechende Tragkraft haben. Dünne Draht- oder Lattengestelle sind generell ungeeignet.
- Bedenken Sie, dass Schutzmaßnahmen für das Material später Schäden an der Rose verursachen können. Sie sollten besser eine hochwertige Ausführung verwenden, die keine aufwendige Pflege braucht.

Obelisk/Säule: Wenn wenig Platz zur Verfügung steht, lassen sich mit Säulen und Obelisken schöne Effekte erzielen. Sie sind vor allem für kleinere Kletterrosen geeignet.

Rosenbogen: Ein Rosenbogen muss 50 cm breiter als der Weg, den er überspannen soll, gebaut werden.
Die Zweige, die den Bogen später umgeben, lassen bei 120 cm Bogenbreite etwa 80 cm Durchgang frei.

Spalier: Das Rosenspalier an der Wand ist wohl die am weitesten verbreitete Variante, da sie am leichtesten zu pflegen ist. Schöne Möglichkeiten ergeben sich auch an Zäunen oder als freistehende Raumteiler.

Laube: Eine der schönsten Verwendungsformen ist wohl die von einer duftenden Kletterrose überwachsene Laube. Dafür sind vor allem wüchsige Sorten geeignet.

Kletterrosen bilden mit einer entsprechenden Rankhilfe duftige Bögen.

Das 1 x 1 des Obstgehölzschnitts

Aufbau von Obstbäumen

Gehölze sind ein System von Verzweigungen. Ohne Schnitteinfluss verzweigen sie sich nach natürlichem, arttypischem Wuchsverhalten. Als Beispiel sei die Süßkirsche *Prunus avium* genannt. Das natürliche Wachstum ist von einer dominanten Mittelachse geprägt. Davon gehen seitlich, in Etagen angeordnet, Verzweigungen ab. Es werden **Astquirle** gebildet.

Wuchsform Baum: Es treiben immer die am höchsten gelegenen Triebe am stärksten aus

Triebe

Wichtig für Schnittmaßnahmen ist die Kenntnis der verschiedenen Triebformen. Man unterscheidet Lang- und Kurztriebe.

Langtriebe sind im Vorjahr gewachsen. Im Jugendstadium des Baumes sind sie für den Kronenaufbau und für die zukünftige Baumform von Bedeutung. Mit wenigen Ausnahmen, z. B.

Wuchsform Strauch: Neue Triebe entstehen vor allem an der Triebbasis

bei der Sauerkirsche 'Schattenmorelle', sind diese über ihre gesamte Länge mit Blattknospen besetzt. Schneidet man sie zurück, wird die Verzweigung gefördert. Lässt man sie ungeschnitten, beispielsweise bei der Pflaume oder Aprikose, werden auch an den Langtrieben im Folgejahr Blütenknospen gebildet.

Stark verjüngte Bäume erzeugen aufgrund des starken Rückschnittes eine Vielzahl von Langtrieben. Charakteristisch dafür sind die weiten Abstände zwischen den Knospen. Deshalb werden sie umgangssprachlich als „**Wasserschoss**" bezeichnet.

Kurztriebe tragen wesentlich zur Blüten- und Fruchtbildung bei. Sie sind aber auch gleichzeitig wieder der Ausgangspunkt für die Bildung neuer Langtriebe, wenn man auf sie zurückschneidet (Ringelspieß). Dieser Kurztrieb, beim Steinobst auch „Bukettspross" genannt, besitzt viele Blütenknospen, die wie ein Strauß angeordnet sind. In der Mitte sitzt eine Blattknospe, die sich durch den Rückschnitt des Zweiges bis zum Bukettspross zum Langtrieb entwickelt.

Auch beim Kernobst finden wir Kurztriebe, die mit zunehmendem Alter gebildet werden. Sie werden als „**Quirlholz**" bezeichnet. Je besser die Belichtung dieser kurzen Fruchttriebe ist, desto länger sind sie leistungsfähig und bringen qualitativ gutes Obst hervor. Das wird besonders bei Spalierformen deutlich.

Für die Kronenerziehung ist weiterhin das Erkennen der sogenannten **Konkurrenztriebe** von Bedeutung. Sie stehen in Konkurrenz zum fortführenden Trieb im Verzweigungssystem. Insbesondere zum senkrecht stehenden Mitteltrieb, der Stammverlängerung, sind Konkurrenztriebe unbedingt zu entfernen. Belässt man sie, würde sich in der weiteren Entwicklung des Baumes eine Doppelkrone entwickeln, da durch die senkrechte Stellung beider Triebe die Wuchskraft gleich stark ist.

Fruchtkuchen mit Ringelspieß

Bukettspross beim Steinobst

Bildung eines Langtriebes aus einem Bukettspross

Der Pfirsich und die Nektarine unterscheiden sich von den anderen Obstarten in der Ausprägung der Triebe, wobei verschiedene Triebformen unterschieden werden müssen. Die Fruchtbildung findet an „wahren“ und „falschen“ Fruchttrieben statt. Gute Fruchtqualitäten erreicht man aber nur von den „wahren“ Fruchttrieben.

Die „wahren“ Fruchttriebe erkennt man daran, dass eine schlanke Blattknospe von einer oder zwei rundlichen Blütenknospen flankiert ist.

„Falsche“ Fruchttriebe besitzen über ihre Länge nur Blütenknospen. Lediglich die Basisknospen und die Spitzenknospe sind Blattknospen. Bei dieser Triebform stehen zu wenige Blätter für die Fruchternährung zur Verfügung.

Die dritte Triebform ist der Holztrieb, der ausschließlich mit Blattknospen besetzt ist. Er ist aber für die Bildung neuer „wahrer“ Fruchttriebe von Bedeutung.

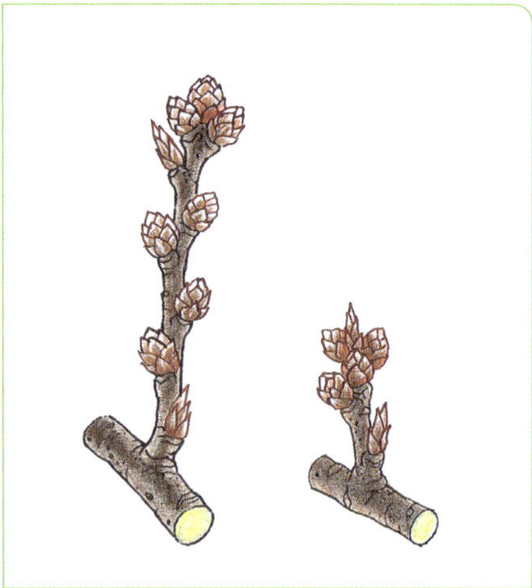

Triebformen beim Pfirsich

Knospen

Die Knospen oder auch Augen genannt, unterscheidet man in Blatt- und Blütenknospen. Befinden sich Knospen

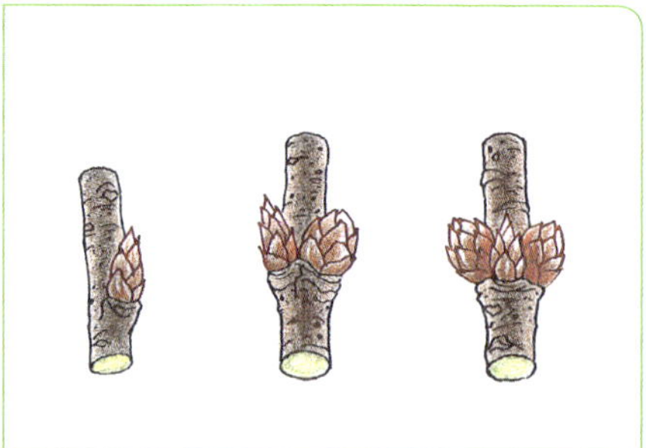

Knospenarten beim Pfirsich

in Blattachseln, sind es Seitenknospen. Beendet eine Knospe die Triebspitze, spricht man von einer Spitzen- oder Terminalknospe. Sowohl Seiten- als auch Spitzenknospe können eine Blatt- oder Blütenknospe sein. Die verschiedenen Obstarten unterscheiden sich in der Knospenart. Das hat einen Einfluss auf die Ertragsbildung und somit auch auf die Schnittmaßnahme. Mancher Gartenfreund schneidet sich durch eine gewisse Unkenntnis jährlich regelrecht den Ertrag weg.

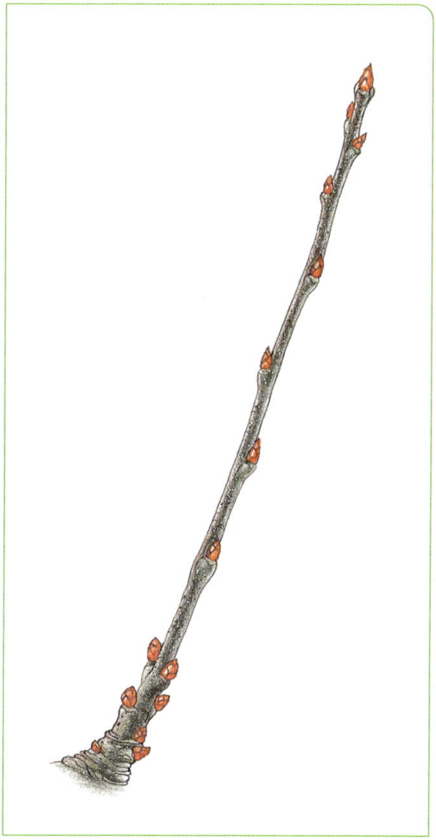

Knospenarten: Seitenknospen, Endknospe

Blütenbildung

Die Kenntnis über die Orte des Blühens und Fruchtens unserer Obstgehölze sind ganz entscheidend für den richtigen Gehölzschnitt. Wer mit wachem Auge durch Gartenanlagen geht, sieht sehr oft Obstgehölze, denen ein regelrechter Bürstenschnitt verpasst wurde. Das heißt, die im Vorjahr gebildeten Langtriebe wurden um ein oder gar zwei Drittel eingekürzt. Damit hat man im Prinzip den Ertrag der kommenden Jahre weggeschnitten. Das Gehölz wird nur immer wieder zum Wachstum angeregt, es werden aber keine Blütenknospen gebildet.

Richtig ist es, Langtriebe nur zu vereinzeln und in eine mehr waagerechte Stellung zu bringen. Dadurch wird die Blütenbildung gefördert.

Der Kurztrieb endet mit einer Blütenknospe

Beim Apfel werden die Blütenknospen an der Spitze des Neuwuchses gebildet. In der Regel handelt es sich dabei um kürzere Triebe. Die meisten und qualitativ wertvollsten Früchte werden am zweijährigen Holz, den Fruchtspießen und Fruchtruten, gebildet. Aus den Fruchtspießen entwickelt sich mit zunehmendem Alter das

Blütenzweig einer Quitte

Quirlholz. Es ergibt jedoch auf Dauer nur minderwertige Früchte.

Die Blüten- und Fruchtbildung der Birne entspricht weitestgehend der des Apfels. Allerdings werden bei der Birne auch vom älteren Quirlholz noch gute Fruchtqualitäten geerntet.

Die Quitte ist das am spätesten blühende Kernobst. Ihre Blüten erscheinen etwa Ende Mai und befinden sich an der Spitze von Kurz- und Langtrieben. Interessant ist bei dieser Obstart, dass zuerst aus der Knospe ein grüner Trieb mit drei bis vier Laubblättern erscheint, an dessen Ende sich eine einzelne Blütenknospe befindet. Die Blütenblätter sind zu einer spitzen Tüte zusammengerollt.

Bei der Süßkirsche fallen die Bukettsprosse als Orte des Blühens und Fruchtens auf. Bukettsprosse entwickeln sich aus Seitenknospen zweijähriger Langtriebe. Beim Bukettspross sind um eine Blattknospe herum viele Blütenknospen angeordnet. Die Blattknospe treibt jedes Jahr aus, sodass der Bukettspross jährlich um einige Millimeter wächst. Außerdem werden bei der Süßkirsche auch an der Basis einjähriger Langtriebe Blütenknospen gebildet.

Die meisten Sauerkirschensorten, beispielsweise die ‘Schattenmorelle’, tragen fast ausschließlich an einjährigen Langtrieben. Bis auf die Spitzenknospe als Blattknospe sind alle Seitenknospen Blütenknospen. Das hat zur Folge, dass nach der Ernte der Früchte der Trieb über seine gesamte Länge verkahlt und weiteres Wachstum zu der bekannten Peitschenbildung führt. Durch jährliche Schnittmaßnahmen muss für eine ausreichende Neutriebbildung gesorgt werden.

Sorten wie ‘Morina’, ‘Karneol’, ‘Ungarische Traubige’ und ‘Safir’ dagegen tragen auch an Bukettsprossen sowie an einjährigen Langtrieben.

Bukettsprosse mit zahlreichen Blütenknospen, die um eine Blattknospe angeordnet sind

Dreijähriger Zweig, an dem sich nur an den einjährigen Bereichen Knospen befinden

Pflaumen, Zwetschen und Mirabellen sowie die Aprikose bilden Blüten seitlich an Lang- und Kurztrieben. Im Unterschied zur Sauerkirsche befinden sich aber auch Blattknospen an diesen Langtrieben, sodass es zu keiner Verkahlung kommt. Außerdem tragen Bukettsprosse zur Fruchtbildung bei.

Beim Pfirsich und der Nektarine werden Blütenknospen an Langtrieben sowie an Bukettsprossen gebildet. Bei den Langtrieben muss man jedoch die „falschen“ und die „wahren“ Fruchttriebe unterscheiden.

Die Blüten der Schwarzen Johannisbeere werden am einjährigen Langtrieb gebildet. Die Höhe des Fruchtertrages hängt somit von der Intensität des Wachstums dieser Langtriebe ab. Bodentriebe haben weniger Blütenknospen als solche, die aus älterem Holz hervorgehen. Rote und Weiße Johannisbeeren blühen und fruchten vornehmlich an Kurztrieben sowie in geringem Umfang an der Basis einjäh-

Ein mehrjähriger Zweig bildet ungeschnitten eine typische Peitsche

Pflaumenbaum in Vollblüte

Blüten der Johannisbeere

Fruchttrieb der Brombeere

riger Langtriebe. Bei der Stachelbeere werden Blüten an kräftigen einjährigen Langtrieben sowie an stachellosen Kurztrieben gebildet. Mit zunehmendem Alter der Kurztriebe lässt die Fruchtbarkeit nach.

Die Brombeere blüht und fruchtet an den im Vorjahr gewachsenen Ruten. Aus den Blattachseln der Ruten treiben Kurztriebe aus, welche die Blüten tragen. Bei der Himbeere unterscheiden wir zwischen denen, die im Sommer reifen, und denen, die im Herbst reifen. Sommerhimbeeren tragen an vorjährig gebildeten einjährigen Ruten. Die Blüten- und Fruchtbildung der Herbsthimbeeren dagegen erfolgt an den Trieben, die bereits in demselben Jahr gewachsen sind.

Kiwis bilden Blüten an der Basis einjähriger Triebe, die aus zweijährigen Trieben hervorgegangen sind. Kräftige Sommertriebe müssen deshalb während der Vegetationszeit eingekürzt werden, damit die Basisknospen zu Blütenknospen umgewandelt werden.

Schnittgesetze

Jede Schnittmaßnahme an einem Gehölz wirkt sich auf die Anzahl und Stärke des Austriebes aus. Deshalb sind die Gesetze der Schnittwirkung zu beachten und bevor man einen Trieb oder Ast weg- oder zurückschneidet, muss man sich über die Reaktion des Gehölzes bewusst sein.

1. Schnittwirkungsgesetz
Durch einen starken Rückschnitt der gesamten Krone wird ein kräftiger, aber zahlenmäßig geringer Austrieb bewirkt.

2. Schnittwirkungsgesetz
Ein schwacher Rückschnitt der gesamten Krone bewirkt einen schwachen, aber zahlenmäßig großen Austrieb.

3. Schnittwirkungsgesetz
Wird in einer Krone ein Teil stark und der andere Teil schwach zurückgeschnitten, so kehren sich die Wirkungen um. Der schwach geschnittene Teil treibt stärker, der stark geschnittene Teil schwächer aus. Die durch den Schnitt verursachte Asymmetrie der Krone wird verstärkt.

Reaktion des Obstbaumes auf die Art und Stärke des Rückschnittes: Der stark zurückgeschnittene Baum treibt mit wenigen, aber starken Zweigen neu aus

Reaktion des Obstbaumes auf die Art und Stärke des Rückschnittes: Der schwach zurückgeschnittene Baum bildet viele, aber schwächere Triebe neu aus

Reaktion des Obstbaumes auf die Art und Stärke des Rückschnittes: Der ungleich geschnittene Baum treibt auf der wenig angeschnittenen Seite stärker, da hier die Äste höher enden; seine Form gerät außer Kontrolle

Triebförderungsgesetze

Die Stellung eines Triebes oder auch Verzweigungssystems innerhalb der Krone bewirkt eine unterschiedliche Förderung der Knospen in ihrem Austrieb. Prinzipiell muss gesagt werden, dass durch den Saftstrom immer diejenigen Knospen im Austrieb gefördert werden, die am weitesten nach oben angeordnet sind. Diese Triebförderungsgesetze sind bei Schnittmaßnahmen unbedingt zu beachten.

1. Spitzenförderung
Bei einer senkrechten Stellung des Triebes wird besonders die Spitzenknospe (Terminalknospe) im Austrieb gefördert. Etwas geringer trifft dies auch für die zwei bis drei darunter befindlichen Knospen zu. Die Spitzenförderung bleibt auch beim Rückschnitt des Triebes erhalten.

2. Triebspitzen und Außenseitenförderung
Hat der Trieb eine schräg nach oben gerichtete Stellung, werden sowohl die Spitzenknospen als auch die an der Außenseite befindlichen Knospen gefördert. Die Stärke des Austriebes aus den Spitzenknospen ist gegenüber der Spitzenförderung vermindert.

3. Oberseitenförderung
Bei waagerechter Stellung der Triebe werden die auf der Trieboberseite befindlichen Knospen gefördert. Die Austriebe sind von der Basis des Triebes bis zur Spitze relativ gleich stark.

4. Scheitelpunktförderung
Bei bogenförmig gebundenen Trieben, bei denen sich Basis und Spitze des Triebes in einer Ebene befinden, werden die Knospen auf dem höchsten Punkt gefördert. Basis- und Spitzenknospen bleiben in ihrer Entwicklung zurück.

5. Basisförderung
Stark nach unten gebogene Triebe erfahren an ihrer Basis den kräftigsten Austrieb. Natürlicherweise ist dieser Effekt bei reichem Fruchtbehang zu beobachten.

Je nach Stellung des Triebes werden die Knospen im Austrieb gefördert

Baum- und Erziehungsformen

Spindel, Busch, Niederstamm, Halbstamm und Hochstamm sind Baumformen, deren Erscheinung bereits durch die Anzuchtmethode in der Baumschule geprägt wird. Eine Spindel kennzeichnet eine durchgängige senkrechte Mittelachse, von der spindelförmig angeordnete Seitentriebe abgehen. Die anderen genannten Baumformen unterscheiden sich in ihrer freien Stammlänge. Beim Busch sind Stammlängen von 40 bis 60 cm üblich. Beim Niederstamm bewegt sich dieses Maß zwischen 80 und 100 cm. Der Halbstamm hat eine Stammlänge von 160 cm und beim Hochstamm beginnt die Krone erst bei 180 cm. Bei diesen Baumformen wird die Krone durch Gerüstäste gebildet. Die Spindelerziehung kann mit Gerüstaststummeln, Gerüstästen oder auch ohne solche praktiziert werden.

Der Erziehung der Obstgehölze in den verschiedenen Formen sind fast keine Grenzen gesetzt. Sie reicht von einer mehr Obstart typischen, naturbelassenen bis zur streng formierten Kronenerziehung. Obstgehölze auf Streuobstwiesen weisen einen natürlichen Kronenaufbau auf. Im Intensivanbau sind Gehölze durch eine geringere Baumhöhe und Kronenausdehnung charakterisiert, damit werden Kulturmaßnahmen und Schnitt optimiert. Sehr intensiv in der Erziehung und auch späteren Unterhaltung sind alle Formen der Spaliererziehung. Sie reichen vom senkrechten Schnurbaum über die U-Form bis hin zu den verschiedensten Varianten der Palmetten, z. B. Verrier-Palmette.

Das Beerenobst (Johannisbeere und Stachelbeere) kann in der Baumschule unterschiedlich herangezogen werden. Hier unterscheiden wir den Busch (Strauch) mit mindestens drei bis vier Trieben sowie das Fußstämmchen mit einer Stammlänge von etwa 30 cm und den Beerenobststamm mit 100 cm Stammlänge. Während der Busch sowie das Fußstämmchen über Abrisse oder Steckholz herangezogen werden, ist der Beerenobststamm veredelt.

Himbeeren und Brombeeren erhalten wir als Ruten, die in der Baumschule bereits meist auf etwa einen Meter Länge geschnitten sind. Am Wurzelbereich befinden sich **Adventivknospen**, die im Frühjahr nach der Pflanzung zu neuen Ruten austreiben.

Kiwis sind zweihäusige Pflanzen (männliche und weibliche) und werden unveredelt oder veredelt als Containerware angeboten. Das heißt, beide Partner sind gemeinsam im Container gepflanzt oder gemeinsam auf einer Unterlage veredelt. Problematisch ist, dass die Wuchsstärke der männlichen Kiwi deutlich über derjenigen der weiblichen Pflanze liegt.

Das hat zur Folge, dass die weibliche Pflanze später unterdrückt wird und im schlimmsten Fall abstirbt. Gemeinsam gepflanzte Kiwis im Container sollten deshalb getrennt am Standort gepflanzt werden. Bei veredelten Kiwis ist der männliche Teil im Wachstum zu bremsen. Er ist im Ertragsalter nur als Pollenspender zu betrachten und kann nach der Blüte stark zurückgeschnitten werden.

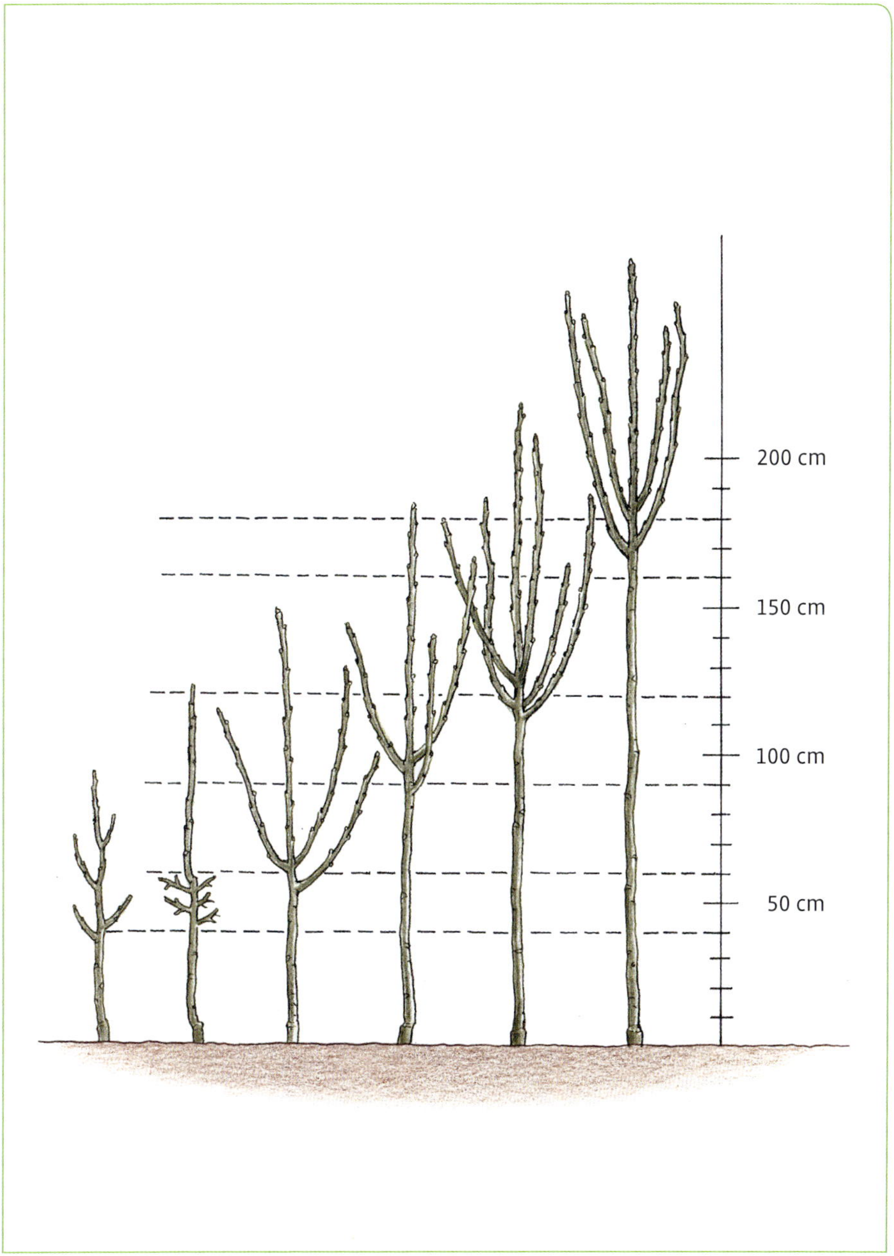

Baumformen unterscheiden sich besonders in der Stammlänge

Obstunterlagen

Die Verwendung von Obstunterlagen bietet Vorteile hinsichtlich des Einflusses auf die Wuchskraft der Obstsorte selbst und damit verbunden auf den Zeitraum bis zum Ertragseintritt. Allgemein kann man deshalb sagen, je stärker ein Obstgehölz wächst, desto später setzt der Ertrag ein. Das Lebensalter wird ebenfalls durch die Unterlage beeinflusst. Gehölze auf schwach wachsenden Unterlagen haben eine Lebensdauer von etwa 15 bis 20 Jahren. Auf stark wachsenden Sämlingsunterlagen kann die Lebenserwartung über 50 Jahre erreichen.

Mit der richtigen Unterlagenwahl können aber auch unterschiedliche Bodenverhältnisse (Wuchskraft des Bodens oder Kalkgehalt) ausgeglichen werden. Für die meisten Obstarten stehen schwach, mittelstark und stark wachsende Unterlagen zur Verfügung. Je kräftiger ein Boden ist, desto geringer muss die Wuchskraft der Unterlage sein. Bei leichteren, sandigen Böden muss die Unterlage stärker wachsend sein.

Apfelunterlagen

Die Apfelunterlagen finden Sie in unten stehender Tabelle.

Birnenunterlagen

Die Birnenunterlage Quitte EM A (Quitte d'Angers) wird am häufigsten

Tab. 1 Apfelunterlagen

Unterlage	Wuchsstärke	Bodenanspruch	Besonderheiten
Malus 9	schwach	nährstoffreiche, mittelschwere bis schwere Böden	Ein Baumpfahl ist zeitlebens erforderlich. Die schnelle Vergreisung erfordert jährlichen Schnitt. Frühzeitiger Ertragseintritt.
MM 106	schwach bis mittelstark	für alle Böden geeignet, keine Staunässe	Ausreichende Standfestigkeit. Früher Ertragseintritt und gute Fruchtqualität.
Malus 26	mittelstark	mindestens mittlere Böden	Ein Baumpfahl ist zeitlebens erforderlich. Frühzeitiger Ertragseintritt.
Malus 11	stark	für alle Bodenarten geeignet	Hohe Standfestigkeit. Später Ertragseintritt. Bewirkt kleinere Früchte mit geringerer Ausfärbung.
A 2 (Sämling)	sehr stark	für alle Bodenarten geeignet	Hohe Standfestigkeit. Sehr später Ertragseintritt. Bewirkt kleinere Früchte mit geringerer Ausfärbung.

Natürliche Kronenentwicklung bei Bäumen einer Streuobstwiese

Einfluss der Obstunterlage auf die Wuchsstärke des Gehölzes (nach: „Der Obstbaum", Fischer Verlag, verändert)

Süßkirschensorte 'Kordia' auf einer schwach wachsenden Unterlage

Süßkirschensorte 'Kordia' auf Prunus avium F 12/1

verwendet. Etwas schwächer wachsend ist Quitte Adams. Für Halb- und Hochstämme werden vorrangig Sämlingsunterlagen verwendet. Da es bei einigen Birnensorten Unverträglichkeit mit der Quittenunterlage gibt, wird beispielsweise 'Gellerts Butterbirne' als Zwischenveredlung eingesetzt.

Quittenunterlagen

Die Quitten werden auf Quitte EM A (Quitte d'Angers) oder auch Quitte Adams veredelt.

Süßkirschenunterlagen

Früher wurden am häufigsten Sämlinge der Vogelkirsche *Prunus avium* als Unterlage für Süßkirschen verwendet. Diese Unterlage bewirkt ein sehr starkes Wachstum und dementsprechend einen sehr späten Ertragseintritt. Durch intensive Züchtungsarbeit gibt es heute für die Süßkirsche Unterlagen, die das Wachstum mindern und den Zeitraum bis zum Ertragseintritt erheblich verringern. Es ist aber zu beachten, dass diese Unterlagen ein flacher verlaufendes Wurzelsystem als *Prunus avium* haben und dementsprechend auch höhere Ansprüche an den Boden stellen sowie eine höhere Wasserbedürftigkeit besitzen.

- *Prunus avium*: sehr stark wachsend, Winterfrost verträglich, verträglich mit allen Sorten, sehr später Ertragseintritt,
- *Prunus avium* F 12/1: stark wachsend, Wuchsstärke etwa 10 % geringer als *Prunus avium*, Winterfrostverträglichkeit etwas geringer, später Ertragseintritt,
- 'Colt': Wachstum etwa 30 % geringer als *Prunus avium*, ausreichende Frosthärte, frühzeitiger Ertragseintritt, neigt zu Wurzelschossern,

- 'PiKu 1': Wachstum etwa 30 bis 40 % geringer als *Prunus avium*, frosthart, gute Standfestigkeit frühzeitiger Ertragseintritt, Ertragsanstieg etwas langsamer als 'GiSelA 5',
- 'GiSelA 5': Wachstum etwa 40 % geringer als *Prunus avium*, frühzeitiger Ertragseintritt, geringe Standortansprüche, Unverträglichkeiten bisher nicht bekannt,
- 'Weiroot 158': Wachstum etwa 40 bis 50 % geringer als *Prunus avium*, frosthart, gedeiht auch auf trockenen, gut belüfteten Böden, Unverträglichkeiten bisher nicht bekannt, es kann zur Wurzelschosserbildung kommen.

Sauerkirschenunterlagen

Bei Sauerkirschen haben nach wie vor die Unterlagen *Prunus avium* (Vogelkirschensämling) und *Prunus mahaleb*, die Steinweichsel, die größte Bedeutung. Bei deren Wahl muss unbedingt auf die Bodenbedingungen geachtet werden. *Prunus avium* verlangt kräftige Böden mit ausreichender Feuchtigkeit, während *Prunus mahaleb* bevorzugt für leichte Böden geeignet ist. Sauerkirschen werden aber auch auf schwach wachsenden Süßkirschenunterlagen veredelt.

Pflaumenunterlagen

Die früher verwendeten Typenunterlagen, wie 'Schwammborn 103', *Prunus* 'Ackermann' (Marunke), *Prunus* 'Große Grüne Reneklode', *Prunus* 'Weiße Myrobalane' – Pfälzer Typ, sowie die Sämlingsunterlagen *Prunus* 'Brompton', *Prunus* 'Myrobalane', *Prunus* 'Große Grüne Reneklode' und *Prunus* 'Wangenheim' haben weitestgehend an Bedeutung verloren. Lediglich Sämlinge der sehr stark wachsenden 'Myrobalane' und der stark wachsenden 'St. Julien A' haben noch eine gewisse Anbaubedeutung.

In der Praxis haben vor allem Unterlagen aus der Züchtung des INRA-Institutes in Bordeaux Eingang gefunden:

- *Prunus* 'Marianna GF 8/1': Wuchs stark, geringe Frosthärte, Ertragseintritt ist früh, gute Anpassung an unterschiedliche Bodenverhältnisse, geringe Wurzelschosserbildung, unverträglich mit Renekloden.
- 'St. Julien GF 655/2': Wachstum etwa 30 % schwächer als 'Myrobalane', ausreichende Frosthärte, sehr früher Ertragseintritt, benötigt nährstoffreiche und gut dränierte Böden, Wurzelschosserbildung ist im gesamten Wurzelbereich möglich.
- *Prunus*-Hybride 'Fereley': Wachstum etwa 40 % schwächer als 'Myrobalane', ausreichende Frosthärte, sehr früher Ertragseintritt, besonders für schwere Böden geeignet, Wurzelschosserbildung nur im Stammbereich.

Aprikosenunterlagen

Für leichtere Böden sind die Aprikosensämlinge der Sorten 'Hinduka' oder 'Millionär' sowie die Pflaumenunterlage *Prunus* 'Marianna GF 8/1' geeignet. Für alle anderen Böden kann 'St. Julien GF 655/2' verwendet werden.

Pfirsichunterlagen

Bei Pfirsich wird für leichtere Böden der Pfirsichsämling, für alle anderen Böden 'St. Julien GF 655/2' verwendet.

Sauerkirsche auf **Prunus mahaleb** *veredelt*

Sauerkirsche auf **Prunus avium** *veredelt*

Bäume der stark wachsenden Pflaumenunterlage **Prunus** *'Marianna GF 8/1'*

Bäume der mittelstark wachsenden Unterlage 'St. Julien GF 655/2'

Schnittarten

In Abhängigkeit vom Baumalter und von der Obstart unterscheiden wir verschiedene Schnittarten.

Pflanzschnitt

Der Pflanzschnitt ist für die Herstellung des Gleichgewichtes zwischen Wurzel und Krone erforderlich. Durch den relativ starken Rückschnitt wird ein kräftiger Austrieb erzielt, der für den weiteren Erziehungsschnitt von Bedeutung ist. Zum Pflanzschnitt gehört auch der Schnitt an Wurzeln, sofern diese Beschädigungen aufweisen. Bei Containergehölzen entfällt der Wurzelschnitt. Zu beachten ist aber, dass die Wurzeln im Container nicht im Kreis gewachsen sind. Wenn das der Fall ist, müssen sie unbedingt nach außen gezogen werden, da sie sonst am Standort weiter im Kreis wachsen würden. Das hätte Ernährungsstörungen zur Folge.

Der Pflanzschnitt ist entsprechend der zukünftigen Erziehungsart vorzunehmen. Bei der Erziehung als Busch, Nieder-, Halb- oder Hochstamm gibt es keine Unterschiede beim Rückschnitt der Triebe für die zukünftige Krone. Es gibt nur den Unterschied zu verschieden in der Baumschule gewachsenen jungen Kronen. Diese können mit oder ohne **Stammverlängerung** gewachsen sein. Grundsätzliche Zielstellung ist es, die Anzahl der Seitentriebe auf drei bis vier zu reduzieren. Sie sind der Beginn für den Aufbau der zukünftigen Gerüstäste, die zeitlebens des Gehölzes erhalten bleiben. Diese Seitentriebe sind auf ein nach außen gerichtetes Auge zu kürzen. Dabei richtet man sich nach dem schwächsten beziehungsweise kürzesten Trieb. Im Endeffekt müssen alle zurückgesetzten Triebe in einer Ebene, der sogenannten „**Saftwaage**" enden. Wenn eine Stammverlängerung vorhanden ist, wird diese beim Rückschnitt etwa eine Scherenlänge höher belassen, als die Seitentriebe enden. Beim Rückschnitt der Stammverlängerung ist darauf zu achten, dass das Auge, auf welches zurückgeschnitten wird, sich auf der dem Wind zugewandten Seite befindet. Anderenfalls kann der sich entwickelnde Trieb bei Windeinfluss ausbrechen. Obstgehölze, die in Form einer Spindel erzogen werden sollen, werden nicht so streng geschnitten. Hier gilt es, vorrangig eine freie Stammlänge von etwa 60 bis 70 cm herzustellen. Alle danach verbleibenden Triebe werden durch

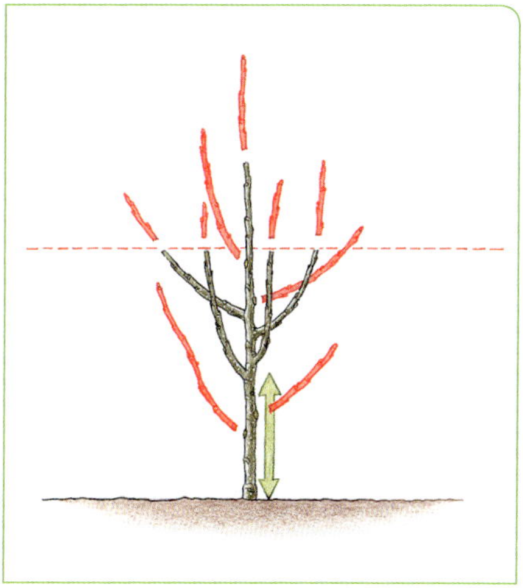

Pflanzschnitt für eine pyramidale Kronenform

Pflanzschnitt für einen Schnurbaum

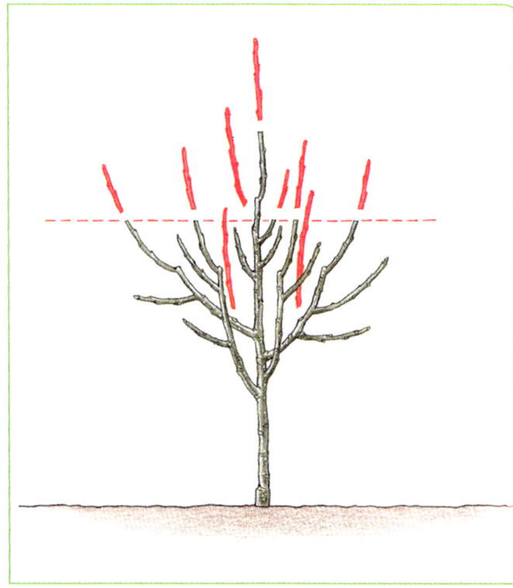

Erziehungsschnitt bei pyramidaler Kronenform

geeignete Maßnahmen mehr waagerecht gestellt. Die Stammverlängerung wird nicht zurückgeschnitten.

Erziehungsschnitt

Er dient zur Erziehung der zukünftigen Krone. Durch den Rückschnitt der einjährigen Triebe muss eine gute Verzweigung der jungen Krone erreicht werden. Es gilt der Grundsatz: Je schwächer das Wachstum, desto stärker der Rückschnitt und je stärker das Wachstum, desto geringer der Rückschnitt. Es ist immer auf ein nach außen gerichtetes Auge zu schneiden. Weiterhin müssen alle ins Kroneninnere wachsende Triebe sowie Triebe, die sich gegenseitig behindern, an ihrer Basis entfernt werden. Der Erziehungsschnitt der Krone, oder an Teilen von ihr, ist erst beendet, wenn der Ertrag einsetzt. Bei großen Kronen wird im unteren Bereich, bedingt durch die Fruchtbildung, bereits der Erneuerungsschnitt beziehungsweise der **Fruchtholzschnitt** erforderlich sein, während im oberen Bereich noch die Erziehung fortzusetzen ist.

Bei der Spindelerziehung muss alle Wuchskraft in die senkrechte Mittelachse geleitet werden. Seitentriebe werden nicht eingekürzt. Konkurrenz-

Ausbrechen einer Konkurrenzknospe

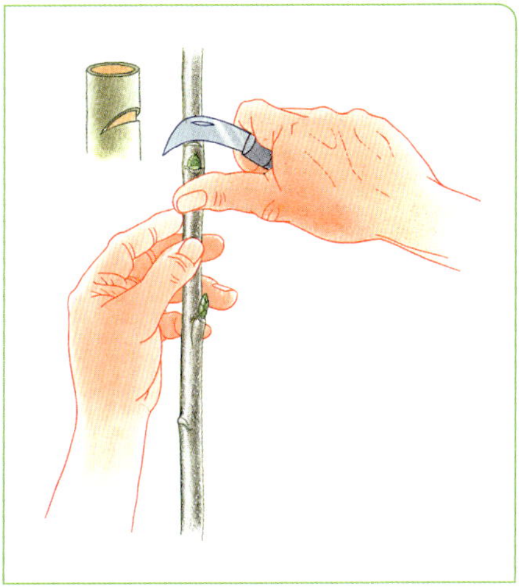

Das Kerben über einer Knospe fördert das Austreiben zum Langtrieb

Erhaltungsschnitt im unteren Bereich der Krone – im oberen Bereich wird die Erziehung noch fortgesetzt

knospen bricht man aus. Bei zu geringem Triebzuwachs sind Seitentriebe in etwa im Winkel von 45° hochzubinden. Entwickeln sich an der Stammverlängerung zu wenige Seitentriebe, kann über Seitenknospen das Kambium gekerbt werden.

Erhaltungsschnitt

Der Erhaltungsschnitt ist auf die Beibehaltung des Gleichgewichtes zwischen Ertrag und Neutriebbildung gerichtet. Vor allem im Kroneninneren soll die Fruchtbarkeit erhalten werden. Dafür ist eine ausreichende Belichtung der gesamten Krone erforderlich. Gelangt zu wenig Licht in die Krone, hat das Fruchtholz nur eine kurze Lebenserwartung. Zielstellung bei diesen Schnittmaßnahmen: Die Krone muss luftig gehalten werden. Es gilt immer noch der alte Spruch: „Nach dem Schnitt muss der Hut oder die Mütze des Gärtners durch die Krone passen.“ Überaltertes Fruchtholz wird durch neue Triebe ersetzt. Bei Obstarten, die am einjährigen Langtrieb fruchten, beispielsweise die Sauerkirsche, müssen abgetragene Fruchttriebe durch Neutriebe ersetzt werden. Beim Kernobst, welches vorrangig am Kurzholz trägt, werden abgetragene Fruchtäste durch günstig stehende Langtriebe ersetzt. Der häufigste Fehler beim Erhaltungsschnitt besteht im alleinigen Rückschnitt der im Vorjahr gewachsenen Triebe. Dadurch regt man nur den erneuten Austrieb der Augen unterhalb der Schnittstelle an. Es kommt zu Besenwuchs und die Fruchtbildung bleibt aus.

In Abhängigkeit von der Obstart wird entweder ein sogenannter Fruchtastumtrieb oder, wie speziell beim

Pfirsich, ein Fruchtholzschnitt durchgeführt. In jedem Fall aber wird nicht mehr leistungsfähiges oder abgetragenes Fruchtholz durch junges Fruchtholz ersetzt.

Verjüngungsschnitt

Das Obstgehölz lässt mit zunehmendem Alter in seiner Leistungskraft, Ertrag und ausreichend Neuwuchs hervorzubringen, nach. Der Rückschnitt ins Altholz bzw. das Kronengerüst bewirkt kräftigen Neuwuchs in großer Zahl. Die Krone wird in ihrer Ausdehnung verringert. Die nach außen gewanderte Ertragszone wird wieder zum Kroneninneren zurückgeführt.

Der sehr starke Rückschnitt der Krone ist in zeitlichen Etappen durchzuführen, denn die Maßnahme regt eine starke „Wasserschosserbildung" an. Diese Wasserschosse müssen im Folgejahr vereinzelt und die verbliebenen in eine mehr waagerechte Stellung gebracht werden. Deshalb ist es ratsam, erst die Kronenhöhe zu begrenzen und zwei Jahre später das Gehölz in seiner Breite einzuschränken.

Im Rahmen des Verjüngungsschnittes kann auch die Kronenform umgestellt werden. Aus einer pyramidalen Krone mit Stammverlängerung lässt

Total verjüngter Baum mit belassenen Zugästen

sich durch Heraussägen dieser eine Hohlkrone herstellen.

Grundsätzlich ist auch eine Totalverjüngung möglich, wobei die gesamte Krone bis auf verbleibende Gerüstaststümpfe zurückgeschnitten wird. Dabei ist jedoch zu beachten, dass an den Gerüstaststümpfen sogenannte „**Zugäste**" erhalten bleiben. Diese sind für die Bildung von Assimilaten und die Aufrechterhaltung des Transpirationsstromes verantwortlich.

Schnittzeiten

Schnittmaßnahmen wirken in Abhängigkeit von der Jahreszeit unterschiedlich auf den Austrieb. Ein im Winter oder im zeitigen Frühjahr geschnittenes Gehölz wird vergleichsweise kräftiger austreiben, als ein im Sommer geschnittenes. Auf diese Weise kann das Triebwachstum reguliert werden.

Winterschnitt

Obstgehölze reagieren unterschiedlich auf den Schnitt während der vegetationslosen Zeit. Das gilt insbesondere für die Verträglichkeit tieferer Temperaturen nach dem Schnitt. Die verschiedenen Obstarten haben ein differenziertes natürliches Vermögen, Schnittwunden zu verheilen. So vertragen Kern- und Beerenobst den Schnitt während dieser Jahreszeit weitaus besser als Steinobst. Vorteil des Schnittes zu dieser Zeit ist die gute Übersicht über die gesamte Krone, sodass die geringsten Schnittfehler unterlaufen.

Tab. 2 Schnittzeiten und Einfluss auf das Wachstum

Monat	Obstart	Reaktion des Baumes	
		Wuchsminderung	Wuchsförderung
Januar	Apfel, Birne		→
Februar	Apfel, Birne		→
März	Apfel, Birne, Süßkirsche, Sauerkirsche, Pflaume, Aprikose		→
April	Pfirsich (Fruchtholzschnitt)	←	
Mai	Pfirsich (Fruchtholzschnitt)	←	
Juni		←	
Juli	Süßkirsche	←	
August	Süßkirsche, Sauerkirsche, Pfirsich, Aprikose	←	
September	Sauerkirsche, Pflaume	←	
Oktober			
November	Apfel, Birne		→
Dezember	Apfel, Birne		→

Sommerschnitt

Der Grundgedanke des Sommerschnittes und der sommerlichen Laubarbeiten liegt darin, dass während der Vegetationszeit durch das Gehölz weitaus mehr Triebe erzeugt werden, als zur Fruchtbildung und weiteren Kronengestaltung überhaupt notwendig sind. Diese Triebe müssten während der Schnittperiode im Winter oder zum Winterausgang entfernt werden.

Triebe, die ohnehin nicht benötigt werden, sind bereits im krautigen, das heißt noch nicht verholzten Zustand, zu entfernen. Das geschieht durch Herausdrehen oder -reißen. Die so entstandenen Wunden verheilen sehr schnell, da während der Vegetationszeit die Wundkallusbildung am größten ist. Vorteil ist, dass sogenannte schlafende Augen an der Ansatzstelle des Triebes mit entfernt werden.

Die verbliebenen Sommertriebe bringt man in eine mehr waagerechte Stellung.

Allgemein können für den jährlichen Sommerschnitt folgende Vorteile formuliert werden:

- Verbesserung der Belichtungsverhältnisse in der Krone und damit Verbesserung der Blütenknospenbildung für das kommende Jahr.
- In Abhängigkeit vom Schnitt bzw. Behandlungszeitraum kann eine beträchtliche Wachstumsminderung bewirkt werden. Dieser Effekt hat sich besonders bei stark wüchsigen

Der Konkurrenztrieb unterhalb der Stammverlängerung ist herausgerissen

Tab. 3 Zeitraum der Blütenknospendifferenzierung bei den einzelnen Obstarten	
Obstart	**Zeitraum der Blütenknospendifferenzierung**
Rote und Weiße Johannisbeere	letzte Junidekade bis Mitte Juli
Süßkirsche	Ende Juni bis zweite Julidekade
Sauerkirsche	Ende Juni bis Ende Juli
Birne	Anfang Juli bis Anfang August
Aprikose	erste Julidekade bis Ende Juli
Pflaume	erste Julidekade bis erste Augustdekade
Apfel	erste Julidekade bis zweite Augustdekade

Obstgehölzen, z. B. Süßkirsche, als außerordentlich positiv erwiesen.
- Die gesamte Fruchtentwicklung wird positiv beeinflusst in Hinsicht auf Ausfärbung der Früchte, verminderten Krankheitsbefall sowie in die Frucht eingelagerte Inhaltsstoffe.
- Die Kronengestaltung bleibt übersichtlich und erfordert beim Winterschnitt einen verringerten Aufwand.

Waagerechtstellen eines Triebes durch Beschweren

Zeitpunkt des Sommerschnittes
Der Zeitpunkt des Sommerschnittes ist für das zu erwartende Ergebnis von Bedeutung. Ein zu frühzeitiges **Entspitzen** von Sommertrieben bewirkt ein erneutes Austreiben der obersten Knospe, wobei das Längenwachstum bereits etwas eingeschränkt ist. Erneutes Stutzen des Austriebes trägt zur Bildung von Blütenknospen im basalen Bereich des Triebes bei.

Um die Umwandlung von Blatt- und Holzknospen in Blütenknospen zu gewährleisten, darf der Zeitpunkt der Behandlung vor dem Zeitraum der Blütenknospendifferenzierung nicht versäumt werden. Der Effekt der Wuchsbremse durch den Sommerschnitt beruht auf der Tatsache, dass das Triebwachstum eher einsetzt als das Wurzelwachstum. Durch den Sommerschnitt wird also die für das Wurzelwachstum wichtige Assimilationsfläche der Blätter entfernt und das Wurzelwachstum eingeschränkt. Bei mehrjähriger Anwendung kommt es dadurch zur Minderung der Triebkraft des Gehölzes.

Der Sommerschnitt darf jedoch nicht nur als Maßnahme des Entfernens oder Einkürzens von Trieben verstanden werden, er trägt gleichzeitig zur Steigerung der Fruchtbarkeit und Wuchsminderung bei und sollte in dieser Funktion mit weiteren Hilfsmaßnahmen im Einklang stehen.
Zu diesen Hilfsmaßnahmen gehören:
- das Herunterbinden oder Beschweren der Triebe und
- das Ringeln. Es reduziert die Stoffzufuhr zur Wurzel und führt dadurch zum **Assimilatestau** oberhalb des Ringes. Das Wachstum wird gemindert und die Blüten und Fruchtbildung wird gefördert.

Durch das Ringeln wird das Wachstum vermindert und die Blütenbildung gefördert

Fachbegriffe – verständlich gemacht

Adventivknospen: Knospen im Wurzelhalsbereich, die neue Triebe hervorbringen.

Alternanzverhalten: Verminderter Ertrag nach einem Jahr mit sehr hoher Ertragsleistung, besonders beim Apfel ausgeprägt.

Assimilatestau: Stau von Nährstoffen unterhalb einer Schnittstelle.

Astquirl: Seitentriebe entspringen als Quirl von einem meist senkrecht wachsendem Trieb.

Ballerinabaum: Gehölz mit einer dominanten senkrechten Mittelachse ohne Seitentriebbildung.

Entspitzen: Abkneifen der Triebspitze von Trieben im grünen unverholzten Zustand.

Erhaltungsschnitt: Schnittmaßnahme, um den Ertrag und das Wachstum im Gleichgewicht zu halten.

Fruchtholzschnitt: Rückschnitt von überaltertem Fruchtholz auf jüngeres.

Heister: Gehölz mit vorzeitigen Trieben, bei dem freie Stammlänge und Kronenbildung noch nicht vollendet sind.

Konkurrenztrieb: Parallel verlaufender Seitentrieb in Nachbarschaft eines Haupttriebes in gleicher Stärke.

Quirlholz: Kurztriebiges Fruchtholz beim Kernobst.

Saftwaage: Nach dem Rückschnitt enden Seitentriebe in einer Ebene und treiben dadurch gleichmäßig aus.

Schnitt auf Astring: Rückschnitt eines Triebes an seiner Ansatzstelle. Beim Herausreißen werden auch schlafende Augen an der Triebbasis mit herausgerissen.

Ständertriebe: Auf der Astoberseite wachsende senkrechte Triebe.

Stammverlängerung: Senkrechte Fortsetzung des Stammes im Kronenbereich.

Wasserschoss: Kräftiger, einjähriger Trieb mit sehr weiten Abständen zwischen den Blättern mit ausschließlicher Blattknospenbildung.

Wundkallus: Zellneubildung, die eine Schnitt- oder Risswunde überwallt und mit der Zeit verschließt.

Zugäste: Äste, die im unteren Bereich einer zurückgeschnittenen Krone durch ihre Blätter den Nährstofffluss von der Wurzel in die Krone aufrechterhalten und den Austrieb fördern.

Obstgehölze erziehen und schneiden

Die einzelnen Obstarten werden in ihrer Erziehung und den erforderlichen Schnittmaßnahmen dargestellt.

Apfel

Im Garten sind die Spindelerziehung sowie die Erziehung als Busch geeignete Erziehungsformen, da sie im Alter des Gehölzes einen geringen Standraum benötigen. Ideales Pflanzmaterial zeichnet sich durch einen kräftigen Mitteltrieb mit mehreren Seitentrieben aus. Der Niederstamm ist für größere Hausgärten sowie der Halb- und Hochstamm für Bauerngärten und Streuobstwiesen geeignet. Charakteristisch ist die Kronenerziehung mit Gerüstästen, von denen sich an jüngeren Ästen das Fruchtholz befindet.

Nieder-, Halb- und Hochstamm

Pflanzschnitt

Es werden drei bis vier gut verteilte Seitentriebe ausgewählt und auf Saftwaage geschnitten. Die Stammverlängerung schneidet man etwa eine Scherenlänge darüber ab. Das Auge muss sich auf der dem Wind zugewandten Seite befinden.

Erziehungsschnitt zweites bis fünftes Standjahr

Es muss über mehrere Jahre ein leistungsfähiges Kronengerüst aufgebaut werden. Die Vergrößerung der Krone erreicht man, indem Triebe auf Auslage geschnitten werden und die Astrangordnung eingehalten wird. Der Erziehungsschnitt im oberen Kronenbereich und der Fruchtholzschnitt im unteren Bereich werden dabei parallel angewendet. Grundsätzlich muss eine pyramidale Kronenform eingehalten werden. Der untere Kronenbereich ist breiter als der obere.

Erhaltungsschnitt

Der Baum muss im Gleichgewicht zwischen Ertrag und Wachstum gehalten werden. Senkrecht stehende Triebe sind aus der Krone zu entfernen. In Jahren ohne Ertrag (**Alternanzverhalten**) entwickeln sich mehr Triebe als erforderlich. Diese sind bereits im Sommer zu vereinzeln, indem überzählige Triebe herausgerissen werden. Einjährige Langtriebe dürfen nicht zurückgeschnitten werden, da bei vielen Apfelsorten die Spitzenknospe eine Blütenknospe ist.

Verjüngungsschnitt

Bei Verlagerung der Ertragszone an die Kronenperipherie kann eine Verjüngung erforderlich werden. Das Gehölz kann sowohl in seiner Höhe als auch in seiner Breite reduziert werden. Günstig ist das Zurücksetzen der Äste im Winkel von etwa 120°. Man kann sich mit Zeigefinger und Daumen beider Hände ein solches Dreieck bilden und die Baumkrone anvisieren. Damit erhält man etwa den Rahmen, in dem

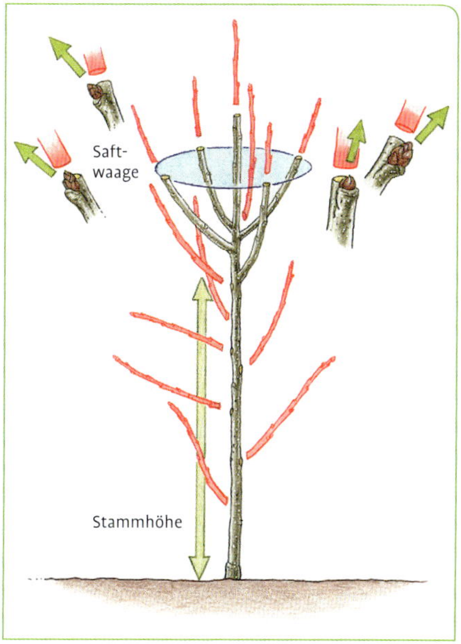

Festlegen der Stammlänge, Auswählen der Gerüstäste, Kürzen der Stammverlängerung und Entfernen des Konkurrenztriebes bei Gehölzen mit Gerüstästen

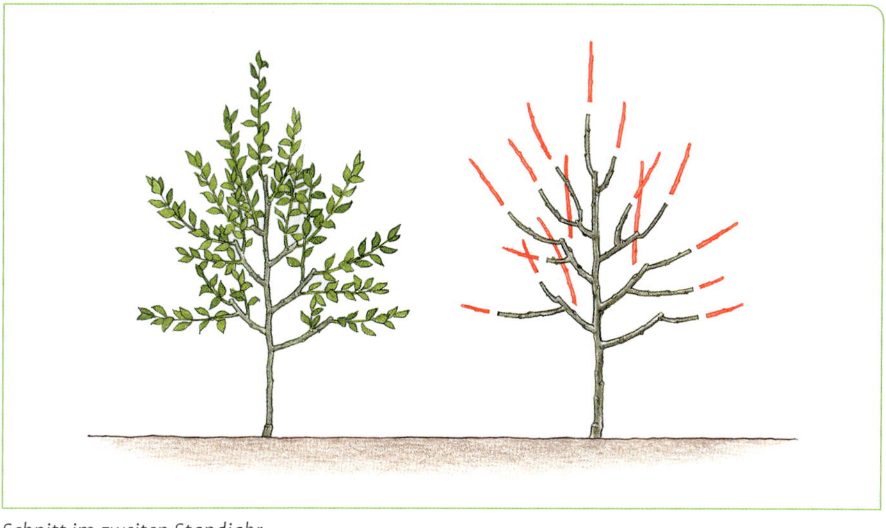

Schnitt im zweiten Standjahr

Schnitt im dritten Standjahr

Nach innen ragende und zu dicht wachsende Zweige werden entfernt

Beim Apfeltrieb befindet sich an der Spitze eine Blütenknospe

Ohne Verjüngung sind die Baumkronen nur durch Pflegeschnittmaßnahmen im Gleichgewicht zu halten

die Krone zurückgeschnitten wird. Bei älteren Bäumen mit großen Kronen, wie wir sie auf Streuobstwiesen vorfinden, sollte nicht verjüngt werden.

Busch

Pflanzschnitt

Bei der Erziehung als Busch verfährt man wie bei der Spindel. Allerdings werden die Seitentriebe nicht so flach gestellt, sondern es genügt ein Winkel von 45°, und die Seitentriebe müssen nach ihrem Rückschnitt in einer Ebene enden.

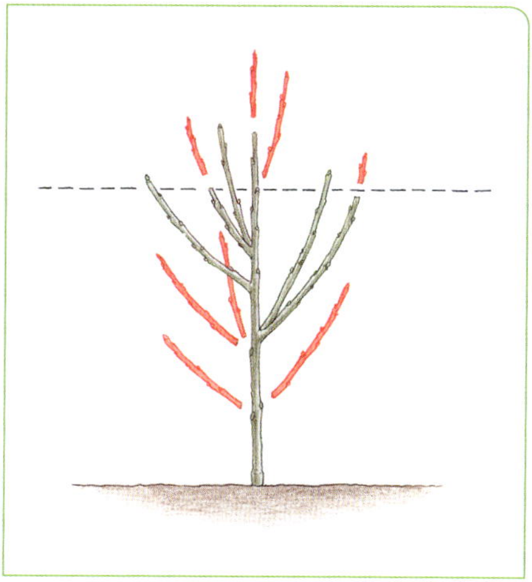

Vorgehensweise beim Pflanzschnitt für die Erziehung als Busch

Erziehungsschnitt

Der Erziehungsschnitt als Busch entspricht dem von Nieder-, Halb- und

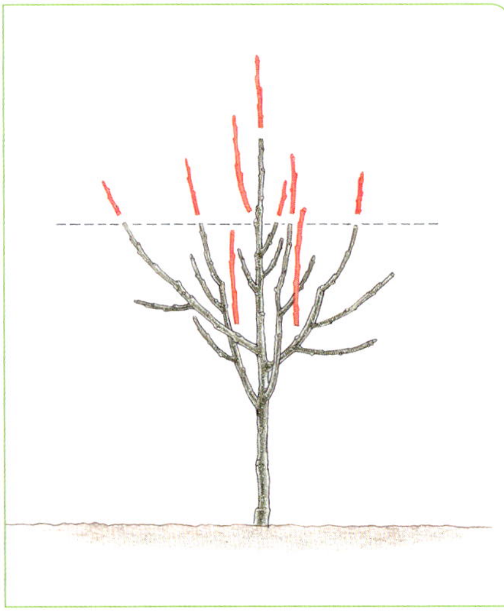

Weiterer Gerüstaufbau bei der Buscherziehung

Hochstämmen. Die Vergrößerung der Krone erreicht man, indem Triebe auf Auslage geschnitten werden und die Astrangordnung eingehalten wird. Die Triebleistung ist aufgrund der geringeren Stammlänge aber größer. Der Rückschnitt der Triebe zur Kronenerziehung sollte deshalb schwächer sein als bei Hoch- und Halbstamm.

Erhaltungsschnitt

Zielstellung ist es, dass auch im Kroneninneren leistungsfähiges Fruchtholz erhalten bleibt. Damit die Krone einen lockeren Aufbau behält, sind alle ins Kroneninnere wachsenden Triebe zu entfernen. Ältere Fruchtäste werden durch jüngere ersetzt. Einjährige Langtriebe dürfen nicht eingekürzt werden,

Verjüngen eines überalterten Triebes; oben: im Sommer, unten: im Winter

sondern sind waagerecht zu stellen. Überzählige Triebe sind bereits im Sommer herauszureißen.

Instandhaltung durch Herausreißen überzähliger oder zu dicht stehender Triebe im Sommer

Verjüngungsschnitt

Bei Verlagerung der Ertragszone an die Kronenperipherie des Buschbaumes kann eine Verjüngung erforderlich werden. Das Gehölz kann sowohl in seiner Höhe als auch in seiner Breite reduziert werden. Günstig ist das Zurücksetzen der Äste im Winkel von etwa 120°. Man kann sich mit Zeigefinger und Daumen beider Hände ein solches Dreieck bilden und die Baumkrone anvisieren. Damit erhält man etwa den Rahmen, in dem die Krone zurückgeschnitten wird, wodurch der untere Bereich stärker treibt.

Verjüngungsschnitt

Apfelspindel

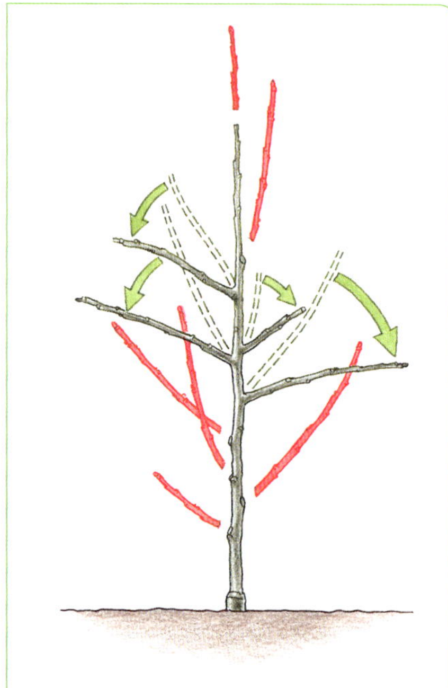

Pflanzschnitt bei der Erziehung als Spindel

Spindel

Pflanzschnitt

Bei der Erziehung als Spindel werden zuerst im zukünftigen Stammbereich bis zu einer Höhe von 60 bis 70 cm vorhandene Seitentriebe entfernt. Von den übrig gebliebenen wählt man drei Seitentriebe aus, die gut verteilt um die Mittelachse angeordnet sind. Diese werden um etwa ein Drittel ihrer Länge eingekürzt. Wenn diese Triebe zu steil stehen, müssen sie in einem Winkel von etwa 60° zur Senkrechten abgespreizt oder herabgebunden werden. Sie dürfen aber nicht in eine waagerechte Stellung gebracht werden. Dadurch würde die Entwicklung der Seitentriebe gegenüber dem Wachstum der Stammverlängerung zu stark gehemmt. Bei vorhandenen Konkurrenztrieben an der Stammverlängerung erfolgt entweder ein **Schnitt auf Astring** oder man reißt die Triebe aus. Beim Reißen wird vorher unterhalb des Triebansatzes mit dem Messer die Rinde eingeschnitten, damit sie nicht lang herunterreißt.
Die Stammverlängerung verbleibt etwa 40 cm über dem obersten Seitentrieb.

Erziehungsschnitt

Das Ziel des Erziehungsschnittes ist es, eine pyramidale Krone zu entwickeln. Gleichzeitig soll durch den Erziehungsschnitt eine gute Verzweigung mit reichlich Fruchtholz erreicht werden. Deshalb ist in den folgenden Jahren die Stammverlängerung auf 40 bis 50 cm über der letzten Verzweigung zurückzuschneiden. Durch den Rückschnitt wird eine sehr gute Garnierung erreicht. Eventuelle Konkurrenztriebe müssen entfernt werden.

Die Behandlung der Austriebe der Seitenäste richtet sich nach ihrem Abgangswinkel und danach, ob die Spitzenknospe eine Blüten- oder Blattknospe ist. Triebe, deren Spitzenknospe eine Blütenknospe ist, sind Fruchtruten und bleiben ungeschnitten.

In das Kroneninnere gerichtete Triebe sind gänzlich zu entfernen. Stehen die Triebe lediglich zu steil und sind gleichmäßig verteilt, sind sie herabzubinden. Sollte die Verzweigungsdichte zu groß sein, muss für eine Auflockerung gesorgt werden. Ein Anschnitt der seitlichen Triebe und der Fortsetzung der zukünftigen Gerüstäste erfolgt nur, wenn die Verzweigung oder der Zuwachs im letzten Jahr unzureichend waren.

Im Regelfall ist der Erziehungsschnitt nach vier bis fünf Jahren abgeschlossen. Zu dieser Zeit hat der Baum unter günstigen Standortbedingungen seine endgültige Höhe von 3,00 bis 3,50 m erreicht. Die Stammverlängerung ist dann nicht mehr erforderlich und wird auf einen flach verlaufenden Seitenast entfernt.

Steil stehende Triebe und Konkurrenztriebe entfernt man

Das Gehölz hat die gewünschte Höhe erreicht, man schneidet die Stammverlängerung auf einen flach verlaufenden Trieb zurück

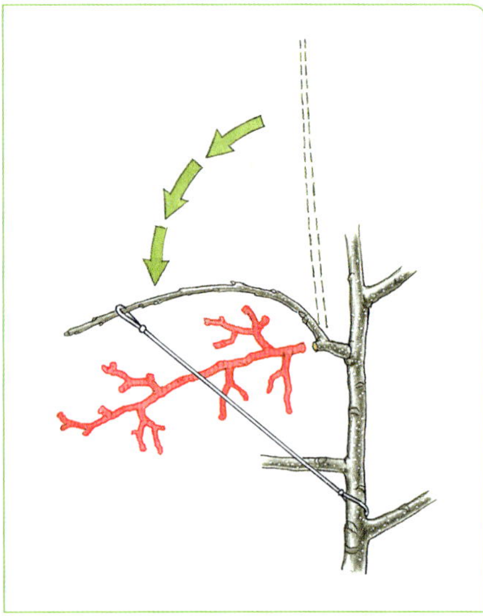

Abgetragenes Fruchtholz wird bis zum Neutrieb an der Basis zurückgeschnitten, den steil stehenden Neutrieb bindet man herunter

Erhaltungsschnitt (Fruchtastumtrieb)

Nach der Erziehung einer leistungsfähigen Krone muss durch den anschließenden Erhaltungsschnitt dafür gesorgt werden, diese Leistungsfähigkeit zu erhalten. Neben der Erneuerung von Fruchtästen gilt es, auch der Erscheinung der Alternanz, die beim Apfel besonders ausgeprägt ist, vorzubeugen.

Das Herabbinden von Trieben während der Baumerziehung hat eine frühzeitige Bildung von Fruchtholz bewirkt. Dieses ist jedoch nur eine gewisse Zeit leistungsfähig. Damit Früchte von bester Qualität gebildet werden, müssen Fruchtäste regelmäßig erneuert werden. So sind abgetragene und besonders nach unten gebogene Fruchtäste auf einen an der Basis befindlichen Seitentrieb zurückzuschneiden. Sind solche Seitentriebe nicht vorhanden, so muss der Rückschnitt auf einen mehr waagerecht stehenden Seitenast erfolgen.

In jedem Fall wird durch den Saftstau an der Schnittstelle das Wachstum neuer Langtriebe sowohl an den Gerüst- als auch an den Seitenästen angeregt. Diese Langtriebe dürfen aber im Rahmen des Instandhaltungsschnittes nicht angeschnitten werden. Überflüssige Langtriebe sind gänzlich zu entfernen. Hier bietet sich die Möglichkeit des Herausreißens im Sommer an. Im Bereich des Risses werden schlafende Augen mit entfernt. Diese Maßnahmen werden im gesamten Kronenbereich so durchgeführt werden, dass die pyramidale Form der Krone erhalten bleibt.

Spalier

Schnurbaum

Von der dominanten Mittelachse geht unmittelbar das Fruchtholz ab. Es gibt weder Gerüstäste noch Gerüstaststummel. Extremformen sind die **Ballerinabäume**, bei denen keine seitlichen Langtriebe gebildet werden. Im ersten Standjahr ist der Konkurrenztrieb an der Stammverlängerung zu entfernen. Die Seitentriebe werden waagerecht gestellt und nicht zurückgeschnitten. Der Mitteltrieb bleibt ebenfalls ungeschnitten. Eine Triebbildung aus Knospen auf der Oberseite der waagerechten Triebe unterbindet man, indem sie entspitzt.

Im zweiten Jahr wird die Stammverlängerung auf etwa 40 cm über der letzten Seitenverzweigung zurückgeschnitten. Austriebe aus den im Vorjahr entspitzten Trieben werden weggeschnitten.

Ab dem dritten Standjahr haben sich im unteren Triebbereich Blütenknospen gebildet. Die Fruchtlast zieht die Triebe nach unten. Das fördert die Neutriebbildung an der Basis der Fruchttriebe. Bei steilem Wuchs sind sie waagerecht zu stellen. Im Folgejahr werden sich an diesen Blütenknospen bilden. Sie sind der Ersatz für die älteren Fruchttriebe.

U-Formen

Bei der einfachen U-Form gehen vom Stamm zwei parallel verlaufende senkrechte Schnurbäume ab. Als Pflanzmaterial eignet sich eine einjährige Veredlung. Sie wird auf etwa 40 cm zurückgeschnitten, sodass sich zwei Knospen parallel zum Spalier gegenüberstehen. Die Austriebe werden

Pflanzschnitt bei einem Schnurbaum

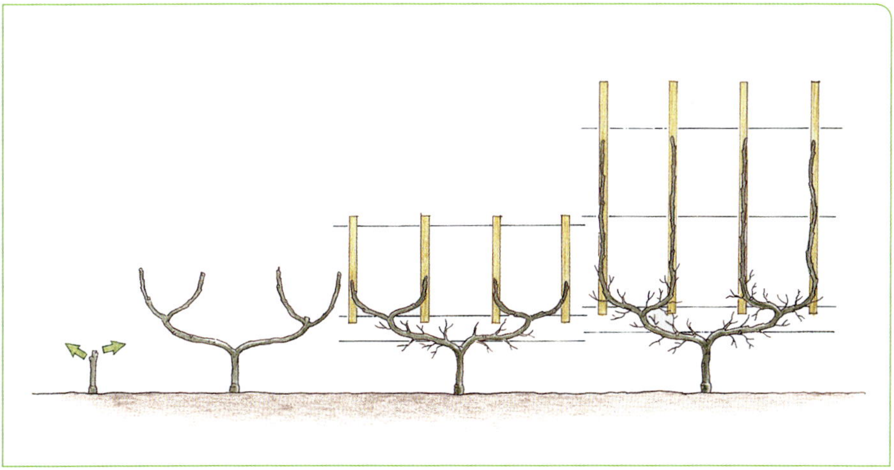

Erziehung einer doppelten U-Form (von links nach rechts): Rückschnitt des Gehölzes auf ein nach rechts und ein nach links gerichtetes Auge; die nach oben gerichteten Triebspitzen fördern das Längenwachstum, Rückschnitt der beiden Kordonarme in der Höhe des nächsten Spalierdrahtes; Ableiten der Austriebe am Spalierdraht; Austriebe werden am Spalier nach oben geleitet

schräg aufwärts am Spalier befestigt. Weitere Austriebe entfernt man. Ausgangs des Sommers werden die nun verholzten Triebe waagerecht am Spalier befestigt und jeweils im Abstand von mindestens 20 cm vom Stamm senkrecht am Spalier befestigt. Beide senkrechten Achsen müssen in einer Höhe enden. In den Folgejahren entspricht die weitere Erziehung der des Schnurbaumes.

Die doppelte U-Form erfordert als Pflanzmaterial ebenfalls eine einjährige Veredlung. Der Trieb wird auf eine Länge von etwa 30 bis 40 cm zurückgeschnitten. Unterhalb der Schnittstelle muss sich je ein nach rechts und ein nach links gerichtetes Auge befinden.

Die Austriebe werden flach am ersten Spalierdraht gebunden, wobei aber die Triebspitze leicht nach oben zeigen soll. Dadurch wird das Längenwachstum über die Vegetationszeit gefördert. Im folgenden Frühjahr schneidet man die beiden Kordonarme in Höhe des nächsten Spalierdrahtes, der etwa 30 bis 40 cm oberhalb des ersten angebracht ist, zurück. Auch hier müssen die beiden oberen Augen nach rechts und links gerichtet sein.

Die Austriebe werden jeweils nach rechts und links abgeleitet und in einem Abstand von etwa 50 cm senkrecht nach oben geleitet. Alle vier senkrechten Arme müssen in gleicher Höhe enden. Sollte dies nicht der Fall

Bei der fertiggestellten U-Form sind Schnittmaßnahmen im Sommer erforderlich

sein, richtet man sich nach dem schwächsten Arm und schneidet die anderen auf seine Höhe zurück.

Alle weiteren Austriebe, die nicht dem Aufbau dienen, werden im Sommer nach dem vierten voll entwickelten Blatt entspitzt. Dadurch kommt es zur Fruchtholzbildung.

Palmetten

Als Pflanzmaterial eignet sich am besten ein Gehölz mit einer bereits in der Baumschule gebildeten ersten Etage in 30 cm Höhe. Die beiden Seitentriebe werden in einem Winkel von 45° vorerst am Spalier befestigt. Das fördert den Austrieb der Spitzenknospe und das Längenwachstum. Sind die Triebe noch nicht so lang, dass sie an den nächsten Draht heranreichen, kann man das durch Latten oder Tonkingstäbe unterstützen, die in oben genanntem Winkel angebracht werden. Der Mitteltrieb wird etwas unter dem Niveau der Seitentriebe gehalten, damit diese sich kräftigen.

Im folgenden Jahr werden die Seitentriebe am Spalierdraht waagerecht befestigt, mit Ausnahme des vorderen Teiles, der schräg nach oben gelenkt werden muss. Dadurch wird die Spitzenknospe im Austrieb und im Wachstum gefördert. Das endgültige Waagerechtstellen ist erst dann möglich, wenn die Palmette ihren vorgegebenen Standraum seitlich ausfüllt. Die nächste Etage befindet sich etwa 30 cm über der ersten. An dieser Stelle muss die gleiche Konstellation der Seitenknospen und Spitzenknospe sein wie bei der unteren Etage. Das Formen der Triebe erfolgt wie bei der unteren Etage. Austriebe auf der Länge des waagerecht gestellten Holzes müssen entspitzt werden, damit sie sich zu Fruchtholz entwickeln.

In dieser Weise wird Etage für Etage aufgebaut, bis die mögliche bzw. gewünschte Höhe erreicht ist. Es ist aber unbedingt darauf zu achten, dass mit dem Aufbau einer neuen Etage erst dann begonnen wird, wenn sich die unteren kräftig genug entwickelt haben.

Befestigen der Seitentriebe im Winkel von 45°, dabei ist der Mitteltrieb unter dem Niveau der Seitentriebe zu halten

Ein endgültiges Waagerechtstellen ist erst dann möglich, wenn die Palmette seitlich ihren vorgegebenen Standraum ausgefüllt hat

Beim weiteren Aufbau sind die unteren drei Etagen abgeschlossen; bei den beiden oberen Etagen muss das Wachstum durch schräg aufrecht gerichtete Triebspitzen noch gefördert werden

Birne

Das Wachstum der Birne ist durch eine sehr starke Spitzenförderung geprägt. Deshalb kommt dem natürlichen Wuchsverhalten die Erziehung des Gehölzes mit einer Stammverlängerung und seitlichen Gerüstästen am nächsten. Für kleinere Gärten bevorzugt man deshalb die Spindelerziehung. Darüber hinaus ist die Birne bestens für die Spaliererziehung geeignet. Stärker wachsende Unterlagen wie Birnensämling sind die Voraussetzung für den Anbau in Bauerngärten und Streuobstwiesen.

Nieder-, Halb- und Hochstamm

Pflanzschnitt

Der Konkurrenztrieb an der Stammverlängerung wird entfernt. Dann werden drei bis vier gut verteilte Seitentriebe ausgewählt und auf Saftwaage geschnitten. Die Stammverlängerung schneidet man etwa eine Scherenlänge darüber ab.

Da Birnengehölze oft eine steile Triebstellung haben, müssen die Triebe dann in einem Winkel von etwa 45° abgespreizt werden. Dazu wird ein Spreizholz zwischen Stammverlängerung und Seitentrieb geklemmt.

Erziehungsschnitt zweites bis fünftes Standjahr

Das Ziel des Erziehungsschnittes ist es, eine pyramidale Krone zu entwickeln. Außerdem soll durch den Erziehungsschnitt eine gute Verzweigung mit reichlich Fruchtholz erreicht werden. Deshalb ist in den folgenden Jahren die Stammverlängerung auf 40 bis 50 cm über der letzten Verzweigung zurückzuschneiden.

Eventuelle Konkurrenztriebe müssen entfernt werden.

Beim Pflanzschnitt werden drei bis vier Seitentriebe ausgewählt und zurückgeschnitten; die Stammverlängerung belässt man eine Scherenlänge über dem Ende der Seitentriebe

Erhaltungsschnitt im unteren Bereich der Krone – im oberen Bereich wird die Erziehung noch fortgesetzt

Die Behandlung der Austriebe der Seitenäste richtet sich nach ihrem Abgangswinkel und danach, ob die Spitzenknospe eine Blüten- oder Blattknospe ist. Triebe, deren Spitzenknospe eine Blütenknospe ist, sind Fruchtruten und bleiben ungeschnitten.

Ins Kroneninnere gerichtete Triebe sind gänzlich zu entfernen. Stehen die Triebe lediglich zu steil und sind gleichmäßig verteilt, sind sie herabzubinden. Das trägt zur Fruchtholzbildung bei. Sollte die Verzweigungsdichte zu groß sein, muss für eine Auflockerung gesorgt werden. Ein Anschnitt der seitlichen Triebe und der Fortsetzung der zukünftigen Gerüstäste erfolgt nur, wenn die Verzweigung oder der Zuwachs im letzten Jahr unzureichend waren.

Im Regelfall ist der Erziehungsschnitt nach vier bis fünf Jahren abgeschlossen. Zu dieser Zeit hat der Baum unter günstigen Standortbedingungen eine Höhe von 3,00 bis 3,50 m erreicht. Die Stammverlängerung ist dann nicht mehr erforderlich und wird auf einen flach verlaufenden Seitenast entfernt.

Erhaltungsschnitt

Der Baum muss im Gleichgewicht zwischen Ertrag und Wachstum gehalten werden. Senkrecht stehende Triebe sind aus der Krone zu entfernen. In Jahren ohne Ertrag, beispielsweise

Das Gehölz vor dem Erziehungsschnitt

Der Hochstamm wurde ausgelichtet, drei Leitäste formen die Rundkrone, künftiges Fruchtholz wurde heruntergebunden

durch Blütenfrost, entwickeln sich mehr Triebe als erforderlich. Diese sind bereits im Sommer zu vereinzeln, indem überzählige herausgerissen werden. Einjährige Langtriebe dürfen nicht zurückgeschnitten werden, da sonst das Wachstum aus den oberen Knospen wieder angeregt wird.

Verjüngungsschnitt

Bei Verlagerung der Ertragszone an die Kronenperipherie kann eine Verjüngung erforderlich werden. Das Gehölz kann sowohl in seiner Höhe als auch in seiner Breite reduziert werden. Günstig ist das Zurücksetzen der Äste im Winkel von etwa 120°. Man kann sich mit Zeigefinger und Daumen beider Hände ein solches Dreieck bilden und die Baumkrone anvisieren. Damit erhält man etwa den Rahmen, in dem die Krone zurückgeschnitten wird. Bei älteren Bäumen mit dominantem Mittelast, wie wir sie auf Streuobstwiesen vorfinden, kann die Mitte herabgesetzt werden, sodass mehr Licht in das Kroneninnere gelangt.

Busch

Pflanzschnitt

Nach der Auswahl von drei bis vier verteilten Trieben erfolgt der Rückschnitt auf Saftwaage. Wegen der steilen Stellung der Triebe sind diese in

Verjüngungsschnitt

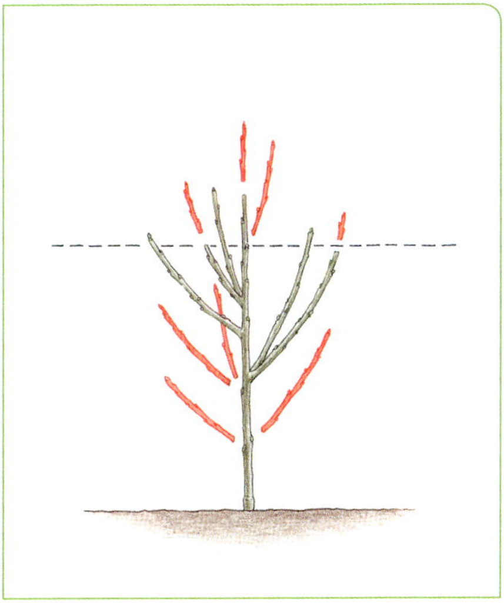

Pflanzschnitt für die Buscherziehung

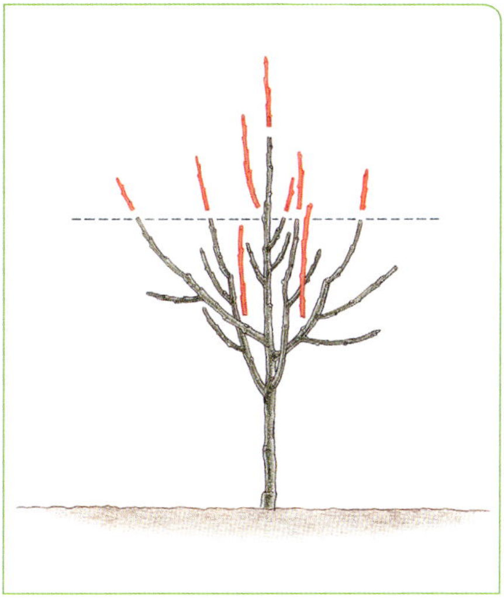

Weiterer Gerüstaufbau bei der Buscherziehung

einem Winkel von 45° abzuspreizen. Die Stammverlängerung bleibt etwa eine Scherenlänge über dem Niveau der Seitentriebe. Das Auge soll sich nach dem Rückschnitt der dem Wind zugewandten Seite befinden, um ein Wegbrechen zu verhindern.

Erziehungsschnitt

Der Erziehungsschnitt als Busch entspricht dem von Nieder-, Halb- und Hochstämmen. Ziel ist es, eine pyramidale Krone zu entwickeln. Die Triebleistung ist aufgrund der geringeren Stammlänge aber größer. Der Rückschnitt der Triebe zur Kronenerziehung sollte deshalb schwächer sein. Außerdem soll durch den Erziehungsschnitt eine gute Verzweigung mit reichlich Fruchtholz erreicht werden. Deshalb ist in den folgenden Jahren die Stammverlängerung auf 40 bis 50 cm über der letzten Verzweigung

Triebformen

zurückzuschneiden. Eventuelle Konkurrenztriebe müssen entfernt werden.

Die Behandlung der Austriebe der Seitenäste richtet sich nach ihrem Abgangswinkel und danach, ob die Spitzenknospe eine Blüten- oder Blattknospe ist. Triebe, deren Spitzenknospe eine Blütenknospe ist, sind Fruchtruten und bleiben ungeschnitten.

Erhaltungsschnitt
Die Krone soll einen lockeren Aufbau behalten. Es sind alle in das Kroneninnere wachsenden Triebe zu entfernen. Da die Birne auch noch am älteren Kurzholz gute Fruchtqualitäten bringt, kann mit dem Ersatz älterer Fruchtäste durch jüngere etwas länger gewartet werden als beim Apfel. Einjährige Langtriebe dürfen nicht eingekürzt werden, sondern sind waagerecht zu stellen. Überzählige Triebe sind bereits im Sommer herauszureißen.

Herausreißen überzähliger neuer Triebe

Verjüngungsschnitt
Bei Verlagerung der Ertragszone an die Kronenperipherie kann eine Verjüngung erforderlich werden, bei der das Gehölz in seiner Ausdehnung reduziert wird. Günstig ist das Zurücksetzen der Äste in einem Winkel von etwa 120°. Man kann sich mit Zeigefinger und Daumen beider Hände ein solches Dreieck bilden und die Baumkrone anvisieren. Damit erhält man etwa den Rahmen, in dem die Krone zurückgeschnitten wird. Auch das Heraussägen der Stammverlängerung ist eine Möglichkeit der Verjüngung.

Spindel

Pflanzschnitt
Zuerst werden im zukünftigen Stammbereich von 60 bis 70 cm vorhandene Seitentriebe entfernt. Von den übrig gebliebenen wählt man drei Seitentriebe aus, die gut verteilt um die Mittelachse angeordnet sind. Diese werden um etwa ein Drittel ihrer Länge eingekürzt. Wenn diese Triebe zu steil stehen, müssen sie in einem Winkel von etwa 60° zur Senkrechten abgespreizt oder herabgebunden werden. Sie dürfen aber nicht in eine waagerechte Stellung gebracht werden. Dadurch würde die Entwicklung der Seitentriebe gegenüber dem Wachstum der Stammverlängerung zu stark gehemmt.

Vorhandene Konkurrenztriebe an der Stammverlängerung sind wegzuschneiden. Die Stammverlängerung wird etwa 40 cm über dem obersten Seitentrieb zurückgeschnitten.

Verjüngungsschnitt

Erziehungsschnitt

Im Gegensatz zum Apfel wachsen die Austriebe nach dem Pflanzschnitt bei der Birne oftmals sehr steil nach oben und können eine beträchtliche Länge und auch Stärke erreichen. Hier empfiehlt es sich, bereits in der Vegetationszeit, wenn die Triebe an der Basis beginnen zu verholzen, diese herunterzubinden oder mit Gewichten zu beschweren. Dadurch wird das Wachstum etwas gebremst. Im Folgejahr wird die Stammverlängerung etwa 40 cm über der letzten Verzweigung eingekürzt. Weitere kräftige, steil stehende Triebe, die für den Kronenaufbau nicht benötigt werden, schneidet man auf drei bis vier Knospen zurück. Das bewirkt eine frühzeitige Bildung des für die Birne typischen quirligen

Pflanzschnitt für die Spindel

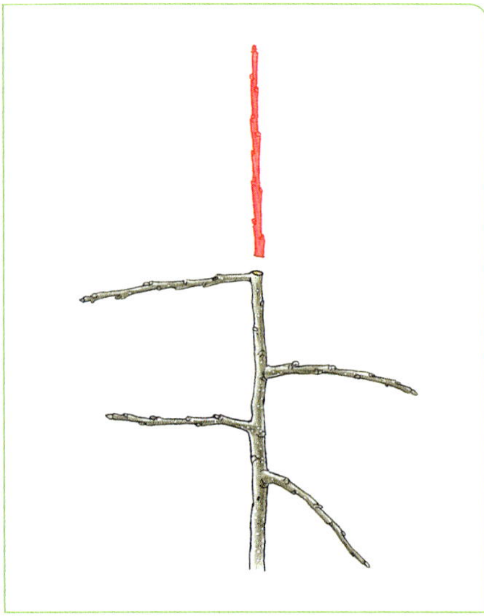

Schnitt auf einen Seitenast

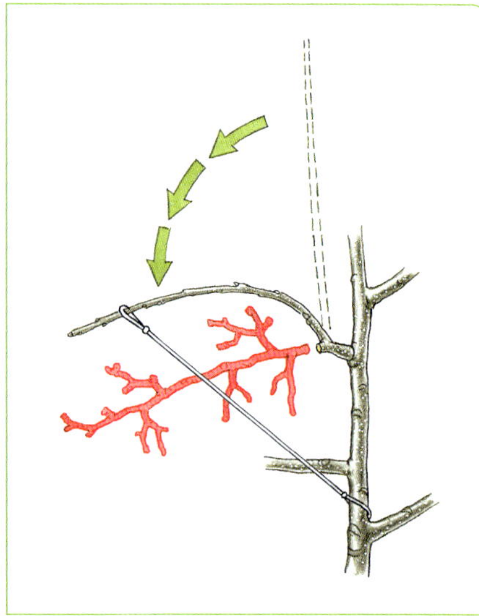

Erziehung neuer Fruchtruten

Fruchtholzes. Triebe mit einer endständigen Blütenknospe bleiben unbehandelt. Hat der Baum die gewünschte Höhe erreicht, schneidet man die Stammverlängerung auf einen flach verlaufenden Ast zurück.

Erhaltungsschnitt (Fruchtastumtrieb)

Dem Erhaltungsschnitt muss bei der Birne insbesondere aufgrund der starken Oberseitentriebförderung besonders Rechnung getragen werden. Neben der Erneuerung von abgetragenen Fruchtästen gilt es, die Krone auch dahingehend zu überwachen, dass sich die Oberseitentriebe nicht als Konkurrenten zur Mittelachse entwickeln. Das bogenförmige Absenken der Fruchtäste ist bei der Birne stärker ausgeprägt als beim Apfel. Die auf dem Scheitel eines Fruchtastes gebildeten Langtriebe können zu seiner Erneuerung beitragen. Abgetragenes Holz wird an dieser Stelle entfernt.

Spalier

Schnurbaum

Von der dominanten Mittelachse geht unmittelbar das Fruchtholz ab. Im ersten Standjahr ist der Konkurrenztrieb an der Stammverlängerung zu entfernen. Die Seitentriebe werden waagerecht gestellt und nicht zurückgeschnitten. Der Mitteltrieb bleibt ebenfalls ungeschnitten.

Eine Triebbildung aus Knospen auf der Oberseite der waagerechten Triebe unterbindet man, indem sie entspitzt werden.

Im zweiten Jahr wird die Stammverlängerung auf etwa 40 cm über der letzten Seitenverzweigung zurückgeschnitten. Austriebe aus den im Vorjahr entspitzten Trieben werden weggeschnitten.

Ab dem dritten Standjahr haben sich im unteren Triebbereich Blütenknospen gebildet. Die Fruchtlast zieht die Triebe nach unten. Das fördert die Neutriebbildung an der Basis der Fruchttriebe. Bei steilem Wuchs sind sie waagerecht zu stellen. Im Folgejahr werden sich an ihnen Blütenknospen bilden. Sie sind der Ersatz für die älteren Fruchttriebe. Diese steil stehenden Triebe dürfen deshalb nicht eingekürzt werden. Das hätte zur Folge, dass sich aus den Knospen unterhalb der Schnittstelle neue Triebe bilden, aber keine Blütenknospen.

Pflanzschnitt bei einem Schnurbaum

Rückschnitt des herabgezogenen Triebes auf einen aufstrebenden Jungtrieb

U-Formen

Bei der einfachen U-Form gehen vom Stamm zwei parallel verlaufende senkrechte Schnurbäume ab. Als Pflanzmaterial eignet sich eine einjährige Veredlung. Sie wird auf etwa 40 cm zurückgeschnitten, sodass sich zwei Knospen parallel zum Spalier gegenüberstehen. Die Austriebe werden schräg aufwärts am Spalier befestigt. Weitere Austriebe entfernt man. Ausgangs des Sommers werden die nun verholzten Triebe waagerecht am Spalier befestigt und jeweils im Abstand von mindestens 20 cm vom Stamm senkrecht am Spalier befestigt. Beide senkrechten Achsen müssen in einer Höhe enden. In den Folgejahren entspricht die weitere Erziehung der des Schnurbaumes.

Die doppelte U-Form erfordert als Pflanzmaterial ebenfalls eine einjährige Veredlung. Der Trieb wird auf eine Länge von etwa 30 bis 40 cm zurückgeschnitten. Unterhalb der Schnittstelle muss sich je ein nach rechts und links gerichtetes Auge befinden.

Die Austriebe werden flach am ersten Spalierdraht gebunden, wobei die Triebspitze leicht nach oben zeigen soll. Dadurch wird das Längenwachstum über die Vegetationszeit gefördert. Im folgenden Frühjahr schneidet man die beiden Kordonarme in Höhe des nächsten Spalierdrahtes, der etwa 30 bis 40 cm oberhalb des ersten angebracht ist, zurück. Auch hier müssen die beiden oberen Augen nach rechts und links gerichtet sein.

Die Austriebe werden jeweils nach rechts und links abgeleitet und in einem Abstand von etwa 50 cm senkrecht nach oben geleitet. Alle vier

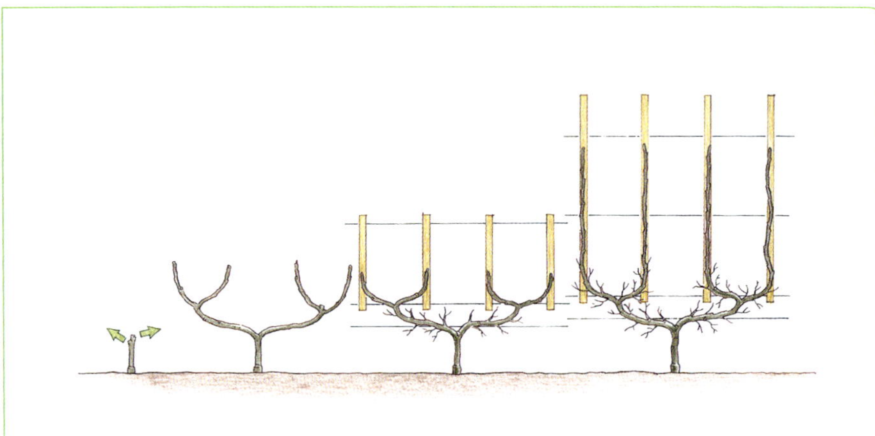

Erziehung einer doppelten U-Form (von links nach rechts): Rückschnitt des Gehölzes auf ein nach rechts und ein nach links gerichtetes Auge; die nach oben gerichteten Triebspitzen fördern das Längenwachstum, Rückschnitt der beiden Kordonarme in der Höhe des nächsten Spalierdrahtes; Ableiten der Austriebe am Spalierdraht; Austriebe werden am Spalier nach oben geleitet

Bei der fertiggestellten U-Form sind Schnittmaßnahmen im Sommer erforderlich

senkrechten Arme müssen in gleicher Höhe enden. Sollte dies nicht der Fall sein, richtet man sich nach dem schwächsten und schneidet die anderen auf seine Höhe zurück.

Alle weiteren Austriebe, die nicht dem Aufbau dienen, werden im Sommer nach dem vierten voll entwickelten Blatt entspitzt. Dadurch kommt es zur Fruchtholzbildung.

Palmetten

Als Pflanzmaterial eignet sich am besten ein Gehölz mit einer bereits in der Baumschule gebildeten ersten Etage in 30 cm Höhe. Die beiden Seitentriebe werden in einem Winkel von 45° vorerst am Spalier befestigt. Das fördert den Austrieb der Spitzenknospe und das Längenwachstum. Sind die Triebe noch nicht so lang, dass sie an den nächsten Draht heranreichen, kann man dies durch Latten oder Tonkingstäbe unterstützen, die in dem oben genannten Winkel angebracht sind. Der Mitteltrieb wird etwas unter dem Niveau der Seitentriebe gehalten, damit sich die Seitentriebe kräftigen.

Im folgenden Jahr werden die Seitentriebe waagerecht am Spalierdraht befestigt, mit Ausnahme des vorderen

Befestigen der Seitentriebe im Winkel von 45°, wobei der Mitteltrieb unter dem Niveau der Seitentriebe zu halten ist

Ein endgültiges Waagerechtstellen ist erst dann möglich, wenn die Palmette seitlich ihren vorgegebenen Standraum ausgefüllt hat

Beim weiteren Aufbau sind die unteren drei Etagen abgeschlossen; bei den beiden oberen Etagen muss das Wachstum durch schräg aufrecht gerichtete Triebspitzen noch gefördert werden

Teiles, der schräg nach oben gelenkt werden muss. Dadurch wird die Spitzenknospe im Austrieb und im Wachstum gefördert. Das endgültige Waagerechtstellen ist erst dann möglich, wenn die Palmette seitlich ihren vorgegebenen Standraum ausfüllt. Die nächste Etage befindet sich etwa 30 cm über der ersten. An dieser Stelle muss die gleiche Konstellation der Seitenknospen und Spitzenknospe sein wie bei der unteren Etage. Das Formen der Triebe erfolgt wie bei der unteren Etage. Austriebe auf der Länge des waagerecht gestellten Holzes müssen entspitzt werden, damit sie sich zu Fruchtholz entwickeln.

In dieser Weise wird Etage für Etage aufgebaut, bis die mögliche Höhe erreicht ist. Es ist aber unbedingt darauf zu achten, dass mit dem Aufbau einer neuen Etage erst dann begonnen wird, wenn sich die unteren kräftig genug entwickelt haben.

Quitte

Bei der Quitte unterscheidet man je nach der Fruchtform zwischen Apfel- und Birnenquitten. Auf die Erziehung und den Schnitt hat dies aber keinen Einfluss. Im Gegensatz zu Apfel und Birne bleibt die Quitte im Wuchs grundsätzlich kleiner.

Niederstamm

Der Pflanzschnitt entspricht dem des Apfels als Niederstamm. Drei bis vier Seitentriebe werden als zukünftige Gerüstäste ausgewählt und eingekürzt. Das Gehölz kann mit oder ohne Stammverlängerung erzogen werden. Ist eine Stammverlängerung vorhanden, belässt man sie etwa eine Scherenlänge über der Ebene der zurückgeschnittenen Seitentriebe.

Bei der weiteren Kronenentwicklung entfernt man nach innen wachsende Triebe. Nach fünf bis sechs Jahren hat sich dann eine leistungsfähige Krone aufgebaut.

Beim Erhaltungsschnitt ist die Bildung der Fruchttriebe zu beachten. Die Quitte fruchtet an Kurztrieben, die sich an vorjährigen Langtrieben bilden. Deshalb sind Langtriebe nach dem Pflanzschnitt nicht mehr einzukürzen.

Busch

Beim Busch verfährt man analog zum Niederstamm, nur mit dem Unterschied, dass beim Busch der Stamm kürzer ist als beim Niederstamm. Das kann sich auf eine kräftigere Triebentwicklung auswirken. Wenn Langtriebe zur Kronenentwicklung zurückgeschnitten werden müssen, muss der Rückschnitt verhaltener erfolgen.

Pflanzschnitt für eine pyramidale Kronenform (links) und eine Hohlkrone (rechts)

Spindel

Bei der Erziehung als Spindel ist die Gerüstastspindel vorteilhaft, weil auch hierbei der Natur der Quitte entsprochen wird.

Hohlkrone

Die Erziehung als Hohlkrone ohne Stammverlängerung hat den Vorteil, dass das Kroneninnere besser belichtet wird. Beim Pflanzschnitt werden deshalb nur die Triebe für die zukünftigen Gerüstäste ausgewählt und auf Saftwaage zurückgeschnitten. Die Stammverlängerung ist entweder gar nicht vorhanden oder man schneidet sie weg. Alle weiteren Schnittmaßnahmen entsprechen denen beim Niederstamm.

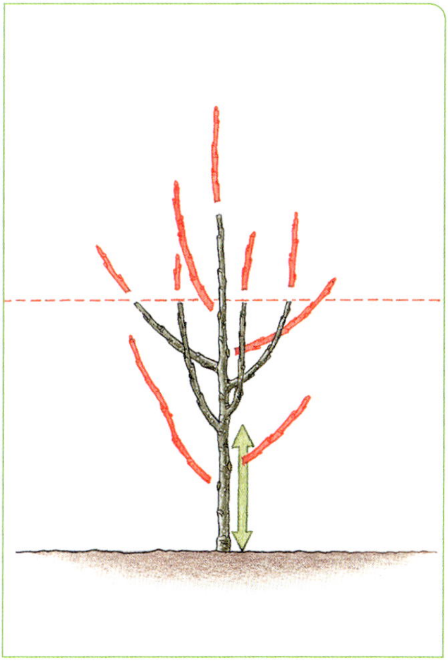

Vorgehensweise beim Pflanzschnitt für die Erziehung als Busch

Spalier

Als Spaliererziehung kommt der Freie Fächer dem natürlichen Wuchs- und

Entwicklung eines Freien Fächers; links: Rückschnitt des Gehölzes auf 40 cm, 4 Augen kommen zum Austrieb, rechts: Anbinden der Triebe schräg am Spalier

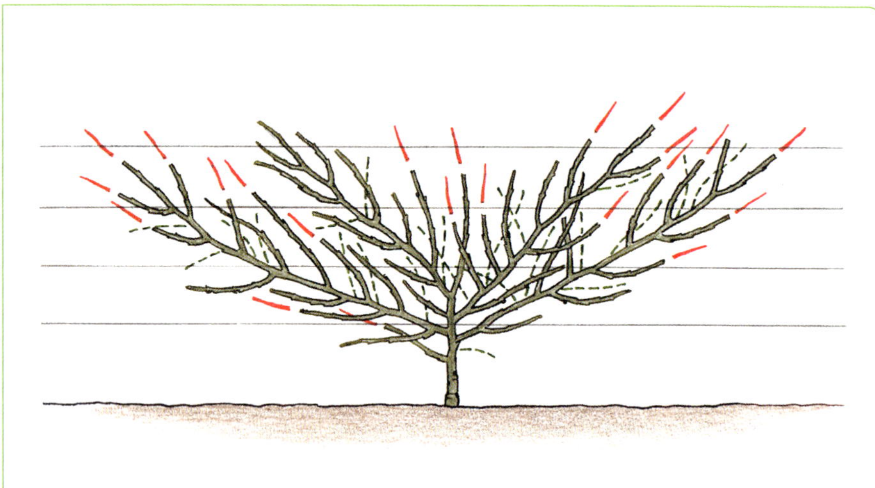

Einkürzen von Fruchttrieben und Entfernen überflüssiger Holztriebe, alle Triebe benötigen ausreichend Licht

Fruchtungsverhalten am ehesten entgegen. Bei der Quitte wird kein strenger Fruchtholzschnitt praktiziert. Beim Pflanzschnitt belässt man seitliche Triebe, die schräg aufwärts am Spalier befestigt werden. Alle nach vorn oder zur Wand gerichteten Triebe entfernt man.

Süßkirsche

Süßkirschen haben ein starkes und aufstrebendes Wachstum und sind für die sogenannte „Quirlholzbildung" charakteristisch. Durch die starke Spitzenförderung gelangen ausschließlich die Terminalknospe sowie die darunter befindlichen Konkurrenzknospen zum Austrieb. Das Ergebnis ist ein Quirl von Trieben.

Busch, Nieder-, Halb- und Hochstamm

Pflanzschnitt
Es werden drei bis vier gut verteilte Seitentriebe ausgewählt und auf Saftwaage geschnitten. Die Stammverlängerung schneidet man etwa eine Scherenlänge darüber ab.

Erziehungsschnitt
Der Rückschnitt der einjährigen Triebe bewirkt den Austrieb der unter der Schnittstelle befindlichen zwei bis vier Augen. Dadurch wird die Verzweigung gefördert. Triebe, die steil nach oben oder in das Kroneninnere wachsen, entfernt man an ihrer Basis. Ein erneuter Rückschnitt der anderen Verzweigungen fördert einerseits das Dickenwachstum der zukünftigen Gerüstäste und zum anderen wird ein erneuter Austrieb gefördert. So wird etappenweise die Krone aufgebaut. Da sich die Krone von unten nach oben im Aufbau befindet, setzt etwa im dritten Standjahr im unteren Kronenbereich der Ertrag ein. Damit lässt das Triebwachstum in diesem Bereich nach. Im oberen Bereich wird der Erziehungsschnitt weitergeführt, bis die Krone fertig aufgebaut ist.

Durch Knospenausbrechen kann man das Wachstum steuern; links: quirlig stehende Knospen an der Triebspitze, rechts: die neben der Spitzenknospe befindlichen Knospen bricht man aus

Beim Pflanzschnitt werden drei bis vier Seitentriebe ausgewählt und zurückgeschnitten; die Stammverlängerung belässt man eine Scherenlänge über dem Ende der Seitentriebe

Spindel

Charakteristika einer Süßkirschenspindel sind: Die freie Stammlänge beträgt zwischen 60 und 70 cm. Sie hat eine durchgängige Mittelachse, um die, gleichmäßig und spindelförmig verteilt, die Seitentriebe angeordnet sind. Die Wuchsform der Süßkirschenspindel ist pyramidal.

Pflanzschnitt

Die freie Stammverlängerung muss 60 bis 70 cm betragen. Die Seitentriebe werden nicht eingekürzt, sondern durch geeignete Hilfsmaßnahmen in eine waagerechte Stellung gebracht. Die Stammverlängerung wird nicht an-

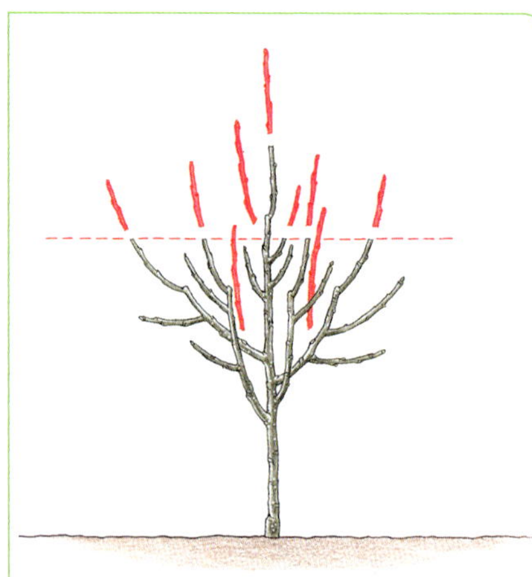

Erziehungsschnitt bei pyramidaler Kronenform

geschnitten. Sämtliche Konkurrenzknospen unterhalb der Spitzenknospe an den Seitentrieben und am Mitteltrieb sind auszubrechen. Dadurch wird die Bildung von Konkurrenztrieben und Quirlholz verhindert.

Erziehungsschnitt
Im ersten Vegetationsjahr ist darauf zu achten, dass eine waagerechte Stellung des Neuwuchses beibehalten bleibt. Wachsen Knospen steil aufrecht aus den Seitentrieben heraus, müssen sie waagerecht gestellt werden. Ist das nicht möglich, entspitzt man sie. Dadurch bilden sie später zusätzlich Fruchtholz. Mit Beginn des zweiten Vegetationsjahres werden wieder Konkurrenzknospen im Umfeld der Spitzenknospe aller Triebe ausgebrochen. Haben sich dennoch steil stehende Triebe entwickelt, schneidet man sie auf Zapfen auf ein nach außen gerichtetes Auge zurück. Die Austriebe aus den Augen müssen entspitzt werden. Sind an der Stammverlängerung keine Seitenverzweigungen vorhanden, kann man durch Schneiden von Kerben oberhalb der Knospe das Austreiben dieser fördern. Diese Maßnahmen werden fortgesetzt, bis der Baum die gewünschte Höhe und Breite erreicht hat. Soll die Höhe begrenzt werden, ist die Stammverlängerung auf einen flach verlaufenden Seitenast zurückzuschneiden. Hierbei muss darauf geachtet werden, dass der Durchmesser des Seitenastes an seiner Ansatzstelle mindestens die Hälfte des Durchmessers der Schnittstelle beträgt. Ist das noch nicht der Fall, muss man die Stammverlängerung stufenweise herabsetzen. Man belässt die Stammverlängerung als Zapfen von etwa 25 bis 30 cm über der gewünschten Schnittstelle. Dadurch kann sich der Seitenast in den folgenden ein oder zwei Jahren erst einmal kräftigen. Austriebe, die aus

Zweijährige Süßkirschenspindeln

Die Triebe an der Stammverlängerung sind abgespreizt

Waagerechtstellen der Äste durch Binden; rechts: gebunden, links: ungebunden

Austriebe am belassenen Zapfen

Gute Triebstreuung durch Knospenausbrechen an der Stammverlängerung

Gute Triebverteilung durch Knospenausbrechen am Seitentrieb

dem Zapfen herauswachsen, müssen bei einer Länge von etwa 15 bis 20 cm entspitzt werden.

Verjüngungsschnitt

Besonders bei Spindelbäumen auf schwächer wachsenden Unterlagen kann es vom siebenten bis zehnten Standjahr erforderlich sein, die Bildung von jungem Fruchtholz anzuregen. Das erreicht man, indem zwei- oder dreijährige Äste auf einen Bukettspross zurückgeschnitten werden. Der Bukettspross besitzt neben einer Vielzahl von Blütenknospen auch eine vegetative Knospe. Diese treibt durch den an der Schnittstelle erzeugten Saftstau als Langtrieb aus. Die Maßnahme ist am gesamten Gehölz so durchzuführen, dass die pyramidale Form beibehalten wird.

U-Form

Die Verwendung schwächer wachsender Unterlagen bei der Süßkirsche ermöglicht die Erziehung zu dieser Spalierform. Voraussetzung ist, dass das Gehölz zwei seitlich ausgerichtete Triebe besitzt. Eine Mittelachse (Stammverlängerung) wird nicht benötigt. Das Gehölz wird so gepflanzt, dass die Seitentriebe parallel zum Spalier verlaufen. Zwischen den später verlaufenden senkrechten Achsen soll der Abstand 60 bis 80 cm betragen.

Pflanzschnitt/Triebbehandlung

Die Seitentriebe werden in einem Winkel von etwa 45° am Spalier befestigt. Sämtliche Konkurrenzknospen unterhalb der Spitzenknospe werden ausgebrochen. Der Winkel der Triebe bewirkt, dass jeweils die Spitzenknospen kräftig austreiben.

Rückschnitt auf einen Bukettspross

Erziehungsschnitt

Bilden sich aus den Knospen auf der Trieboberseite Austriebe, entspitzt man sie bei einer Länge von etwa 15 cm. Es kann dadurch allerdings zu einem erneuten Durchtreiben von Blattachselknospen kommen. In diesem Fall muss nach Triebabschluss nochmals auf drei bis vier Blätter zurückgeschnitten werden. Mit Abschluss des Längenwachstums wird der untere Triebteil so weit waagerecht gestellt, dass der oben genannte Abstand erreicht wird. Die Triebe sind an der Biegestelle zu fixieren. Dann werden die beiden Triebverlängerungen senkrecht am Spalier befestigt.

Im folgenden Frühjahr werden wieder die Konkurrenzknospen unterhalb der Spitzenknospe ausgebrochen. An den seitlichen Knospen wird nichts unternommen. Aus ihnen soll sich das Fruchtholz in Form von Bukettsprossen bilden. Im Verlauf der Vegetationszeit ist aber darauf zu achten, dass sich aus den Seitenknospen keine

Bei der fertiggestellten U-Form sind Schnittmaßnahmen im Sommer erforderlich

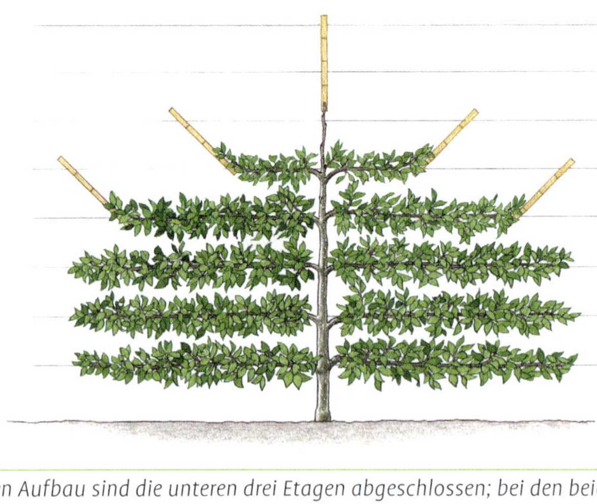

Beim weiteren Aufbau sind die unteren drei Etagen abgeschlossen; bei den beiden oberen Etagen muss das Wachstum durch schräg aufrecht gerichtete Triebspitzen noch gefördert werden

Langtriebe entwickeln. Sollten sie dennoch dazu neigen, müssen sie entspitzt werden.

Die Triebverlängerungen aus den Spitzenknospen befestigt man am Spalier.

Haben die beiden senkrechten Arme die Spalierhöhe erreicht, werden im Frühjahr außer den Konkurrenzknospen auch die Spitzenknospen ausgebrochen. Die Triebspitze darf nicht abgeschnitten werden, da sonst durch den Saftstau der Schnittstelle die darunter sitzenden Knospen zum starken Austrieb angeregt werden und die Funktion der Triebverlängerung übernehmen. Wichtig ist, dass bei dieser Erziehung jegliche Langtriebbildung durch das Entspitzen und gegebenenfalls weiteres Zurückschneiden unterbunden wird. Die Triebe sollten dann nicht länger als 10 cm sein.

Pinzierte Konkurrenztriebe unterhalb der Stammverlängerung zur Erziehung als Spindel

Palmetten

Für Palmettenformen sollten etwas stärker wachsende Unterlagen, beispielsweise ‘PiKu 1’ oder ‘PiKu 4’, verwendet werden. Grundsätzlich ist ein Gehölz mit einer Stammverlängerung erforderlich. Es ist eine Erziehung als Verrier-Palmette oder auch Palmette mit schrägen Ästen möglich. Die Verrier-Palmette vereinigt in sich geschachtelte U-Formen. Bei der Palmette mit schrägen Ästen verlaufen in Etagen von der Mittelachse schräg abgehende Fruchtäste. Der Abgangswinkel sollte aber weniger als 45° betragen, da sonst das Wachstum stark gefördert wird.

Sauerkirsche

Nieder-, Halb- und Hochstamm

Pflanzschnitt

Der Pflanzschnitt wird im Frühjahr nach der Pflanzung ausgeführt. Es sind drei bis vier kräftige Seitentriebe als zukünftige Gerüstäste auszuwählen und auf Saftwaage zu schneiden. Der Winkel der Triebe sollte etwa 45° betragen. Wenn eine Stammverlängerung vorhanden ist, belässt man diese etwa eine Scherenlänge über der Ebene der Seitentriebe.

Erziehungsschnitt

Bei diesen Baumformen muss über mehrere Jahre ein leistungsfähiges Kronengerüst aufgebaut werden. Erziehungsschnitt und Fruchtholzschnitt müssen dabei parallel angewendet werden.

Beim Erziehungsschnitt orientiert man sich auf eine Vergrößerung der Krone. Dies erreicht man, indem Triebe auf Auslage, das heißt auf nach außen gerichtete Triebe, geschnitten werden und man die Astrangordnung einhält.

Fruchtholzschnitt

Der Fruchtholzschnitt bezieht sich auf das Entfernen von abgetragenem Fruchtholz, ohne in das Kronengerüst einzugreifen. Bei Sorten, die ausschließlich an einjährigen Trieben fruchten, verhindert man dadurch die sogenannte „Peitschenbildung". Deshalb ist der Fruchtholzschnitt mindestens alle zwei bis drei Jahre durchzuführen. Fruchtet die Sauerkirschensorte auch an Kurztrieben oder Bukettsprossen, kann mit der Erneuerung von Fruchtästen länger gewartet werden.

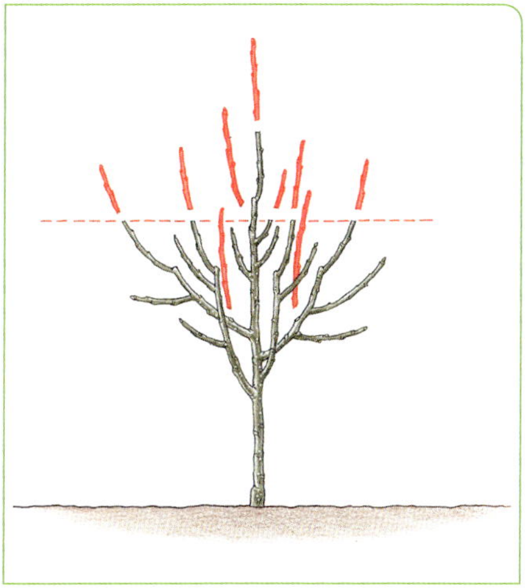

Erziehungsschnitt bei pyramidaler Kronenform

Rückschnitt einer mehrjährigen Peitsche auf einen Austrieb an der Basis

Sauerkirschenniederstamm der Sorte 'Safir'

Sauerkirschensorte 'Karneol' als Niederstamm auf der Unterlage Prunus avium

Busch

Pflanzschnitt

Der Pflanzschnitt wird im Frühjahr nach der Pflanzung ausgeführt. Die Stammlänge beträgt beim Busch etwa 60 cm.

Es sind drei bis vier kräftige Seitentriebe als zukünftige Gerüstäste auszuwählen und auf Saftwaage zu schneiden. Der Winkel der Triebe sollte etwa 45° betragen. Wenn eine Stammverlängerung vorhanden ist, belässt man diese etwa eine Scherenlänge über der Ebene der Seitentriebe.

Erziehungsschnitt

Es ist über mehrere Jahre ein leistungsfähiges Kronengerüst aufzubauen. Erziehungsschnitt und Fruchtholzschnitt müssen dabei parallel angewendet werden.

Beim Erziehungsschnitt orientiert man sich auf eine Vergrößerung der Krone. Das erreicht man, indem Triebe auf Auslage geschnitten werden und die Astrangordnung eingehalten wird.

Fruchtholzschnitt

Der Fruchtholzschnitt bezieht sich auf das Entfernen von abgetragenem Fruchtholz und erfolgt wie beim Nieder-, Halb- und Hochstamm, ohne in das Kronengerüst einzugreifen. Bei Sorten, die ausschließlich an einjährigen Trieben fruchten, verhindert man dadurch die sogenannte „Peitschenbildung". Deshalb ist der Fruchtholzschnitt mindestens alle zwei bis drei Jahre durchzuführen. Fruchtet die Sauerkirschensorte auch an Kurztrieben oder Bukettsprossen, kann mit der Erneuerung von Fruchtästen länger gewartet werden.

Spindel

Pflanzschnitt

Werden Sauerkirschen als Spindel erzogen, wird kein Pflanzschnitt durchgeführt, sondern die Seitentriebe werden durch geeignete Hilfsmaßnahmen in eine waagerechte Stellung gebracht. Die Stammverlängerung wird nicht angeschnitten. Die Sorte 'Schattenmorelle' ist für die Spindelerziehung nicht geeignet, da sie nicht ein so ausgeprägtes Spitzenwachstum hat.

Erziehungs- und Fruchtholzschnitt

Die Seitentriebe sollen sich nicht zu Gerüstästen entwickeln, sondern werden bereits im Folgejahr fruchttragende Triebe sein. Aufgrund der Last von Früchten und Blättern haben diese Triebe eine leicht hängende Stellung. Dadurch kommt es an deren Basis zur Bildung von Neuwuchs. Dieser bildet im kommenden Jahr das neue Fruchtholz, das abgetragene wird entfernt. Erst wenn der Baum die gewünschte Höhe erreicht hat, schneidet man die Stammverlängerung über einem flach verlaufenden Seitenast weg.

Freier Fächer

Bei dieser Erziehung sind die Fruchtholz tragenden Äste unregelmäßig angeordnet. Die einzelnen Äste bindet man schräg aufwärts an das Lattenspalier. Seitlich angeordnete Äste sollten einen Abstand von 50 bis 70 cm übereinander haben, damit eine ausreichende Belichtung gewährleistet ist. Hohe Wandspaliere, die mehrere Astetagen erfordern, setzen das Vorhandensein einer Stammverlängerung voraus. Damit sich die untere Astpartie kräftig entwickeln kann, ist der Mittel-

Aufbau der Sauerkirsche als Baum

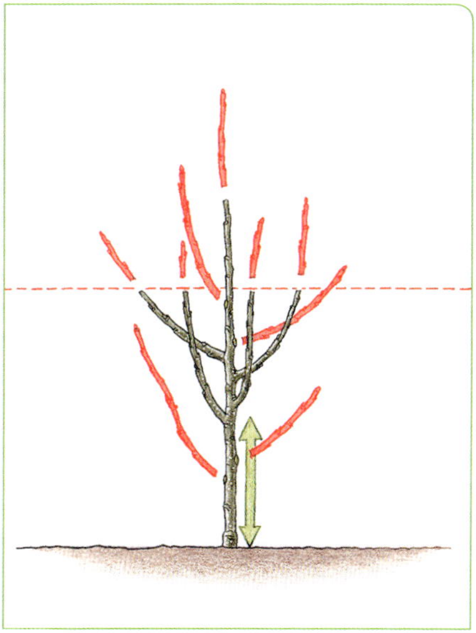

Pflanzschnitt für eine pyramidale Kronenform beim Busch

Sauerkirschensorte 'Topas' als Spindel erzogen auf der Unterlage Prunus mahaleb

Sauerkirschenfächer

trieb stark zurückzuschneiden. Wird dies unterlassen, kommt es zur Förderung des Mitteltriebes und somit sehr schnell zur Unterdrückung der unteren Astserie sowie zum Überbauen der Krone (Kopflastigkeit).

Pflanzschnitt
Die freie Stammlänge beträgt etwa 60 cm. Der Baum ist so zu pflanzen, dass je ein Seitentrieb nach rechts und links am Spalier im Winkel von 45° befestigt wird. Konkurrenzknospen an den Triebspitzen sind auszubrechen. Der Mitteltrieb muss eine Länge von 50 bis 70 cm über der Ansatzstelle der Seitentriebe haben. Auch bei ihm sind Konkurrenzknospen auszubrechen. Die nächsten Verzweigungen sollen etwas versetzt (nicht als Quirl) am Mitteltrieb herauswachsen.

Erziehungsschnitt
Langtriebe, die sich auf der Oberseite der schräg formierten Triebe bilden, werden wieder schräg am Spalier befestigt. Sollten sie über das Niveau der nächsten Serie der Seitentriebe hinauswachsen, werden sie entspitzt. Stehen sie zu dicht, sind sie mittels Herausreißen zu vereinzeln. Entsprechend der Höhe des Wandspaliers können mehrere Astetagen gebildet werden. Ist die gewünschte Höhe erreicht, wird der Mitteltrieb auf einen flach verlaufenden Trieb abgeleitet.

Fruchtholzschnitt
Die gesamte Spalierfläche muss gleichmäßig mit fruchttragenden Ästen besetzt sein.

Da die Sauerkirschensorten vornehmlich am einjährigen Holz tragen, müssen jährlich abgetragene Fruchttriebe durch neues einjähriges Fruchtholz ersetzt werden. Hierzu nutzt man entweder Austriebe, die sich an der Basis von abgetragenem Fruchtholz gebildet haben oder solche, die in diesem Bereich aus dem älteren Holz hervorgegangen sind.

Pflanzschnitt bei der Fächererziehung

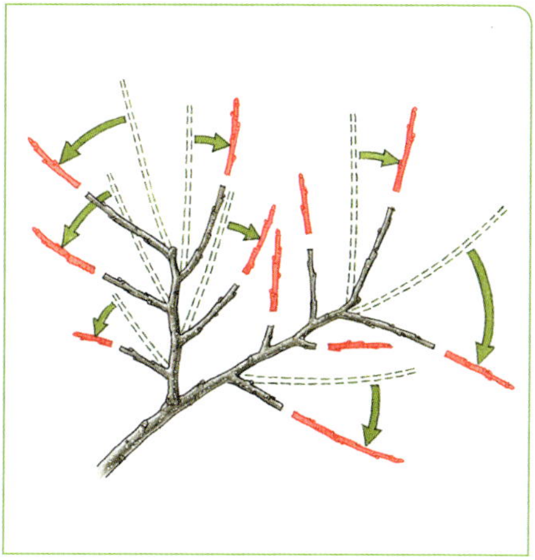

Rückschnitt und Formieren bei der Fächererziehung

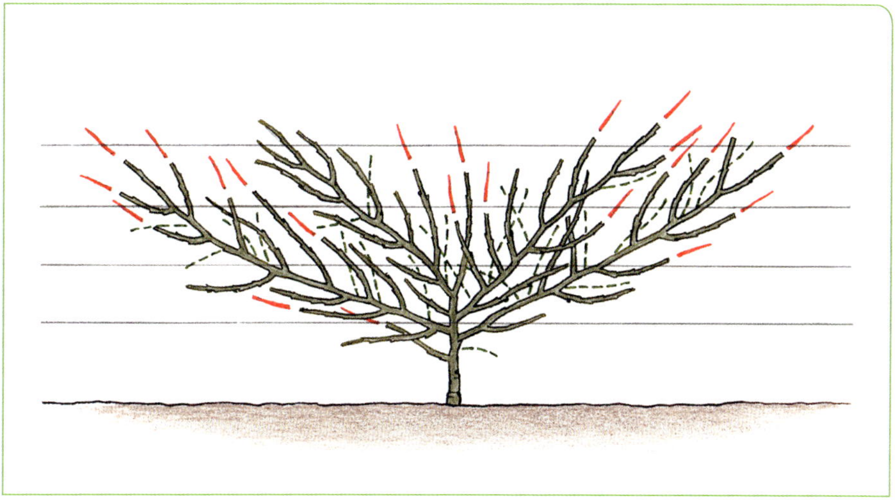

Einkürzen von Fruchttrieben und Entfernen überflüssiger Holztriebe, alle Triebe benötigen ausreichend Licht

Pflaume

Viele Pflaumensorten neigen zu einem aufrechten Wuchs und gelangen dadurch sehr spät zum Ertragsbeginn. Deshalb ist auch bei dieser Obstart der spindelförmigen Erziehung der Vorzug zu geben. Die Pflaume bildet sogenannte „Schlitzäste" und „**Ständertriebe**". Schlitzäste entstehen, weil sich oft nur eine Konkurrenzknospe neben der Spitzenknospe befindet. Beim Austrieb sind die Wuchskräfte gleich und der Winkel zueinander ist sehr steil, sodass es später unter Last zum Astbruch kommt. Ständertriebe werden auf der Astoberseite gebildet.

Busch, Nieder-, Halb- und Hochstamm

Pflanzschnitt

Es werden zuerst alle Triebe im Bereich des zukünftigen Stämmchens in einer Höhe von etwa 50 bis 60 cm über der Bodenoberfläche entfernt. Bei Nieder-, Halb- und Hochstamm ist die Stammlänge in der Baumschule bereits vorgegeben. Danach werden drei bis vier Seitentriebe ausgewählt und auf Saftwaage geschnitten. Die Stammverlängerung wird etwa eine Scherenlänge über dem Niveau der Seitentriebe belassen.

Erziehungsschnitt

Es werden sich sehr kräftige Langtriebe entwickeln. Alle Triebe, die in das Kroneninnere wachsen, entfernt man. Steil stehende Triebe muss man herabbinden oder mit Gewichten beschweren, damit sie in eine mehr waagerechte Stellung geraten. Die Bildung von Kurztrieben wird dadurch gefördert. Während der Kronenerziehung ist es das Ziel, eine breit pyramidale Form zu erreichen. Pflaumen verzweigen sich kaum auf natürliche Weise. Ungeschnitten bilden sich an der Triebspitze aufgrund der Knospenanzahl zwei dicht beieinander sitzende Austriebe. Es ist deshalb erforderlich, bei Trieben mit einem Abgangswinkel von 45° oder flacher durch den Rückschnitt oder durch Ausbrechen der Spitzenknospe die Verzweigung zu fördern. Unter Beachtung der Astrangordnung wird so in den ersten vier bis fünf Standjahren die Krone aufgebaut.

Spindel

Pflanzschnitt

Zuerst wird die freie Stammverlängerung durch das Wegschneiden der in diesem Bereich befindlichen Triebe hergestellt. Seitentriebe stellt man waagerecht. Die Stammverlängerung wird nicht angeschnitten. Konkurrenzknospen unterhalb der Spitzenknospe an den Seitentrieben und am Mitteltrieb bricht man aus. Dadurch wird die Bildung von Konkurrenztrieben verhindert.

Erziehungsschnitt

Zu beachten ist, dass die Pflaume an Lang- und Kurztrieben sowie an Fruchtspießen fruchtet. Das Kurzholz wird an einjährigen Trieben gebildet. Deshalb darf man einjährige Langtriebe nicht einkürzen. Sind sie zu steil

Beim Pflanzschnitt werden drei bis vier Seitentriebe ausgewählt und zurückgeschnitten; die Stammverlängerung belässt man eine Scherenlänge über dem Ende der Seitentriebe

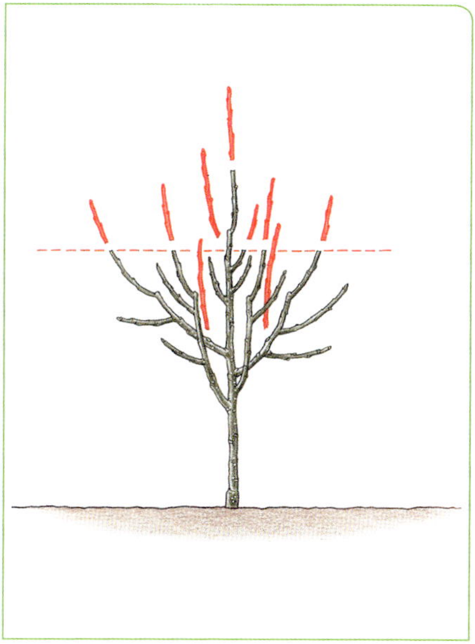

Erziehungsschnitt bei pyramidaler Kronenform

Dreijährige blühende Pflaumenspindel

Vierjährige Pflaumenspindel im Ertrag

gewachsen, müssen sie in eine mehr waagerechte Stellung gebracht werden.

Zusätzlich kann man die Spitzen- und Konkurrenzknospen ausbrechen und fördert so die Kurztriebbildung.

Erneuerungsschnitt

Mit einsetzendem Ertrag kommt es bei Pflaumen zu einer bogenförmigen Fruchtaststellung. Dadurch werden sowohl auf dem Scheitelpunkt als auch an der Basis des Fruchtastes Neutriebe gebildet.

Diese können ohne Probleme zur Erneuerung abgetragener Fruchtäste verwendet werden. Es wird bis an diese Triebe zurückgeschnitten.

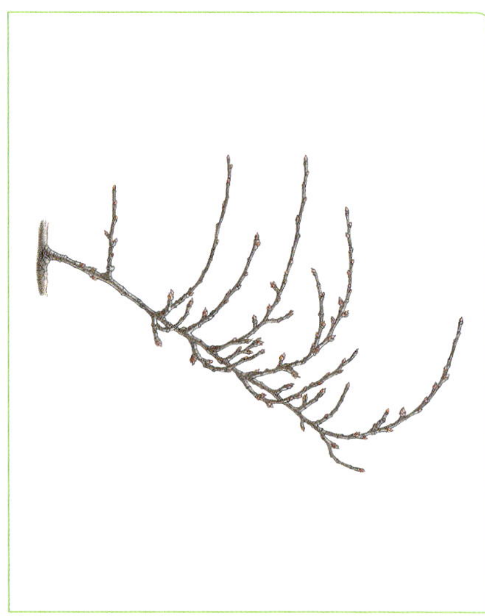

Mehrjähriger Fruchtast

Verjüngungsschnitt

Lässt die Wuchsleistung nach und die Fruchtqualität ist nicht mehr befriedigend, muss man das Gehölz zur Bildung von neuen Langtrieben anregen. Wie bei der Süßkirsche wird dazu der Rückschnitt in den älteren Astbereich auf Kurztriebe vorgenommen.

Tellerkrone

Die Tellerkrone ist bei Pflaumen eine spezielle Erziehungsart, die vor allem in Obstgärten des Rheingebietes und Württembergs vorzufinden ist. Charakteristisch sind für die Erziehungsform: Die freie Stammlänge bemisst etwa einen Meter. Die Gerüstäste haben eine flache Stellung von 45° oder auch weniger. Die Gerüstäste sind gleichrangig in ihrer Entwicklung im Gegensatz zur Stammverlängerung, die unter dem Niveau der Gerüstäste zu halten ist.

Wichtig bei dieser Erziehung ist der jährliche strenge Fruchtholzschnitt. Der Vorteil der Erziehung liegt in der guten Belichtung der Früchte im Kroneninneren. Nachteilig sind der jährlich hohe Schnittaufwand und der größere Standraum des Baumes.

U-Form

Günstig ist für die Erziehung zu dieser Spalierform die Verwendung schwächer wachsender Unterlagen, beispielsweise 'St. Julien GF 655/2'.

Das Gehölz muss nur zwei seitlich ausgerichtete Triebe haben. Es wird so gepflanzt, dass die Seitentriebe parallel zum Spalier verlaufen. Zwischen den später verlaufenden senkrechten Achsen soll der Abstand 60 bis 80 cm betragen.

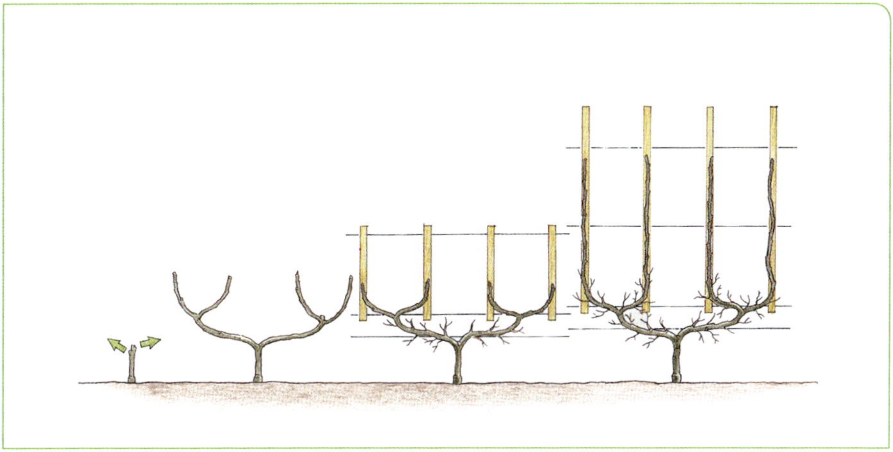

Erziehung einer doppelten U-Form (von links nach rechts): Rückschnitt des Gehölzes auf ein nach rechts und ein nach links gerichtetes Auge; die nach oben gerichteten Triebspitzen fördern das Längenwachstum, Rückschnitt der beiden Kordonarme in der Höhe des nächsten Spalierdrahtes; Ableiten der Austriebe am Spalierdraht; Austriebe werden am Spalier nach oben geleitet

Pflanzschnitt

Die Seitentriebe werden in einem Winkel von etwa 45° am Spalier befestigt. Konkurrenzknospen unterhalb der Spitzenknospe werden ausgebrochen. Der Winkel der Triebe bewirkt, dass jeweils die Spitzenknospen kräftig austreiben.

Erziehungsschnitt

Bilden sich aus den Knospen auf der Trieboberseite Austriebe, entspitzt man sie bei einer Länge von etwa 15 cm. Das kann zu einem erneuten Durchtreiben von Blattachselknospen führen. Dann muss nach Triebabschluss nochmals auf drei bis vier Blätter zurückgeschnitten werden. Mit Abschluss des Längenwachstums wird der untere Triebteil so weit waagerecht gestellt, dass der oben genannte Abstand erreicht wird. Die Triebe sind an der Biegestelle zu fixieren. Die beiden Triebverlängerungen werden senkrecht am Spalier befestigt.

Im folgenden Frühjahr bricht man wieder die Konkurrenzknospen unterhalb der Spitzenknospe aus. Die seitlichen Knospen bleiben unbehandelt. Aus ihnen soll sich das Fruchtholz bilden. Aus den Seitenknospen dürfen sich keine Langtriebe entwickeln. Das

Bei der fertiggestellten U-Form sind Schnittmaßnahmen im Sommer erforderlich

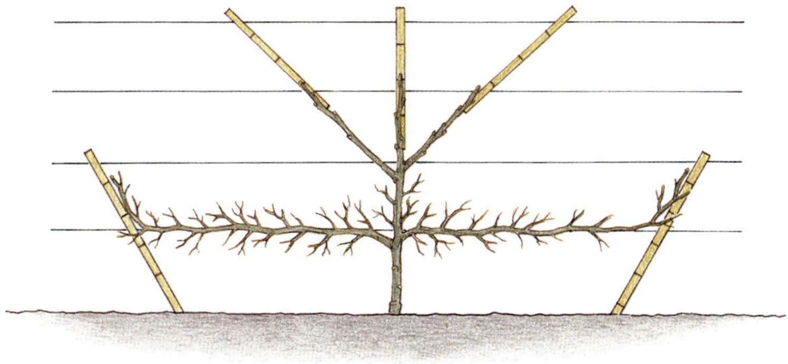

Ein endgültiges Waagerechtstellen ist erst dann möglich, wenn die Palmette seitlich ihren vorgegebenen Standraum ausgefüllt hat

kann insbesondere auf den waagerecht gestellten Trieboberseiten geschehen. Es kommt zur Ständertriebbildung. Diese Triebe müssen entspitzt werden. Die Triebverlängerungen aus den Spitzenknospen befestigt man am Spalier.

Haben die beiden senkrechten Arme die Spalierhöhe erreicht, werden im Frühjahr außer den Konkurrenzknospen auch noch die Spitzenknospen ausgebrochen. Die Triebspitze darf nicht abgeschnitten werden, da sonst durch den Saftstau an der Schnittstelle die darunter sitzenden Knospen zum starken Austrieb angeregt werden und die Funktion der Triebverlängerung übernehmen. Über die weitere Standzeit des Gehölzes ist unbedingt die Langtriebbildung zu unterbinden.

Palmetten

Für Palmettenformen sollten etwas stärker wachsende Unterlagen, beispielsweise *Prunus* 'Marianna GF 8/1' oder 'Fereley', verwendet werden. Grundsätzlich ist ein Gehölz mit einer Stammverlängerung erforderlich. Es ist die Erziehung als Verrier-Palmette oder auch als Palmette mit schrägen Ästen möglich. Die Verrier-Palmette vereinigt in sich geschachtelte U-Formen. Bei der Palmette mit schrägen Ästen verlaufen in Etagen von der Mittelachse schräg abgehende Fruchtäste. Der Abgangswinkel sollte aber weniger als 45° betragen, da sonst das Wachstum stark gefördert wird.

Pfirsich

Der Pfirsich muss jährlich geschnitten werden. Wird der Schnitt auch nur ein Jahr unterlassen, führt das unweigerlich zur Verkahlung der Triebe und somit zum frühzeitigen Vergreisen des Gehölzes.

Die Erziehung ist als Niederstamm oder als Busch mit pyramidaler Krone (mit Stammverlängerung) oder mit Hohlkrone (ohne Stammverlängerung), als Spindel oder in Spalierform als Freier Fächer möglich.

Niederstamm

Pflanzschnitt

Pflanzmaterial sollte eine zweijährige Veredlung sein. Die freie Stammlänge von etwa 70 cm ist bereits in der Baumschule hergestellt. Die zukünftigen drei bis vier Gerüstäste werden um etwa zwei Drittel zurückgeschnitten, sodass sie in einer Ebene enden. Die Stammverlängerung belässt man etwa 30 cm länger.

Erziehungsschnitt und Fruchtholzschnitt

Im folgenden Frühjahr werden in das Kroneninnere wachsende Triebe entfernt. Die anderen Triebe kürzt man um etwa ein Drittel ein. Das fördert die weitere Verzweigung. Im nächsten Frühjahr beginnt im unteren Kronenbereich der Fruchtholzschnitt. Im oberen Bereich wird der Erziehungsschnitt fortgesetzt. Bei diesen Schnittmaßnahmen kann man die Blüte abwarten, um auf mögliche Spätfrosteinwirkungen beim Fruchtholzschnitt reagieren zu können. Beim Fruchtholzschnitt entfernt man „falsche" Fruchttriebe an ihrer Basis oder schneidet sie auf Stummel zurück, damit die Blattknospen an der Basis austreiben. Die „wahren"

Fruchttriebe schneidet man so weit zurück, dass etwa fünf Fruchtansätze je Trieb bleiben. Dann geht es an den Rückschnitt im oberen Kronenbereich. Es muss so weit zurückgeschnitten werden, dass die Kronenform pyramidal bleibt.

Busch

Für die Erziehung als Busch sind einjährige Veredlungen gut geeignet. Die kräftige Mittelachse ist über die gesamte Länge mit Seitentrieben besetzt.

Pflanzschnitt

Im Bereich des zukünftigen Stammes von 50 bis 60 cm Länge werden alle Triebe entfernt. Dann werden drei bis vier gleichmäßig um die Mittelachse

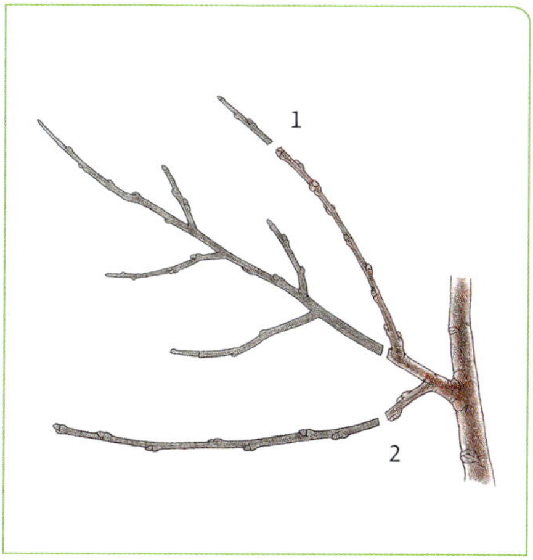

Rückschnitt auf einen Jahrestrieb an der Basis zu älterem Holz; der Jahrestrieb wird eingekürzt (1) und an der Basis wird ein zusätzlicher Zapfen belassen (2)

Austrieb nach dem Pflanzschnitt (links) und mögliche Triebbehandlung in der Vegetationszeit (rechts) – Pinzieren und Abspreizen

verteilte Triebe ausgewählt und auf zwei bis maximal drei Knospen zurückgeschnitten. Die Erziehung ist mit oder ohne Stammverlängerung möglich.

Erziehungsschnitt

Der kräftige Rückschnitt bewirkt kräftige Austriebe. Es handelt sich hierbei um Holztriebe, die man im zweiten Standjahr zurückschneidet. Dadurch wird eine gute Verzweigung erreicht. Die Stärke des Rückschnittes ist abhängig von der Wuchsstärke. Bei starkem Wachstum werden die Triebe um ein Drittel bis zur Hälfte in ihrer Länge verringert.

Ist das Wachstum dagegen recht schwach, müssen zwei Drittel entfernt werden, um kräftige Austriebe zu erzielen. Durch diese Schnittmaßnahmen wird Schritt für Schritt ein leistungsfähiges Kronengerüst aufgebaut.

Verjüngungsschnitt

Es wird von Zeit zu Zeit erforderlich sein, den Pfirsichbaum zu verjüngen. Notwendig wird diese Maßnahme besonders dann, wenn sich die Ertragszone an die Kronenperipherie verlagert hat und sich im Kroneninneren kein Neuwuchs mehr bildet. Bei der Verjüngung wird bis in das Altholz zurückgeschnitten. Dabei sind jüngere Äste, die sich besonders auf der Astoberseite als sogenannte „Reiter“ gebildet haben, zu schonen und in die Neugestaltung der Krone einzubeziehen. Der Verjüngungsschnitt muss im

Rückschnitt im zweiten Standjahr

Rückschnitt auf einen „Reiter“

gesamten Kronenbereich gleichmäßig durchgeführt werden. Ansonsten besteht die Gefahr einer asymmetrischen Kronenentwicklung.

Spindel

Pflanzschnitt

Im Bereich des zukünftigen Stammes von 50 bis 60 cm Länge werden alle Triebe entfernt. Dann werden drei bis vier gleichmäßig um die Mittelachse verteilte Triebe ausgewählt und auf zwei bis maximal drei Knospen zurückgeschnitten. Die Stammverlängerung wird auf 30 cm über dem obersten Triebstummel eingekürzt.

Pflanzschnitt

Erziehungs- und Fruchtholzschnitt

Im zweiten Jahr schneidet man die Austriebe nicht zurück, sondern stellt sie waagerecht.

Die Seitentriebe sollen sich nicht zu Gerüstästen entwickeln, sondern werden bereits im Folgejahr fruchttragende Triebe sein. Aufgrund der Last von Früchten und Blättern haben diese Triebe eine leicht hängende Stellung. Dadurch kommt es an deren Basis zur Bildung von Neuwuchs. Dieser bildet das neue Fruchtholz im kommenden Jahr. Das abgetragene Fruchtholz wird entfernt.

Erst wenn der Baum die gewünschte Höhe erreicht hat, schneidet man die Stammverlängerung über einem flach verlaufenden Seitenast weg.

Freier Fächer

Bei dieser Erziehung sind die Fruchtholz tragenden Äste unregelmäßig angeordnet. Die einzelnen Äste bindet man schräg aufwärts an das Lattenspalier. Seitlich angeordnete Äste sollten einen Abstand von 50 bis 70 cm übereinander haben, damit eine ausreichende Belichtung gewährleistet ist. Hohe Wandspaliere, die mehrere Astetagen erfordern, setzen das Vorhandensein einer Stammverlängerung voraus. Damit sich die untere Astpartie kräftig entwickeln kann, ist der Mitteltrieb kräftig zurückzuschneiden. Wird dies unterlassen, kommt es zur Förderung des Mitteltriebes und somit sehr schnell zur Unterdrückung der unteren Astserie sowie zum Überbauen der Krone (Kopflastigkeit).

Entwicklung eines Freien Fächers; links: Rückschnitt des Gehölzes auf 40 cm, 4 Augen kommen zum Austrieb, rechts: Anbinden der Triebe schräg am Spalier

Einkürzen von „wahren“ Fruchttrieben und Entfernen überflüssiger Holztriebe, alle Triebe benötigen ausreichend Licht

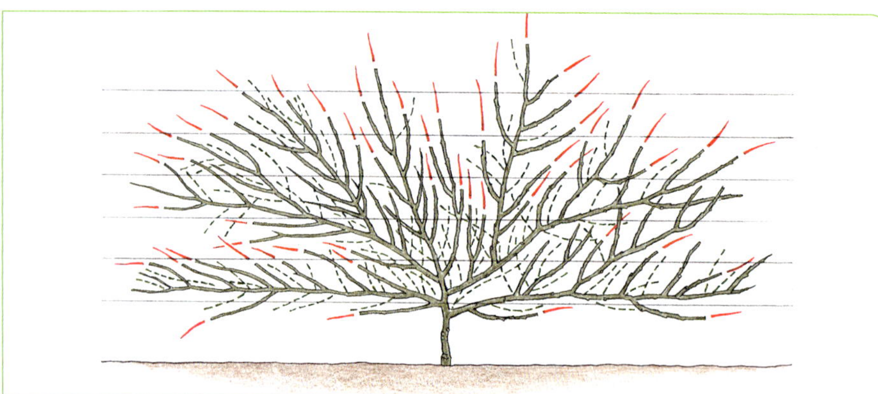

Entfernen von „falschen“ Fruchttrieben, senkrecht stehenden Trieben und Einkürzen von „wahren“ Fruchttrieben

Aprikose

Günstige Erziehungsformen für die Aprikose sind zum einen der Busch mit Stammverlängerung zu einer pyramidalen Krone für freistehende Gehölze. Halb- und Hochstamm sind ebenfalls möglich. Zu beachten ist jedoch der spätere Ertragseintritt. Weiterhin bietet die Spaliererziehung als formloser Fächer bevorzugt für Standorte, die den sehr hohen Wärmeansprüchen der Aprikose nicht entsprechen, noch die Möglichkeit des Anbaus. Im Gegensatz zu Pfirsichen und Nektarinen haben Aprikosen ein deutlich stärkeres Wachstum, dem man bei der Erziehung Rechnung tragen muss. Außerdem fruchten sie an Bukettsprossen und auch beginnend an zweijährigen Langtrieben.

Busch, Nieder-, Halb- und Hochstamm

Pflanzschnitt

Beim Busch entfernt man zuerst alle Triebe im Bereich des zukünftigen Stämmchens in einer Höhe von etwa 50 bis 60 cm über der Bodenoberfläche. Bei Nieder-, Halb- und Hochstamm ist die Stammlänge in der Baumschule bereits vorgegeben. Danach werden drei bis vier Seitentriebe ausgewählt und auf Saftwaage geschnitten. Die Stammverlängerung wird etwa eine Scherenlänge über dem Niveau der Seitentriebe belassen. Auf eine Stammverlängerung sollte bei der Aprikose nicht verzichtet werden, da es sonst mit zunehmendem Baumalter sehr schnell zum Astbruch kommen kann.

Verschiedene Triebformen der Aprikose; links: Langtrieb mit Blattknospen, Mitte: Langtrieb mit Blatt- und Blütenknospen, rechts: Kurztrieb mit Blatt- und Blütenknospen

Triebformen der Aprikose; links: älteres Fruchtholz, rechts: Blütenknospen flankieren eine Blattknospe

Erziehungsschnitt

Es werden sich sehr kräftige Langtriebe entwickeln. Alle Triebe, die in das Kroneninnere wachsen, entfernt man. Sehr steil stehende Triebe muss man herabbinden oder mit Gewichten beschweren, damit sie eine mehr waagerechte Stellung bekommen. Die Bildung von Kurztrieben wird dadurch gefördert. Aprikosen verzweigen sich auf natürliche Weise nur ungern. Es ist deshalb erforderlich, durch den Rückschnitt der Langtriebe oder durch Ausbrechen der Spitzenknospe die Verzweigung zu fördern. Unter Beachtung der Astrangordnung wird so in den ersten vier bis fünf Standjahren die Krone aufgebaut.

Instandhaltungsschnitt

Ein strenger Fruchtholzschnitt wie beim Pfirsich oder der Nektarine ist bei der Aprikose nicht erforderlich. Aprikosen fruchten an Lang- und Kurztrieben. Letztere haben unter günstigen Belichtungsverhältnissen eine lange Lebensdauer.

Ziel des Instandhaltungsschnitts ist der Erhalt der Triebkraft des Baumes. Lässt diese nach, kann man analog wie bei der Süßkirsche in den älteren Astbereich zurückschneiden und regt damit die Bildung neuer Langtriebe an.

Aprikosenbaum der Sorte 'Feriana'

Pflanzschnitt für eine Spindel

Spindel

Pflanzschnitt

Es wird die beim Busch erläuterte freie Stammverlängerung von 50 bis 60 cm hergestellt. Die Seitentriebe werden nicht eingekürzt, sondern durch geeignete Hilfsmaßnahmen in eine waagerechte Stellung gebracht. Die Stammverlängerung wird nicht angeschnitten. Konkurrenzknospen unterhalb der Spitzenknospe an den Seitentrieben und am Mitteltrieb bricht man aus. Dadurch wird die Bildung von Konkurrenztrieben verhindert.

Erziehungsschnitt

Im ersten Vegetationsjahr ist darauf zu achten, dass eine waagerechte Stellung des Neuwuchses beibehalten bleibt. Wachsen Knospen steil aufrecht aus den Seitentrieben heraus, müssen

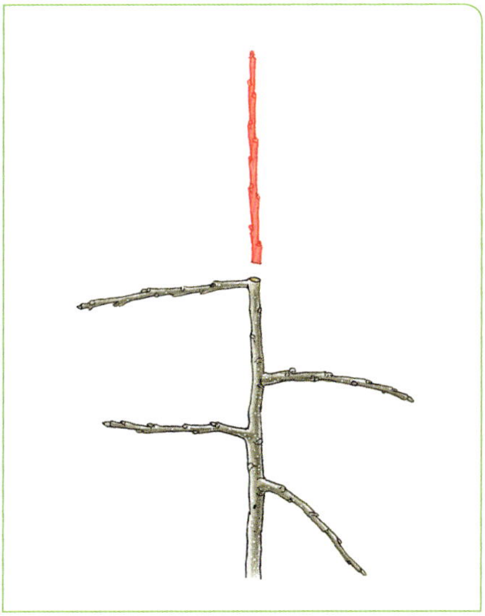

Das Gehölz hat die gewünschte Höhe erreicht, man schneidet die Stammverlängerung auf einen flach verlaufenden Trieb zurück

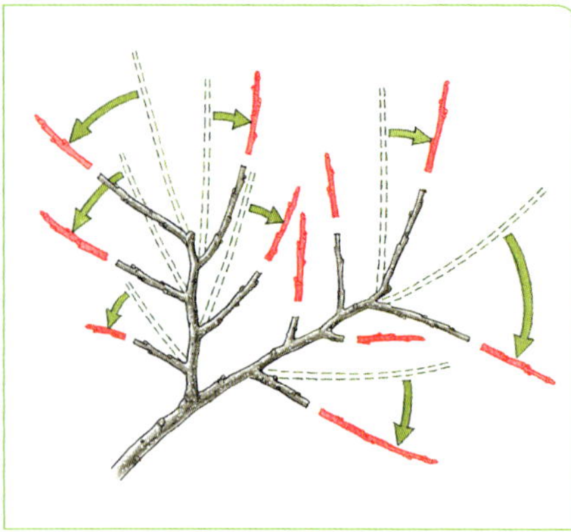

Rückschnitt und Formieren bei der Fächererziehung

sie waagerecht gestellt werden, oder, wenn das nicht möglich ist, entspitzt man sie. Sie bilden dadurch später zusätzlich Fruchtholz. Mit Beginn des zweiten Vegetationsjahres werden wieder Konkurrenzknospen um die Spitzenknospe aller Triebe herum ausgebrochen.

Haben sich dennoch steil stehende Triebe entwickelt, schneidet man sie auf Zapfen auf ein nach außen gerichtetes Auge zurück. Die Austriebe aus den Augen müssen entspitzt werden. Diese Maßnahmen werden fortgesetzt, bis der Baum die gewünschte Höhe und Breite erreicht hat. Soll die Höhe begrenzt werden, ist die Stammverlängerung auf einen flach verlaufenden Seitenast zurückzuschneiden.

Freier Fächer

Ein derartiges Aprikosenspalier benötigt eine Wandfläche von 6 bis 8 m². Die Formierung erfolgt, indem man die einzelnen Äste schräg aufwärts gerichtet an das Lattenspalier bindet. Seitlich angeordnete Äste sollten einen Abstand von 50 bis 70 cm haben, damit eine ausreichende Belichtung gewährleistet ist. Hohe Wandspaliere, die mehrere Astetagen erfordern, setzen das Vorhandensein einer Stammverlängerung voraus. Damit sich die untere Astpartie gut entwickeln kann, ist der Mitteltrieb kräftig zurückzuschneiden. Wird dies unterlassen, kommt es zur Förderung des Mitteltriebes und somit sehr schnell zur Unterdrückung der unteren Astserie sowie zum Überbauen der Krone (Kopflastigkeit).

Pflanzschnitt

Die freie Stammlänge beträgt etwa 60 cm. Der Baum ist so zu pflanzen, dass je ein Seitentrieb nach rechts und links am Spalier im Winkel von 45° befestigt wird. Konkurrenzknospen an den Triebspitzen sind auszubrechen. Der Mitteltrieb muss eine Länge von 50 bis 70 cm über der Ansatzstelle der Seitentriebe haben. Auch bei ihm sind Konkurrenzknospen auszubrechen. Die nächsten Verzweigungen sollen etwas versetzt (nicht als Quirl) am Mitteltrieb herauswachsen.

Erziehungsschnitt

Langtriebe, die sich auf der Oberseite der schräg formierten Triebe bilden, werden wieder schräg am Spalier befestigt. Sollten sie über das Niveau der nächsten Serie der Seitentriebe hinauswachsen, werden sie entspitzt. Stehen sie zu dicht, sind sie mittels Herausreißen zu vereinzeln. Entsprechend der Höhe des Wandspaliers werden mehrere Astetagen gebildet. Ist die gewünschte Höhe erreicht, wird der Mitteltrieb seitlich abgeleitet.

Der optimale Lichteinfall gewährleistet leistungsfähiges Fruchtholz und gut ausgereifte Früchte

Beim weiteren Aufbau sind die unteren drei Etagen abgeschlossen; bei den beiden oberen Etagen muss das Wachstum durch schräg aufrecht gerichtete Triebspitzen noch gefördert werden

Die gesamte Spalierfläche muss gleichmäßig mit fruchttragenden Ästen besetzt sein.

Palmetten

Als Pflanzmaterial eignet sich am besten ein Gehölz mit einer bereits in der Baumschule in 30 cm Höhe gebildeten ersten Etage. Die beiden Seitentriebe werden in einem Winkel von 45° vorerst am Spalier befestigt. Das fördert den Austrieb der Spitzenknospe und das Längenwachstum. Sind die Triebe noch nicht so lang, dass sie an den nächsten Draht heranreichen, kann man dies durch Latten oder Tonkingstäbe unterstützen, die im Winkel von 45° angebracht sind. Der Mitteltrieb wird etwas unter dem Niveau der Seitentriebe gehalten, damit sich die Seitentriebe kräftigen.

Im folgenden Jahr werden die Seitentriebe waagerecht am Spalierdraht befestigt, mit Ausnahme des vorderen Teiles, der schräg nach oben gelenkt werden muss. Dadurch wird die Spitzenknospe in Austrieb und Wachstum gefördert. Das endgültige Waagerechtstellen ist erst dann möglich, wenn die Palmette seitlich ihren vorgegebenen Standraum ausfüllt. Die nächste Etage befindet sich etwa 30 cm über der ersten. An dieser Stelle muss die gleiche Konstellation der Seitenknospen und Spitzenknospe vorhanden sein wie bei der unteren Etage. Das Formen der Triebe erfolgt wie bei der unteren Etage. Austriebe auf der Länge des waagerecht gestellten Holzes müssen entspitzt werden, damit sie sich zu Fruchtholz entwickeln.

In dieser Weise wird Etage für Etage aufgebaut, bis die mögliche Höhe erreicht ist. Es ist aber unbedingt darauf zu achten, dass mit dem Aufbau einer neuen Etage erst dann begonnen wird, wenn sich die unteren Etagen kräftig genug entwickelt haben.

Himbeere

Bei Himbeeren wird je nach Reifezeit in Sommer- und Herbsthimbeeren unterschieden. Beim Erhaltungsschnitt unterscheiden sich die beiden Formen.

Pflanzschnitt

Sommersorten werden je nach den Bodenverhältnissen auf trockneren Standorten auf etwa 20 cm Länge und auf feuchteren Standorten auf etwa 50 cm Länge geschnitten. Herbstsorten werden bodennah zurückgeschnitten.

Erziehungsschnitt

Im Frühjahr bilden sich aus Adventivknospen an der Wurzel neue Austriebe. Die alten, angeschnittenen Ruten entfernt man bodennah. Gleiches gilt für kranke und schwache Triebe. Acht bis zehn gut entwickelte Ruten sollen je laufendem Meter verbleiben. Sie werden am Spalier befestigt.

Pflanzschnitt mit Detail der austreibenden schlafenden Knospen

Erhaltungsschnitt

Bei den Sommersorten entfernt man nach der Ernte alle zweijährigen abgetragenen Ruten. Gleiches trifft für schwache und kranke Ruten zu. Es verbleiben acht bis zehn gut entwickelte Ruten je laufendem Meter.

Die Ruten der Herbstsorten werden ausgangs des Winters bodennah weggeschnitten. Wenn im Frühjahr die neuen Ruten zu wachsen beginnen, werden auch hier nur die kräftigsten belassen. Die Anzahl je Meter entspricht der bei Sommersorten.

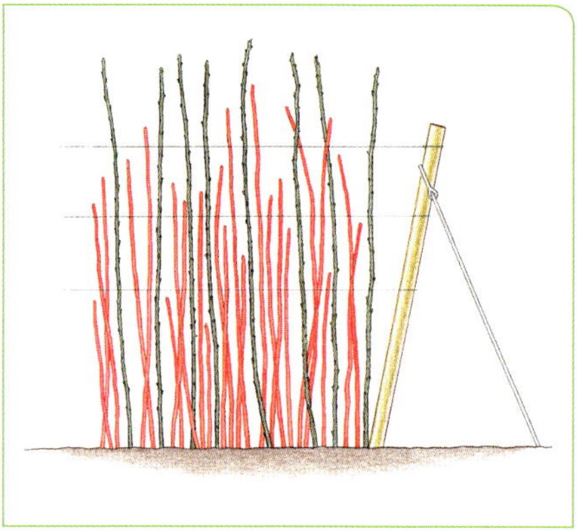

Vereinzeln auf acht bis zehn einjährige Ruten je Meter

Brombeere

Bei Brombeeren gibt es stark bewehrte und stachellose Sorten. Letztere sind im Wachstum etwas schwächer. Zur Erziehung ist ein Spalier erforderlich. Die Brombeere fruchtet an den im Vorjahr gebildeten Ruten.

Pflanzschnitt

Es werden bis auf die kräftigste Rute alle anderen bodennah weggeschnitten. Die verbleibende Rute wird auf etwa 30 cm eingekürzt.

Erziehungsschnitt

Je Pflanze zieht man im Pflanzjahr drei bis vier Ruten heran. An den jungen Ruten bilden sich oft Geiztriebe aus den Blattachseln. Diese werden auf Zapfen mit mindestens einem Blattstand zurückgeschnitten.

Erhaltungsschnitt

Abgetragene Ruten werden bodennah weggeschnitten. Junge Ruten reduziert man, sodass etwa sechs je Pflanze verbleiben. Bei Frostschäden wird bis in den gesunden Bereich zurückgeschnitten. Haben sich aus dem Wurzelbereich zu wenige Ruten entwickelt, können auch Geiztriebe an der Basis als Rute genutzt werden.

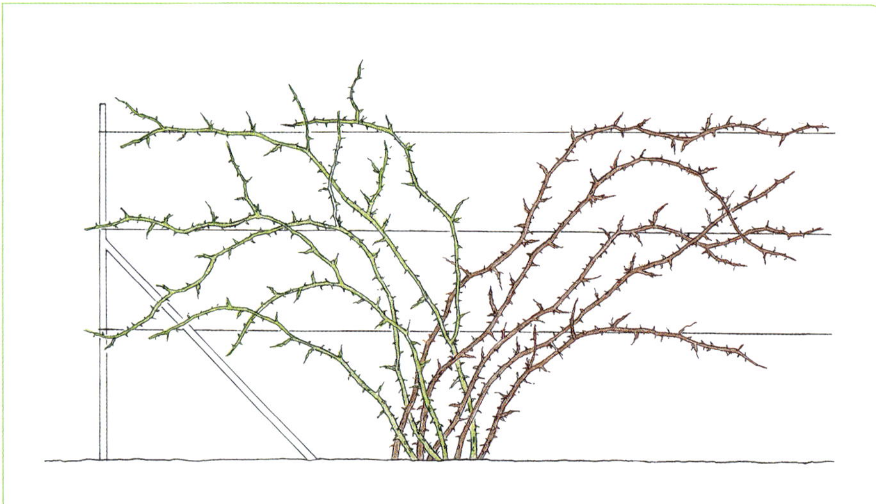

Fächersystem bei Brombeeren

Rückschnitt der Geiztriebe

Johannisbeere und Stachelbeere

Der natürliche Wuchs der Roten und Weißen Johannisbeere (*Ribes rubrum* var. *domesticum*) sowie der Schwarzen Johannisbeere (*Ribes nigrum*) ist stark und rundlich gedrungen. Die Kultursorten der Stachelbeere sind der Art *Ribes uva-crispa* zuzuordnen. Johannis- und Stachelbeeren können als Strauch, Fuß- oder Hochstämmchen angebaut werden. Die Spaliererziehung als Spindel, Zwei- oder Dreiasthecke sind die intensivsten Formen des Anbaus.

Strauch (Busch)

Pflanzschnitt
An der Pflanze werden drei bis maximal fünf Triebe belassen, die um den Wurzelhals gleichmäßig verteilt sind. Sie werden auf die Hälfte eingekürzt. Weitere Triebe entfernt man.

Erziehungsschnitt
Der Grundsatz bei der Strauchererziehung besteht im regelmäßigen Rückschnitt der Fruchtäste, wodurch ständig neue Fruchttriebe aus dem Wurzelhalsbereich nachwachsen.

Erhaltungsschnitt
Die fruchttragenden Äste sollen nicht älter als vier Jahre werden. In einem Strauch hat man somit ein-, zwei-, drei- und vierjährige Astbereiche. Die vierjährigen werden nach dem Fruchtertrag aus dem Strauch entfernt. Die Strauchkrone muss luftig sein, sodass auch flach verlaufende Fruchtäste bodennah zu entfernen sind. Mit der Wahl des Schnittzeitpunktes kann auch bei Strauchbeerenobst das Wachstum gefördert oder gemindert werden. Im Winter geschnitten, wachsen im Frühjahr kräftige Austriebe.

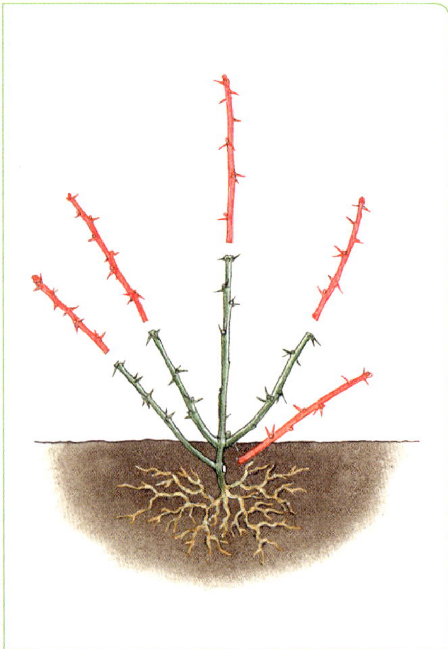

Pflanzschnitt bei der Straucherziehung

Schneidet man gleich nach der Ernte, verringert sich das Wachstum.

Spindel

Die Spindelerziehung setzt den Bau eines Gerüstes mit einem Draht in Höhe von 1,50 m über dem Boden voraus. Als Pflanzmaterial werden Gehölze verwendet, die auch für die Straucherziehung geeignet sind. Man belässt beim Pflanzschnitt nur einen senkrecht stehenden Trieb, der nicht eingekürzt wird. Alle anderen werden bodennah entfernt. Es soll die Triebspitzenknospe des senkrechten Triebes im Wachstum gefördert werden. Im ersten Standjahr kommt es außerdem zur Seitentriebbildung an der Stammverlängerung. Diese Seitentriebe müssen entspitzt werden, damit die Wuchskraft weiter in die senkrechte Achse geleitet wird. Eine solche Spin-

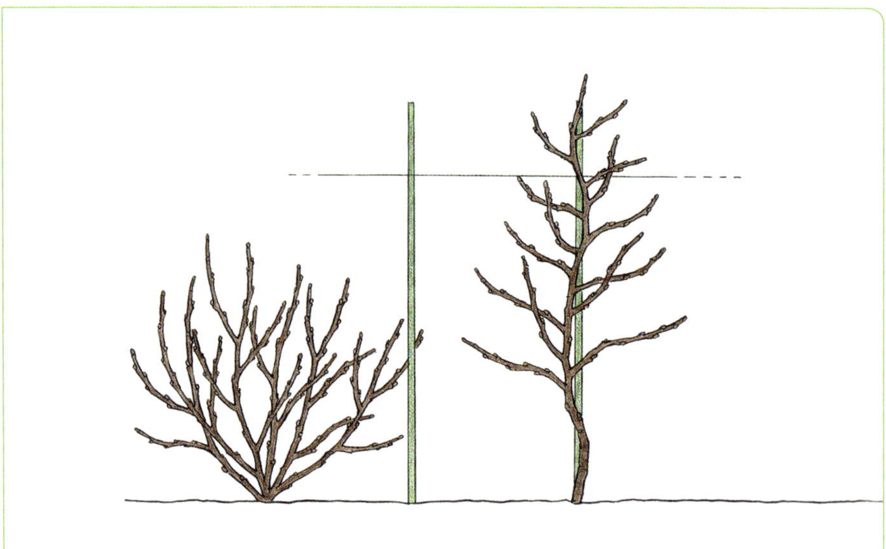

Straucherziehung und Spindelerziehung

Zweijährige Spindel

Fruchtbehang der Johannisbeersorte 'Werdavia'

del erreicht im Endeffekt eine Höhe von 1,60 bis 1,80 m. Die Höhe kann durch den Rückschnitt auf einen flach verlaufenden Seitentrieb reduziert und auch beibehalten werden. Abgetragenes Fruchtholz wird auf Stummel bis zur senkrechten Basis zurückgeschnitten. Dadurch entstehen neue fruchttragende Triebe.

Zweiasthecke

Für eine Zweiasthecke sind starkwüchsige Pflanzen und kräftiger Boden die Voraussetzung. Die Zweiasthecke wird wie die Spindel erzogen. Der Unterschied besteht nur darin, dass zwei senkrechte Triebe im Abstand von 30 bis 40 cm voneinander nach oben gezogen werden. Alle weiteren Schnittmaßnahmen entsprechen denen der Spindel.

Zweiasthecke

Hochstamm

Beim Hochstamm sollte eine Stammverlängerung mit vier bis fünf Seitentrieben erzogen werden. Die Stammverlängerung mit ihrer senkrechten Stellung garantiert die Wachstumsförderung auch im späteren Alter des Gehölzes. Zur Verzweigungsförderung werden die Seitentriebe und die Stammverlängerung um die Hälfte eingekürzt. Wie beim Strauch gilt es, vierjährige abgetragene Fruchtäste an der Basis wegzuschneiden. Haben sich an der Basis des alten Fruchttriebes neue Austriebe gebildet, werden diese die neuen Fruchttriebe.

Überalterte, überhängende Triebe entfernt und kürzt man

Kiwi

Actinidia arguta und *A. deliciosa* sind von Natur aus mehr strauchartige linkswindende Schlingpflanzen. Aktinidien sind zweihäusig, das heißt, es gibt männliche und weibliche Pflanzen. Das ist beim Betrachten des Blüteninneren sehr gut zu sehen. Weibliche Blüten haben strahlenförmig angeordnete Griffel. Bei den männlichen Blüten sind die gelben Staubgefäße deutlich zu sehen. Selbst wenn bei den sogenannten „selbstfruchtbaren Sorten" männliche und weibliche Blütenorgane in einer Blüte vereint sind, wird oft nur ein verminderter Fruchtertrag gebildet. Das liegt an der schlechteren Pollenqualität bei diesen Sorten. Für die Erziehung als Spalier eignen sich die Form des Freien Fächers, die Palmettenform und die Dachlaubenerziehung.

Pflanzschnitt

Bei der Erziehung zum Freien Fächer muss kein Stamm vorhanden sein. Die aus dem Wurzelhals entspringenden Triebe werden fächerartig an das Spalier geleitet. Einmal an das Spalier angeleitet, erübrigt sich ein ständiges Anbinden der Triebe, da diese selbständig durch linksdrehende Windungen um das Spaliermaterial einen festen Halt finden.

Bei der Palmetten- und der Pergolenerziehung sind die Pflanzen mit Stamm zu erziehen. Die unteren Leitäste werden wie beim Freien Fächer erzogen. Seitentriebe der oberen Leitäste werden zur Bedeckung der Pergola genutzt. Die Leitäste seitlich und oberhalb der Pergola bilden zukünftig Altholz als Basis für fruchttragendes Seitenholz. Die waagerechten Drähte sind im Abstand von 80 bis 100 cm am

Entwicklung einer Kiwi-Knospe

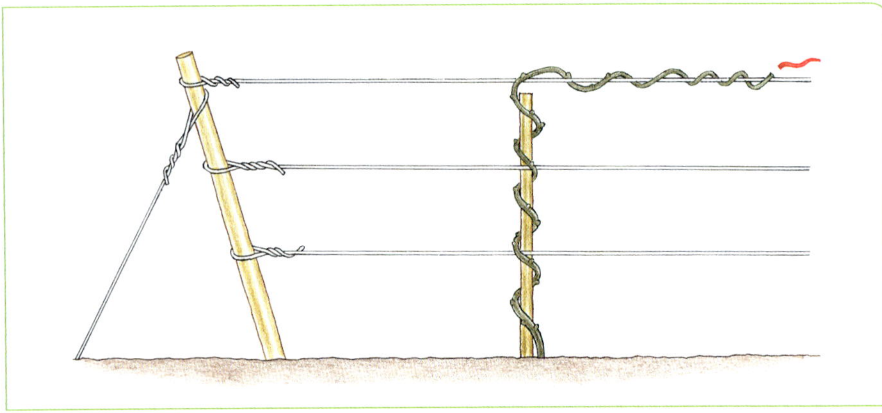

Junge Pflanze am Spalier

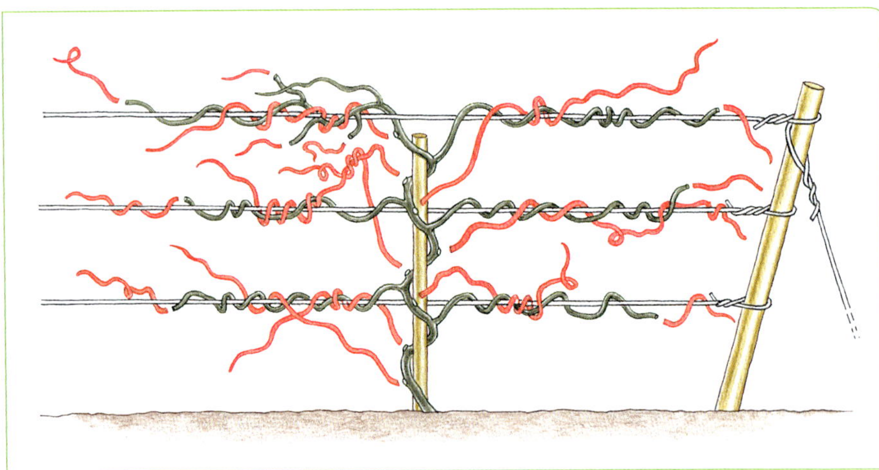

Jeder Draht wird nur mit einem Gerüstast belegt

Gerüst zu ziehen. Der Pflanzenabstand sollte aufgrund des starken Wachstums nicht unter 3,00 m gewählt werden.

Erziehungsschnitt

Aktinidien sind einem regelmäßigen Schnitt zu unterziehen. Kann das nicht gewährleistet werden, wachsen die begünstigten Triebe meterlang, was aufgrund ihrer Neigung zum Verkahlen unerwünscht ist. Gerade bei dieser Obstart ist deshalb während der Vegetationszeit ein mehrmaliges Einkürzen der Sommertriebe notwendig. Diese Maßnahme begünstigt eine frühzeitige Fruchtbarkeit, da vor allem die drei bis vier basalen Knospen Fruchtzweige hervorbringen. Außerdem wird eine gute Verzweigung erzielt. Konkurrierende Triebe sind gänzlich zu entfernen.

Erhaltungsschnitt

Im Ertragsstadium befindliche Pflanzen werden während des beginnenden Frühjahres geschnitten. Dabei orientiert man sich auf einen Fruchtastumtrieb im dreijährigen Rhythmus. Es werden abgetragene Fruchtäste gegen junge ausgetauscht, indem die abgetragenen Äste auf Astring entfernt werden. Neutriebe, die in diesem Zyklus benötigt werden, sind zu schonen und am Spalier anzuheften.

Um ausreichend Neutriebe zum Fruchtastumtrieb – vor allem an der Basis – zu erhalten, sind während der Vegetationszeit fruchttragende Triebe erstmalig vier bis fünf Augen hinter der letzten Frucht einzukürzen. Der sich später neu entwickelnde Austrieb wird wiederum eingekürzt. Allerdings sind dann zwischen beiden Schnittstellen nur ein bis zwei Augen Distanz. Durch diesen ständig unterbrochenen Assimilatestrom werden vorrangig die Basisknospen zum Austrieb angeregt und ein Abwandern der Ertragszone zur Peripherie wird verhindert.

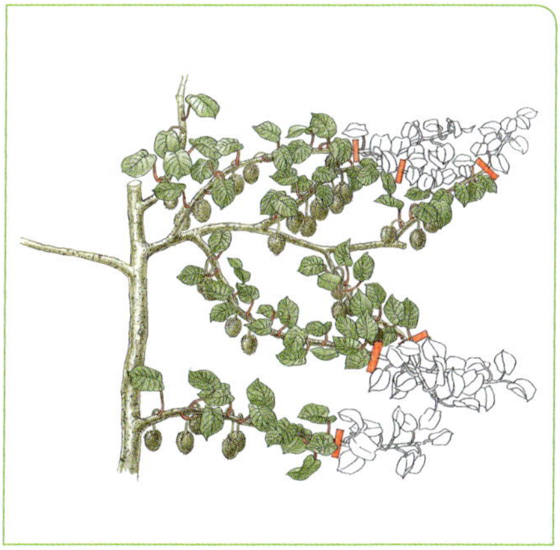

Sommerschnitt

Schnitt ausgangs des Winters

Kulturheidelbeere

Die Kulturheidelbeere ist nordamerikanischen Ursprungs und stammt somit nicht von der in Europa heimischen Waldheidelbeere ab. Im Gegensatz zu dieser können Kulturheidelbeeren über zwei Meter hoch werden. Auch in der Fruchtgröße unterscheiden sich Kulturheidelbeeren von ihren europäischen Verwandten. Sie fruchten am einjährigen Holz. Deshalb ist durch jährlichen Schnitt für genügend Neuwuchs zu sorgen.

Für eine ausreichende Blütenbildung ist eine gute Belichtung erforderlich.

Pflanzschnitt

Über die Erforderlichkeit gehen die Meinungen auseinander. Der Pflanzschnitt, entsprechend dem von Johannisbeersträuchern, hat den Vorteil, dass in den ersten zwei Jahren die Blüten reduziert werden und das Wachstum gefördert wird.

Erhaltungsschnitt

Der Erhaltungsschnitt entspricht dem von Johannisbeeren. Im Heidelbeerstrauch sollen sich ein-, zwei- und dreijährige Ast- und Triebbereiche befinden. Ältere Triebe sind bodennah zu entfernen.

Walnuss

Der Walnussbaum benötigt im Ertragsalter einen sehr großen Standraum. Aus diesem Grund ist er nur für große Gärten und Streuobstwiesen geeignet. Walnussbäume bilden üppige, naturnahe Kronen. Walnuss kann als veredelter **Heister** oder Hochstamm gepflanzt werden, wobei dem Heister der Vorzug zu geben ist. Das Verhältnis zwischen Wurzelkrone und der Triebanzahl bzw. der jungen Krone ist günstiger als beim Hochstamm. Man bestimmt beim Heister die Stammlänge selbst, die beim Hochstamm bereits durch die Baumschule vorgegeben ist. Zu beachten sind der hohe Wärme- und Wasserbedarf.

Pflanzschnitt

Beim Heister wird die freie Stammlänge hergestellt. Drei bis fünf Seitenverzweigungen kürzt man ein.

Erziehungsschnitt

Das Gehölz formt sich in der Regel selbst, sodass ein klassischer Erziehungsschnitt nicht erforderlich ist.

Erhaltungsschnitt

Bei älteren Bäumen wird sich durch die Ertragsleistung der jährliche Zuwachs in Grenzen halten. In Jahren, in denen der Ertrag durch Frost im Frühjahr ausfällt, verstärkt sich die Triebleistung wieder. Ein Erhaltungsschnitt ist in der Regel nicht erforderlich. Sollten Holzschäden auftreten, die das Entfernen von Ästen erforderlich machen, ist der Schnitt im Sommer im vollen Laub durchzuführen. Bäume, die ausgangs des Winters oder im Frühjahr geschnitten werden, bluten sehr stark. Schnittwunden sind unbedingt mit Wundverschlussmittel zu versehen.

Haselnuss

Die Haselnuss kann als Strauch oder, auf Baumhasel veredelt, als Busch kultiviert werden. Die veredelte Form hat den Vorteil, dass keine Bodentriebe gebildet werden. Durch die Bodentriebe wird die Fruchtbarkeit gemindert. Die Haselnuss fruchtet vorwiegend am einjährigen Holz. Die weiblichen und männlichen Blüten befinden sich getrennt auf dem Gehölz. Am Fruchtzweig sind unmittelbar vor der Blüte die männlichen Blüten (Kätzchen) und die weiblichen Blüten mit roten Narben zu erkennen.

Pflanzschnitt

Der Rückschnitt erfolgt bei beiden Formen auf etwa 50 bis 70 cm. Es ist von vornherein auf eine Hohlkrone zu orientieren, um eine ausreichende Belichtung zu gewährleisten.

Blüte der Haselnuss

Schnittmaßnahmen sind nur alle drei bis vier Jahre erforderlich; man entfernt die ältesten Astbereiche an der Basis

Erziehungsschnitt

In das Kroneninnere wachsende Triebe werden entfernt. Seitentriebe schneidet man zurück, um eine leistungsfähige Krone aufzubauen.

Erhaltungsschnitt

Beim Erhaltungsschnitt ist darauf zu achten, dass die Krone nicht überbaut. Der untere Kronenteil darf nicht im Schatten des oberen sein. Triebe, die auf der Oberseite der Leitäste wachsen, schneidet man weg. Bei der Strauchererziehung entfernt man die Bodentriebe regelmäßig.

Ein kräftiger Rückschnitt der Leit- und Fruchtäste wird von der Haselnuss vertragen und ist im Falle des Rückgangs von Ertrags- und Triebleistung notwendig.

Infoplus

Was Sie noch wissen sollten über Schädigungen durch Witterungseinflüsse und tierische Schaderreger sowie vorbeugende und aktive Maßnahmen bei Schädigungen.

Schädigung durch Witterungseinflüsse

An Gehölzen können im Winter Frostrisse am Stamm oder an kräftigen Gerüstästen auftreten. Tagsüber kommt es zur Erwärmung in diesen Gehölzbereichen. Tiefe Temperaturen in der Nacht führen zu Spannungen im Holz, sodass es aufreißt. Vorbeugend sind Stämme und Gerüstäste im Herbst mit einem Kalkanstrich zu versehen. Die weiße Farbe verhindert das Aufheizen des dunklen Holzes. Ist es zu Frostrissen gekommen, werden diese im Frühjahr mit Lehmbrei ausgeschmiert und mit Mullbinden umwickelt.

Frostschaden im Frühjahr am Apfelzweig

Hagelschaden an Kirschen

Im Frühjahr besteht die Möglichkeit der Schädigung von Blütenorganen durch Spätfrost. Besonders die Steinobstarten reagieren sehr empfindlich. Eine direkte Bekämpfung ist nicht möglich. Ausbleibender Ertrag hat aber zur Folge, dass das Triebwachstum in dem Jahr verstärkt ist, was sich auf die Schnittintensität auswirkt. Das heißt, im Sommer sind bereits mehr Triebe zu entfernen.

Hagel kann während der gesamten Vegetationszeit Schäden an Früchten, aber auch am Holz verursachen. Diese Schädigungen am Holz wiederum können Eintrittspforten für eine Vielzahl von sekundären Schaderregern sein. Bei sehr starkem Schaden ist ein Rückschnitt im Frühherbst (bis Mitte September) zu empfehlen.

Wind führt besonders an jungen Gehölzen zum Abbrechen von Trieben, vor allem der Stammverlängerung. Empfohlen wird deshalb, beim Rückschnitt der Stammverlängerung auf ein Auge zu schneiden, dass sich auf der dem Wind zugewandten Seite befindet.

Lang anhaltender Niederschlag während der Reifezeit führt zum Platzen der Früchte. Bei kleinkronigen Gehölzen kann durch Überdachung mit Folie Abhilfe geschaffen werden.

Intensive Sonneneinstrahlung verursacht Sonnenbrandschäden an Früchten. Besonders betroffen können Spalierobstgehölze sein, wenn sie sich an exponierten nach Süden gerichteten Standorten befinden.

Tierische Schaderreger

Blattläuse

Blattläuse verursachen Triebstauchungen, Einrollen der Blätter, Verkrüppelungen an der Triebspitze. Durch Honigtauausscheidungen kann es zur sekundären Besiedlung mit Schwärzepilzen kommen.

Blattläuse an Kirschen

Gallmilben

Die Johannisbeergallmilbe findet man an der Schwarzen Johannisbeere. Typisch sind die kugelig angeschwollenen Knospen ab dem Spätherbst. Im Frühjahr erfolgt kein oder nur ein schwacher Austrieb. Diese Knospen sind entweder durch Schnitt oder auch durch Ausbrechen zu entfernen.

An Brombeeren tritt die Brombeergallmilbe auf. Die Früchte reifen nicht vollständig aus, sondern bleiben teilweise oder auch ganz rot. Die Milben überwintern am Strauch unter Knospenschuppen. Auch Fruchtmumien und Rindenrisse können Orte der Überwinterung sein. Deshalb sind Fruchtmumien im Herbst zu entfernen.

Rundknospen an Schwarzer Johannisbeere

Apfelwickler

Die Raupen des Apfelwicklers verursachen an den Früchten einen Bohrfraß, der bis zum Kernhaus führt. Das hat Notreife der Früchte und vorzeitigen Fruchtfall zur Folge. Tritt der Falter in der zweiten Generation auf, hat man zur Erntezeit madige Äpfel. Als sekundärer Befall können Fruchtfäulen auftreten. Besonders an älteren Bäumen sind ausgangs des Winters die Stämme auf Larven und Puppen zu untersuchen. Das Abkratzen der Borke an den Stämmen ist eine geeignete Maß-

Beim Befall mit Brombeergallmilbe bleiben die Früchte kleiner und sind teilweise oder ganz rot gefärbt

nahme zur Befallsreduzierung. Wellpappegürtel sind ab Ende Juni an den Stämmen anzubringen und regelmäßig zu kontrollieren. Im Handel gibt es auch Fangfallen gegen den Apfelwickler.

Kirschfruchtfliege

Durch die Kirschfruchtfliege werden die Früchte madig. Sorten, die bis zur dritten Kirschwoche reifen, und rein gelbfrüchtige Sorten, wie 'Dönnissens Gelbe Knorpel' oder 'Drogans Gelbe Knorpel', bleiben madenfrei. Die Kirschfruchtfliege überwintert als Puppe etwa 3 cm tief im Boden. Je nach Temperaturentwicklung schlüpft die Fliege Mitte bis Ende Mai. Zu dieser Zeit sind die Früchte der später (ab 4. Kirschwoche) reifenden Sorten im Farbumschlag zu Gelb. An die sich gelb färbenden Früchte werden die Eier abgelegt. Die Larven dringen bis zum Stein vor. Nach etwa drei Wochen verlassen die Larven die Früchte, um sich im Boden zu verpuppen. Bei alten großen Bäumen hat man kaum eine Chance der Bekämpfung. Als Beispiel sei genannt: Für einen Baum von etwa 10 m Durchmesser und etwa 6 m Höhe würde man etwa zehn Gelbtafeln benötigen. Diese sind im oberen Kronenteil anzubringen, sonst haben sie kaum eine Wirkung. Bei kleinkronigen Bäumen kann der Kirschfliegenbefall durch das Einnetzen der Bäume mit Gemüsenetzen zum Zeitraum des Gelbumschlages verhindert werden. Die Netze werden zur Reifeentwicklung der Früchte (sortentypische Fruchtausfärbung) wieder entfernt.

Pflaumenwickler

Der Pflaumenwickler tritt in zwei Generationen auf. Die erste Generation schädigt die jungen Früchte im Frühjahr. Sie verfärben sich vorzeitig bläulich und fallen ab. Die zweite Generation erscheint ab Ende Juli. Auch hier kommt es zu vorzeitigen Reifesymptomen. Die Raupen der zweiten Generation überwintern unter der Borke des Baumstammes. Das Anlegen von Wellpappegürteln Ende August ist eine wichtige Maßnahme, damit der Befall im Folgejahr reduziert wird. Die Raupen suchen diese Wellpappegürtel als Unterschlupf zur Verpuppung auf. Ende September müssen die Gürtel entfernt und mit den Raupen vernichtet werden.

Pflaumensägewespe

Die Pflaumensägewespe ist auf die Farbe „Weiß" fixiert. Sie legt deshalb mit ihrem Legestachel das Ei am Blütenblatt ab. Die Larve frisst sich in die noch sehr junge Frucht. Das Schadbild äußert sich darin, dass junge Früchte nach der Blüte abgestoßen werden und ein, manchmal auch zwei kleine Einbohrlöcher aufweisen. Die Sägewespenlarven sind bis 12 mm groß und verpuppen sich nach dem Fraß in der Frucht im Boden. Im April erscheinen sie als Wespe zur erneuten Eiablage. Chemische Mittel sind im Haus- und Kleingartenbereich nicht zugelassen. Abhilfe gegen die Pflaumensägewespe schafft der Einsatz von Weißtafeln.

Falter des Apfelwicklers

Larve des Apfelwicklers

Zu Beginn der Gelbfärbung der Früchte legt die Kirschfruchtfliege die Eier meist einzeln in die Früchte

Gelbe Fruchtfliegenfalle

Made des Pflaumenwicklers in der Frucht

Einbohrlöcher an Pflaumenfrüchten durch die Larven der Sägewespe verursacht

Pilze, Bakterien, Viren

Apfelmehltau

Der Apfelmehltau überwintert vorrangig in den Endknospen. Der Austrieb dieser Knospen ist verzögert. Die entstehenden Blätter sind deformiert und von einem weißen mehligen Belag überzogen. Werden die Früchte befallen, so weisen diese eine netzartige Berostung auf. Der Apfelmehltau tritt besonders an wärmebegünstigten und trockenen Standorten auf. Chemische Bekämpfungsmaßnahmen allein reichen nicht aus. Sie müssen mit mechanischen Maßnahmen (Wegschneiden der befallenen Triebe) kombiniert werden.

Schorf

Schorf tritt verstärkt in feuchten und mäßig warmen Jahren auf. Der Pilz überwintert an den abgefallenen toten Blättern. Bei stärkerer Durchfeuchtung dieser Blätter im Zeitraum April bis Juni werden die Sporen freigesetzt und gelangen auf die Blätter, jungen Triebe, Kelchblätter der Blüten oder Früchte. Die Keimung der Sporen dort ist vor allem an Feuchtigkeit gebunden. Das Schadbild sind vor allem blattoberseits rundliche, matt olivgrüne, später braune bis schwärzlich werdende Flecke.

Zur Bekämpfung gibt es Fungizide. Entscheidend für den Bekämpfungserfolg ist die Bestimmung des optimalen Bekämpfungstermins, der durch den Freizeitgärtner schwierig zu ermitteln ist. Entschließt man sich dennoch zu chemischen Maßnahmen, dann sollten die Hinweise des zuständigen Pflanzenschutzamtes beachtet werden. Bei einer Neupflanzung von Apfelbäumen ist deshalb gegenüber dieser Pilzkrankheit auf widerstandsfähige Sorten zu orientieren.

Monilia

Monilia tritt als Fruchtfäule und als Monilia-Spitzendürre auf. Das Schadbild der erstgenannten Form ist durch Polsterschimmel und durch Schwarzfäule gekennzeichnet und kann Früchte fast aller Obstarten befallen. Der Polsterschimmel bildet sich an Früchten, die Verletzungen aufweisen. Die Schwarzfäule entsteht bei der Lagerung von Früchten, besonders beim Apfel. Verbleiben befallene Früchte in den Bäumen, ist das bereits der Ausgangspunkt für einen Befall mit Monilia-Spitzendürre im folgenden Frühjahr.

Für erforderliche Schnittmaßnahmen ist die Monilia-Spitzendürre von Bedeutung. Das Schadbild äußert sich in welkenden Blütenbüscheln und nachfolgendem Absterben der Triebspitzen. Feuchtigkeit während der Blüte fördert den Befall. Der Pilz überwintert auf hängen gebliebenen Fruchtmumien, vertrockneten Blütenbüscheln und abgestorbenen Trieben. Diese müssen deshalb unbedingt aus dem Baum entfernt werden.

Der Pilz dringt über die Narbe, den Griffel und Blütenstiel in das Fruchtholz ein. Im Fruchtholz wandert er Richtung Triebspitze. Die Leitungsbahnen werden verstopft und der Trieb stirbt ab. Eine hochgradige Anfälligkeit besteht deshalb bei Obstsorten, die vornehmlich am einjährigen Langtrieb Blüten bilden und fruchten. Bei Befall ist unbedingt ein Rückschnitt in das gesunde Holz erforderlich.

Birnengitterrost

Auf der Blattoberseite erscheinen Mitte bis Ende Mai kleine orangerote Flecke. Auf der Blattunterseite bilden sich später rote knorpelige Pusteln, auf denen sich kleine, wie Gitterkörbchen aussehende Gebilde entwickeln. Für seinen Lebenszyklus benötigt der Pilz im Winter Wirtspflanzen. Er wechselt auf bestimmte Zierwacholderarten. Von denen aus erfolgt im Frühjahr wieder die Infektion der Birne durch Sporenflug. Eine direkte chemische Bekämpfung ist nicht möglich. Es sind gegen diese Krankheit keine Mittel im Haus- und Kleingartenbereich zugelassen. Eine erste Maßnahme zur Bekämpfung ist das Entfernen der Winterwirtspflanzen. Weiterhin bringt eine Bekämpfung des Kernobstschorfes im Zeitraum des Austriebes und der Blüte einen Erfolg zur Eindämmung des Birnengitterrostes. Im Regelfall sind etwa drei Spritzungen vom Blühbeginn bis zum abgeblühten Gehölz erforderlich.

Apfelmehltau am Jungtrieb

Schorfflecke an Apfelfrüchten

Durch Monilia abgestorbene Triebe bei Sauerkirsche

Fruchtmonilia an Kirschen

Schrotschusskrankheit

In niederschlagsreichem Frühjahr entwickeln sich kurz nach dem Austrieb auf den Blättern schrotkorngroße, karminrote Flecken. Das befallene Blattgewebe stirbt ab und fällt heraus, sodass es wie durch Schrotkorn durchlöchert aussieht. An den Früchten kommt es ebenfalls zur Fleckenbildung. Die Früchte verkrüppeln und sind nicht zu verwerten.

Sprühfleckenkrankheit

Auf der Blattoberseite bilden sich kleine violette bis bräunliche Flecke, die zur Mittelrippe zusammenfließen. Blattunterseits sind kleine rötlich weiße Flecke sichtbar, die bei zunehmender Feuchtigkeit von einem schleimigen hellen Belag besetzt sind, der antrocknet. Bei starkem Befall werden die Blätter gelb und fallen ab. Der Pilz überwintert am abgefallenen Laub.

Kräuselkrankheit

Durch den Pilz sind austreibende Blätter des Pfirsichs und der Nektarine durch Kräuselung verändert. Sie können blasenartig aufgetrieben, verdickt und rötlich verfärbt sein. Ab Ende Mai findet man auf der Blattunterseite einen samtartigen, hellen Belag. Die geschädigten Blätter fallen ab und im Juni erfolgt ein neuer Austrieb. Bei sehr starkem Befall können auch Triebe vertrocknen.

Krötenhautkrankheit

Der Pilz kann sowohl Kern- als auch Steinobstarten befallen. Die Pilzsporen dringen über kleinste Wunden in das Holz ein. Es kommt zum Absterben von Trieben und auch von ganzen Astpartien. Die Rinde des befallenen Holzes bekommt pustelartige Erhebungen, die an eine Krötenhaut erinnern. Aus diesen Erhebungen kommt es zum Austritt dunkelgrauer Pilzsporen. Befallene Astpartien sind bis in das gesunde Holz zurückzuschneiden. Das befallene Holz ist zu entsorgen.

Narren- oder Taschenkrankheit

Diese Pilzkrankheit verursacht Deformationen an Pflaumenfrüchten. Einzelne Früchte können ein übermäßiges Wachstum aufweisen. Sie sind lang gestreckt und schotenförmig gekrümmt. In den Früchten wird kein Stein gebildet. Der Pilz überwintert am Gehölz, sodass bei feuchter Witterung zur Blütezeit ein hohes Befallsrisiko besteht. Befallene Früchte müssen deshalb aus dem Gehölz entfernt werden und sind zu entsorgen.

Amerikanischer Stachelbeermehltau

Der Amerikanische Stachelbeermehltau tritt an Stachelbeeren, Schwarzen Johannisbeeren und Jochelbeeren auf. Der Pilz überwintert in den Triebspitzen, von denen aus die Infektion der Knospen im Frühjahr erfolgt. Feuchte Witterung in dieser Zeit fördert den Befall. Die Triebspitzen werden von einem weißen, mehlartigen Belag überzogen. Mit fortschreitender Erkrankung kommt es zu Verkrümmungen und Stauchungen der Triebe. Befallene Früchte platzen auf und sind nicht mehr verwertbar. Bei Befallsbeginn können zugelassene chemische Mittel eingesetzt werden. Bei den Kulturmaßnahmen ist darauf zu achten, dass die Gehölze ausreichend durchlüftet sind. Erziehungsformen wie

Birnengitterrost, Schadbild Blattoberseite

Birnengitterrost, Sporenträger auf der Blattunterseite

Kräuselkrankheit an Pfirsichtrieben

Schrotschussbefall an Kirschen

Sporenlager von Valsa (Krötenhautkrankheit)

Narren- oder Taschenkrankheit bei der Sorte 'Bluefre'

Weißer mehliger Belag zuerst an Triebspitzen, später auch auf Früchten

Hakenförmiges Abbiegen eines Apfeltriebes

Durch Scharka befallener Ast

Spindel- und Heckenerziehung sowie Hochstämmchen werden nicht so stark befallen. Gleichermaßen stehen Sorten zur Verfügung, die widerstandsfähig sind.

Feuerbrand

Der Feuerbrand ist eine der gefährlichsten Bakterienkrankheiten des Kernobstes und ist meldepflichtig. Die Hauptinfektionszeit liegt während der Blüte. Das Schadbild äußert sich meist in dunkelbraun gefärbten Blättern, die lederartig sein können. Die Triebspitze ist wie ein Haken abgekrümmt. Bei feuchtwarmer Witterung tritt an befallenen Trieben Bakterienschleim in Tröpfchenform aus. Außer an Obstgehölzen tritt Feuerbrand auch an einer Vielzahl von Ziergehölzen auf.

Scharkakrankheit

Die Scharkakrankheit kann die Pflaume, die Aprikose, aber auch den Pfirsich befallen. Diese Viruserkrankung, die allgemein von den Pflaumen bekannt ist, kann zum totalen Ertragsausfall führen. Hochgradig anfällig für Fruchtscharka ist die 'Hauszwetsche' oder auch 'Hauspflaume' genannt. Scharka ist ebenfalls eine meldepflichtige Krankheit. Typisches Erscheinungsbild sind konzentrisch helle Ringfärbungen auf den Blättern sowie rötliche Ringe auf dem Fruchtstein. Die Früchte haben pockenartige Einsenkungen und sind dadurch verkrüppelt. Meist fallen diese Früchte vorzeitig ab, sodass es bei starkem Befall zum Verlust der gesamten Ernte kommen kann. Hauptüberträger dieser Krankheit sind Läuse, sie kann aber auch bei der Gehölzvermehrung weiterverbreitet werden. Grundsätzlich sind daher virusfreie Gehölze zu pflanzen und es ist bei der Wahl der Sorte darauf zu achten, dass diese fruchtscharkatolerant ist. Bei den Aprikosensorten wird 'Kuresia' und bei den Pflaumen die Sorte 'Jojo' als scharkaresistent ausgewiesen. Bei Pflaumen stellt sich gegenüber dieser Viruserkrankung ab dem siebenten bis achten Standjahr eine gewisse Alterswiderstandsfähigkeit ein.

Vorbeugende und aktive Maßnahmen bei Schädigungen

Grundsätzlich gilt: Je geschwächter ein Gehölz ist, desto schneller kann es von Krankheiten oder Schaderregern befallen werden. Auch Gehölze, die ein mastiges Wachstum aufweisen, sind anfälliger gegenüber Krankheiten. Es ist deshalb darauf zu achten, dass ein ausgewogenes Verhältnis zwischen Wachstum und Ertrag besteht. Insbesondere bei Obstarten, die zu Alternanz neigen, sollte in den Jahren des verminderten Ertrages keine zusätzliche Düngung mit Stickstoff vorgenommen werden. Das trifft auch für Gehölze zu, die einem Verjüngungsschnitt unterzogen wurden. In beiden Fällen fehlt der Ertrag als Regulativ und alle Kraft geht nur ins Wachstum. Ungünstige Standortbedingungen, beispielsweise Staunässe oder Bodenverdichtungen, bedingen einen verstärkten Krankheitsbefall, aber auch Mangelerscheinungen an Nährstoffen. Sehr dichte Kronen mit ungenügender Durchlüftung sind besonders für Pilzkrankheiten anfällig. Erkranktes Holz ist bis in den gesunden Bereich zurückzuschneiden. Es ist unbedingt zu entsorgen und darf nicht gehäckselt auf den Kompost gebracht werden. Fruchtmumien müssen vom Baum entfernt werden. Vom Mehltau oder auch von Läusen befallene Triebe schneidet man zurück.

Messer (Baumschulhippe), Schere (hier mit Rollgriff), Bügelsäge und moderne Astsäge

Schnittwunden mit einem Durchmesser von mehr als vier Zentimeter sind mit einem handelsüblichen Wundverschlussmittel zu verstreichen. Das trägt zur schnelleren Wundverheilung bei. Auch die Wahl des richtigen Schnittzeitraumes und die Verwendung von fachgerechtem Schnittwerkzeug dienen der Befallsminderung.

Daneben ist die Sortenwahl ein wesentliches Kriterium, welches zu einer Minderung des Befalls mit Krankheiten beiträgt. Beim Apfel gibt es eine Vielzahl an Sorten, die sehr widerstandsfähig gegenüber Schorf und Mehltau sind. Auch bei Sauerkirschen sind Sorten im Handel, die eine hohe Widerstandsfähigkeit gegenüber Monilia-Spitzendürre und Sprühfleckenkrankheit haben.

Der Einsatz chemischer Pflanzenschutzmittel sollte nur im Ausnahmefall in Betracht gezogen werden. Im Haus- und Kleingartenbereich ist die Angebotspalette ohnehin eingeschränkt. Es dürfen nur solche Mittel eingesetzt werden, die für den jeweiligen Schaderreger oder die bestimmte Krankheit eine Zulassung haben. Im Kleingarten verbietet sich jedoch oft der Einsatz solcher Mittel aufgrund der Kleinräumigkeit, aber auch durch die Vielzahl von Unterkulturen. Außerdem haben die Bäume oft schon eine stattliche Größe erreicht, sodass die Maßnahme im oberen Kronenbereich nicht zur Wirkung kommt.

Das 1 x 1 des Formgehölz-schnitts

Spitzen- und Basisförderung

In der Natur zeigen Gehölzarten unterschiedliche Wuchsformen, die nach ihrem Austriebsverhalten in zwei Grundtypen eingeteilt werden: in basitonisch und die akrotonisch wachsende Pflanzen.

Basitonisch sind Sträucher, bei denen die untersten Knospen am stärksten austreiben und die längsten Triebe bilden (Basisförderung). Eine solche Wuchsform zeigen viele Blütensträucher.

Baumartige und manche strauchartigen Gehölze wachsen dagegen akrotonisch. Dabei treiben die obersten Knospen am stärksten aus und bilden die längsten Triebe (Spitzenförderung). Bei manchen Arten, etwa der Weißtanne oder der Rosskastanie, ist dieses Verhalten sehr stark ausgeprägt, bei anderen wie Buchsbaum oder Eibe weniger.

Dieses Wuchsverhalten ist genetisch bedingt, und bei den akrotonisch wachsenden Gehölzen setzen die am höchsten sitzenden Knospen bzw. Triebe Hormone (Auxine) frei, welche die tiefer sitzenden Knospen und Triebe in ihrem Wachstum hemmen. Auf das Wachstum von Formgehölzen wirkt sich das häufig so aus, dass die höher liegenden Pflanzenteile kräftig wachsen und die tiefer liegenden schwächer, woraufhin diese zum Verkahlen neigen. Deswegen ist es sehr wichtig, die höheren Teile besonders stark zu schneiden und so die Ausschüttung wachstumshemmender Hormone (Auxine) zu verhindern.

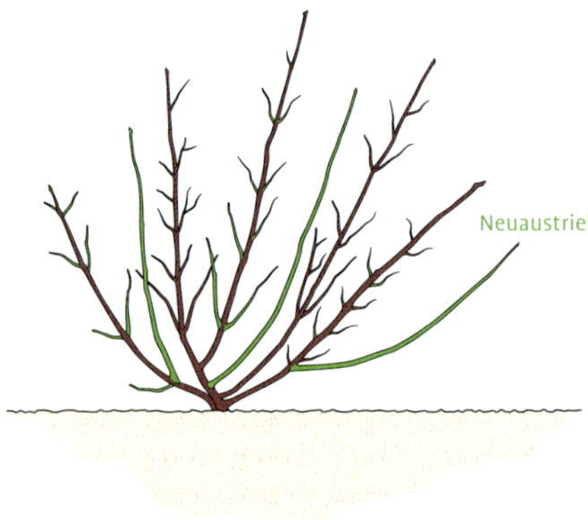

Basitonisches Wachstum.

Austrieb

Im Spätsommer, Herbst und Winter werden in den Knospen die Triebe der folgenden Wachstumsperiode ganz oder teilweise angelegt. Wenn sich am Zweig zwei Knospen gegenüber stehen, bezeichnet man das als „gegenständig“, sitzen die Knospen mit Abstand erst auf der einen, dann auf der anderen Seite des Zweiges, spricht man von „wechselständig“. Will man Triebe zurückschneiden, geschieht das am besten knapp über einer Knospe, denn aus dem darüber stehenden Holz können die meisten Gehölze nicht austreiben, und es bleiben Stummel stehen.

Manche Gehölze bilden unsichtbare, „schlafende“ Knospen unter der Rinde. Diese Pflanzen sind für den Formschnitt gut geeignet (Buchsbaum, Eibe), da sie sich einerseits bis tief ins alte Holz zurückschneiden lassen und sich andererseits gut füllen, wenn sie regelmäßig in derselben Größe gehalten werden. Außerdem ist es günstig, wenn die Abstände zwischen den

Akrotonisches Wachstum am Beispiel der Hainbuche.

Links gegenständige Knospenstellung beim Ahorn, rechts wechselständige Knospenstellung bei der Linde.

Knospen (Internodien) eng sind, da die Pflanzen dann kompakter wachsen.

Blattgröße

Die Form, die aus einer Pflanze geschnitten wird, ist am wirkungsvollsten, wenn die durch den Schnitt entstandenen Flächen „glatt“ aussehen. Das erreicht man am ehesten, wenn die Blätter der verwendeten Pflanzenart relativ klein sind, wie bei der Buchsbaum-Varietät *Buxus sempervirens* var. *arborescens*. Hat die Pflanzenart dagegen so große Blätter wie die Lorbeerkirsche (*Prunus laurocerasus*), ist es schwieriger, den Eindruck einer glatten Fläche zu erwecken. Außerdem fallen bei größeren Blättern die braunen, trockenen Wundränder stärker auf, die beim Schnitt zwangsläufig entstehen, wenn durch die Heckenschere ein Teil der Blätter zerschnitten wird. Bei genügend Zeit und Ambitionen kann man großblättrige Pflanzen stattdessen mit der Rosenschere schneiden. Dabei wird jeder Trieb einzeln eingekürzt, ohne das oberste verbleibende Blatt zu beschädigen.

Der Einfluss der Blattgröße hängt natürlich eng mit der Größe des Formgehölzes zusammen: Je größer die Pflanze ist, desto größer können auch seine Blätter sein.

Standort

Formgehölze benötigen einen hellen Standort, damit sie dicht bleiben und ihre Form wahren. Das gilt auch für sehr schattenverträgliche Pflanzen wie Buchsbaum oder Eibe, die zwar gut im Schatten gedeihen, sich dort aber nur locker aufbauen. Es kommen also nur sonnige oder notfalls halbschattige (für schattenverträgliche Arten) Standorte in Frage. Dabei sollte man auch die Nähe zu anderen Pflanzen vermeiden, die durch ihr Wachstum Schatten werfen könnten. Besonders die Schattenwirkung benachbarter laubabwerfender Gehölze wird bei der Pflanzung von Form-

Bei der Kugel aus großblättriger Lorbeerkirsche (links) fallen die durch den Schnitt beschädigten Blätter auf, bei kleinblättrigem Liguster (rechts) entsteht ein harmonischer Gesamteindruck.

Unter dem lichten Schatten des Birkenhains gedeihen Buchskugeln bei zusätzlicher Bewässerung gut.

gehölzen im Winter oder Frühjahr vor dem Austrieb oft unterschätzt.

Die Bodenansprüche sind natürlich von der Pflanzenart abhängig, aber die wichtigsten Formgehölzgattungen Eibe (*Taxus*) und Buchsbaum (*Buxus*) haben gemeinsam, dass sie sehr empfindlich gegen Staunässe und gegen niedrige pH-Werte (geringen Kalkgehalt) im Boden sind. Gerade für diese Pflanzen sollte der Boden also kalkhaltig und durchlässig sein, dabei aber genügend Nährstoffhaltekraft besitzen, damit die Pflanzenernährung sichergestellt ist. Einen zu niedrigen pH-Wert im Boden kann man leicht durch Kalkgaben anheben und die Nachteile eines zu leichten Bodens durch Humus- und Düngergaben ausgleichen. Staunässe dagegen ist nachträglich schwierig zu beheben, daher muss der Standort unbedingt vor der Pflanzung entsprechend vorbereitet (tiefengelockert und dräniert) werden. Besonders häufig entstehen Staunässe-Probleme auf Neubaugrundstücken, wo die Böden durch die Bauarbeiten stark verdichtet wurden. Mit dem Spaten können Sie leicht prüfen, ob Bodenverdichtungen vorliegen. Leistet der Boden (evtl. erst in tieferen Schichten) dem Spaten außergewöhnlichen Widerstand, riecht er vielleicht sogar faulig oder nach Schwefelwasserstoff oder ist er bläulichgrau gefärbt, muss die verdichtete Schicht unbedingt vor der Pflanzung aufgelockert werden.

Kiefern und die meisten anderen Pflanzenarten sind ebenfalls sehr empfindlich gegenüber Staunässe, tolerieren aber oft niedrige pH-Werte.

Auf sehr trockenen Standorten sollten Bewässerungsmöglichkeiten eingeplant werden, denn wenn Formgehölze im späten Frühjahr oder Frühsommer unter Wassermangel leiden, treiben sie nur schwach aus und wachsen (wie bei zu schattigem Standort oder Nährstoffmangel) zu locker. Je nach Pflanzenart muss außerdem geprüft werden, ob der Standort zu windig ist, vor allem, ob kalte Ostwinde im Winter frostempfindliche Pflanzenarten schädigen können.

Pflanzung

Gehölze werden wurzelnackt, mit Ballen oder im Container angeboten. Bei wurzelnackten Pflanzen fällt beim Roden die meiste Erde von den Wurzeln ab, Pflanzen mit Ballen werden dagegen mit einem Spaten samt Erde aus dem Boden gestochen. Den Wurzelballen schützt man mit einem Ballentuch, bei großen (Solitär-) Pflanzen ummantelt man ihn zusätzlich mit einem Drahtkorb, damit sich beim Transport keine Erde zwischen den Wurzeln lockert und aus dem Ballen rieselt. Auf diese Weise erhalten Sie einen ausreichend großen Anteil an aktiven Wurzeln, und die Grundversorgung des Gehölzes mit Wasser und Nährstoffen am neuen Standort ist sichergestellt.

1

In den Arbeitsschritten 1 bis 4 wird das Ausheben eines Pflanzlochs bis zum Anbinden und Angießen der Pflanze gezeigt. **1.** Das Pflanzloch soll etwa 1,5mal so groß wie der Ballendurchmesser sein. Boden und Rand mit dem Spaten lockern.

Sowohl bei wurzelnackten als auch bei Pflanzen mit Ballen geht beim Roden ein großer Teil der Wurzeln verloren, deswegen werden sie in der Regel nicht während der Wachstumsperiode verpflanzt. Pflanzen in Töpfen und Kübeln („Containern“) können dagegen ganzjährig gepflanzt werden, da ihre Wurzeln nicht in dem Maße geschädigt werden. Wenn sie zu lange im selben Topf standen, kann ihr Wurzelwerk allerdings die Topfform annehmen, es bilden sich Ringwurzeln, die das Anwachsverhalten sowie die spätere Standfestigkeit solcher Pflanzen beeinträchtigen. Außerhalb der Wachstumsperiode sind (je nach Größe und Pflanzenart) wurzelnackte Gehölze oder Pflanzen mit Ballen daher gegenüber Containerpflanzen nicht unbedingt im Nachteil.

Vor der Pflanzung entfernt man den Container. Ballentuch und Drahtkorb können dagegen am Ballen belassen werden, da das Tuch aus Jutefasern und der Drahtkorb aus unverzinktem Eisendraht besteht, die beide im Boden langsam verrotten. Nur wenn der Wurzelhals (die Stammbasis) durch verknotetes Ballentuch eingeschnürt werden könnte, werden die Knoten aufgeschnitten, das Tuch aber nicht entfernt. Verletzte, abgeknickte Wurzeln und beschädigte Spitzen stärkerer Wurzeln schneidet man vor der Pflanzung mit einer scharfen Schere ab. Ist an der Topfwand von Containerpflanzen ein dichtes, kreisförmig wachsendes Wurzelwerk zu sehen, solllte man es durch mehrere senkrechte Schnitte mit einem scharfen Messer und nötigenfalls einer Schere durchtrennen, um die Bildung neuer Wurzeln zu fördern und das Wachstum von Ringwurzeln zu unterbrechen. Sind die Wurzeln oder der Ballen (auch aus dem Container) vor der Pflanzung trocken, werden die Pflanzen gründlich gewässert oder in einer Wanne in Wasser getaucht. Die Erde im Ballen sollte sich anfühlen wie ein feuchter, ausgewrungener Schwamm, sonst ist sie zu trocken.

Das Pflanzloch sollte einen mindestens eineinhalbfachen Durchmesser haben wie der Ballen selbst, bei schwierigen Bodenverhältnissen auch größer. Nach unten muss das Wasser aus dem Pflanzloch unbedingt abfließen können. Bei lockerem Unterboden reicht eine Pflanzlochtiefe von etwas mehr als der Ballengröße. Wenn Bodenverdichtungen (häufig bei Neubaugrundstücken) vorliegen, sollte man unbedingt versuchen, diese mit dem Spaten zu lockern, auch wenn das Pflanzloch dabei sehr tief ausgehoben werden muss. In diesem Fall füllt man den gelockerten Aushub wieder ins Pflanzloch ein, in der oberen Bodenschicht (Höhe der Pflanzenwurzeln) kann man ihn mit reifem Humus im Verhältnis von etwa drei Teilen Boden zu einem Teil Humus verbessern. Dabei sollte man den Humus aber nicht direkt unter den Pflanzenballen geben! Dieser Humus kann zum Beispiel Torf, Rindenhumus oder gut verrotteter, nicht zu salzhaltiger Kompost sein. Die Pflanzen werden nicht tiefer gepflanzt, als sie in der Baumschule gestanden haben – eher etwas höher, denn bei zu tiefer Pflanzung können die Wurzeln unter Sauerstoffmangel leiden.

Nach der Pflanzung sollten die Pflanzen gründlich gewässert werden, damit ihre Wurzeln besseren Kontakt zum umgebenden Boden bekommen. Dafür hat sich der Begriff „Einschlämmen" eingebürgert, der aber nicht dahingehend missverstanden werden darf, dass die Bodenstruktur durch zuviel Wasser zur „Pampe" wird. Dünger sollte man möglichst nicht mit ins Pflanzloch geben – es

2. Pflanze einsetzen: Niemals tiefer als in der Baumschule, evtl. etwas höher (rote Linie = Höhe der Bodenoberfläche). Knoten des Ballentuchs öffnen, um das Einschnüren des Wurzelhalses und Einwachsen des Ballentuchs zu verhindern.

2

3

3. Erde neben dem Ballen festtreten, so dass sich ein Gießrand bildet. Er verhindert, dass beim Gießen das Wasser abfließt, ohne an die Wurzeln zu gelangen.

4

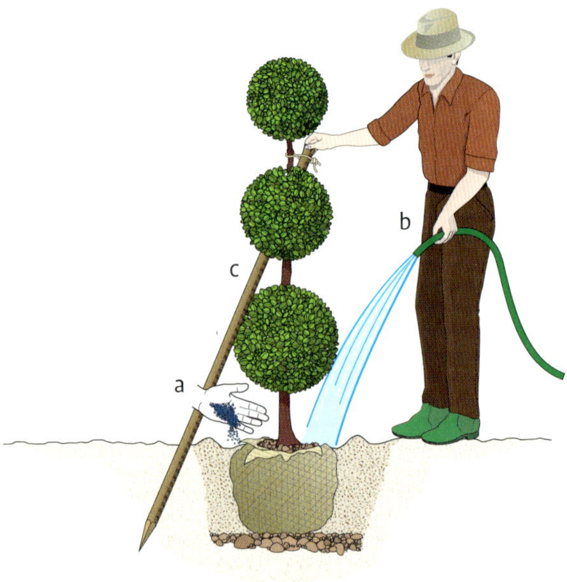

4. Eventuell etwas Dünger streuen (a), angießen (b), einen Pfahl zur Befestigung (c) schräg neben den Ballen einschlagen, mit „Achterschlaufe“ anbinden. Anfangs- und Endpunkt sollten beim Pfahl liegen; zusätzlich zum Knoten kann man eine Metallkrempe in den Pfahl einschlagen. Der Pfahl sollte mit seiner Stirnseite gegen die Hauptwindrichtung gesetzt werden, damit er das Gehölz stabilisieren kann.

sei denn, Sie verwenden ummantelten Depotdünger, dessen Nährstoffe nur langsam durch die Kunstharzhülle diffundieren und so die Gefahr der Versalzung minimieren.

Größere Pflanzen müssen mit Pfählen verankert werden, damit sie nicht von Sturmböen umgeworfen werden können. In der Anwachsphase während der Vegetationsperiode kann so ein Umwerfen oder auch nur ein leichtes Kippen bei Sturm den Tod der Pflanze bedeuten, da die jungen, für die Wasserversorgung wichtigen Wurzeln dabei abreißen.

Genau wie jede andere Unterpflanzung oder Verunkrautung konkurriert Rasen mit den Wurzeln des Formgehölzes um Wasser und Nährstoffe. Zumindest in den ersten Jahren nach der Pflanzung sollte daher die Baumscheibe um das Gehölz frei von Aufwuchs gehalten werden. Später kann bei größeren, durchsetzungsfähigen Formgehölzen die Unterpflanzung bis an die Pflanzenbasis heranwachsen. Steht das Formgehölz auf dem Rasen, ist eine Baumscheibe nach wie vor empfehlenswert, damit leichter gemäht werden kann, ohne die Stammbasis des Formgehölzes zu beschädigen.

Gehölze, die im Garten stehen, können noch einige Jahre nach dem Anwachsen verpflanzt werden. Je länger die Pflanze an ihrem Standort steht, desto höher ist das Risiko, dass sie das Umpflanzen nicht übersteht. Die Verpflanzbarkeit ist außerdem abhängig von der Pflanzengattung und dem Zeitpunkt. Als Grenze gelten meist vier bis sechs Jahre Standzeit. Günstige Verpflanzzeitpunkte sind Frühjahr (März/April) und Herbst (Oktober/November).

Die verschiedenen Schnittmethoden

Schnitt für Schnitt zu Ihrem Formgehölz mit den richtigen Methoden und Werkzeugen.

Basiswissen zum Schneiden

Starke Eingriffe wie der Verjüngungsschnitt oder der Aufbauschnitt, bei denen ein großer Teil der Triebe entfernt wird, werden am besten im März oder April vor dem Austrieb und nach dem letzten Auftreten starker Fröste durchgeführt. Einen Pflegeschnitt, bei dem die Form erhalten werden soll, kann man fast zu jeder Zeit vornehmen. Nur bei Frost oder extremer Sonneneinstrahlung sollte man darauf verzichten, um Schäden an den Schnittstellen sowie an dem freigelegten, übrig bleibenden Laub möglichst gering zu halten.

Der günstigste Schnitttermin ist, wenn der Neuaustrieb auszureifen beginnt oder ausgereift ist. Wird zu früh geschnitten, treibt die Pflanze sehr schnell wieder aus, und eine zusätzliche Schnittmaßnahme wird notwendig. Wird zu spät geschnitten, sind inzwischen häufig die tiefer liegenden Zweige und Knospen verkümmert und treiben nur schwach wieder aus. Die freigelegten Blätter waren außerdem länger schattiert und sind empfindlicher gegen Sonnenbrand. Darüber hinaus ist in vielen Fällen die ursprüngliche Gehölzform nur noch schwierig zu erkennen und nur mühsam wiederherzustellen.

Je nach Art und Gattung sind die Schnitttermine etwas unterschiedlich. Buchsbaum treibt besonders früh und kann daher oft schon im Mai zum ersten Mal geschnitten werden. Je nach Wuchskraft der Pflanze ist dann meist noch ein zweiter und manchmal sogar ein dritter Schnitt nötig. Der letzte Schnitt sollte Ende September bis Anfang Oktober erfolgen, da Buchsbaum auf einen Schnitt Ende August oder Anfang September häufig noch mit einem Austrieb reagiert. Diese Triebe reifen bis zu den ersten stärkeren Frösten nicht mehr aus und erfrieren dann. Das schadet den Pflanzen zwar nicht, sieht aber hässlich aus.

Eiben und die meisten anderen Gehölzgattungen werden im Juni geschnitten, gelegentlich ist ein zweiter Schnitt im Hochsommer nötig.

Kiefern sind die einzigen Formgehölze, bei denen der Schnittzeitraum sehr eng ist. Je nach Art werden die Triebe („Kerzen“) Anfang bis Ende Mai zurückgeschnitten oder ausgebrochen, sobald sie ihre Länge erreicht haben, aber bevor die jungen Nadeln völlig entfaltet sind. Der Schnitttermin richtet sich nach dem jeweiligen Austriebszeitpunkt der unterschiedlichen Kiefernarten: Berg-Kiefern (*Pinus mugo*) und Wald-Kiefern (*Pinus sylvestris*) treiben früh

Schnitt einer Buchsbaumhecke: links zu früh (junge Triebe noch nicht ausgereift), Mitte richtig, rechts sehr spät (Austrieb von jungen Seitentrieben an der Triebspitze).

und Schwarz-Kiefern (*Pinus nigra* subsp. *nigra*) spät aus. Bei zu spätem Schnitt bilden sich an der Schnittstelle keine oder nur wenig Knospen für den Austrieb im nächsten Jahr.

Wie die menschliche Haut, so ist auch Pflanzengewebe empfindlich gegen ultraviolettes Licht der Sonne, wenn es nicht daran gewöhnt ist. Das spielt zum einen eine Rolle, wenn Kübelpflanzen aus ihren lichtarmen Überwinterungsquartieren geräumt werden. Aber auch nach dem Schnitt von Hecken oder Formgehölzen können die freigelegten Blätter und Triebe, die bis dahin im Schatten des Neuaustriebs standen, durch die Sonne geschädigt werden. Daher sollte man Hecken und Formgehölze nicht bei starker Sonneneinstrahlung schneiden. Allerdings kann auch durch Sonneneinstrahlung an einem der folgenden Tage nach dem Schnitt ein Sonnenbrand entstehen. Deswegen ist es wichtig zu schneiden, sobald der Neuaustrieb ausreichend entwickelt ist, damit die alten Blätter nicht zu lange durch die neuen Triebe schattiert und dadurch empfindlich werden. Bei besonders empfindlichen Gehölzen und hoher Sonneneinstrahlung sollte man nach dem Schnitt Schattierleinen auflegen.

Um den Buchs in eine Kugelform zu bringen, werden zunächst die Seitentriebe an der Basis geschnitten und daraufhin die Höhe festgelegt.

Dann werden die Seiten gestutzt und rundlich zurechtgeschnitten.

Pflanzschnitt der Jungpflanze

Pflanzen, aus denen Formgehölze geschnitten werden sollen, müssen vor starken Schnitteingriffen im Boden gut angewachsen sein. Jungpflanzen wie auch größere Ausgangspflanzen werden daher mehrere Jahre vor dem Beginn des Erziehungsschnitts (siehe Seite 343) gepflanzt, und man achtet beim Pflanzschnitt schon auf die Form, zu der die Pflanze später erzogen werden soll.

Eine zur Kugel erzogene Jungpflanze im Container.

Bei wurzelnackten Pflanzen oder Pflanzen mit Ballen ist je nach Pflanzenart und -größe meist ein verhältnismäßig starker Rückschnitt an den Trieben nötig, um den Verlust der Wurzeln durch die Rodung auszugleichen. Das gilt besonders für laubabwerfende Pflanzen wie Hainbuchen, Weißdorn oder Liguster. Eiben werden dagegen je nach Größe und Qualität weniger oder gar nicht zurückgeschnitten. Buchsbaum und Kiefern erhalten normalerweise keinen Pflanzschnitt. Bei Pflanzen, die später zu Kugeln oder breiteren Formen gezogen werden sollen, muss der Rückschnitt so erfolgen, dass sie entsprechend reich verzweigen und von

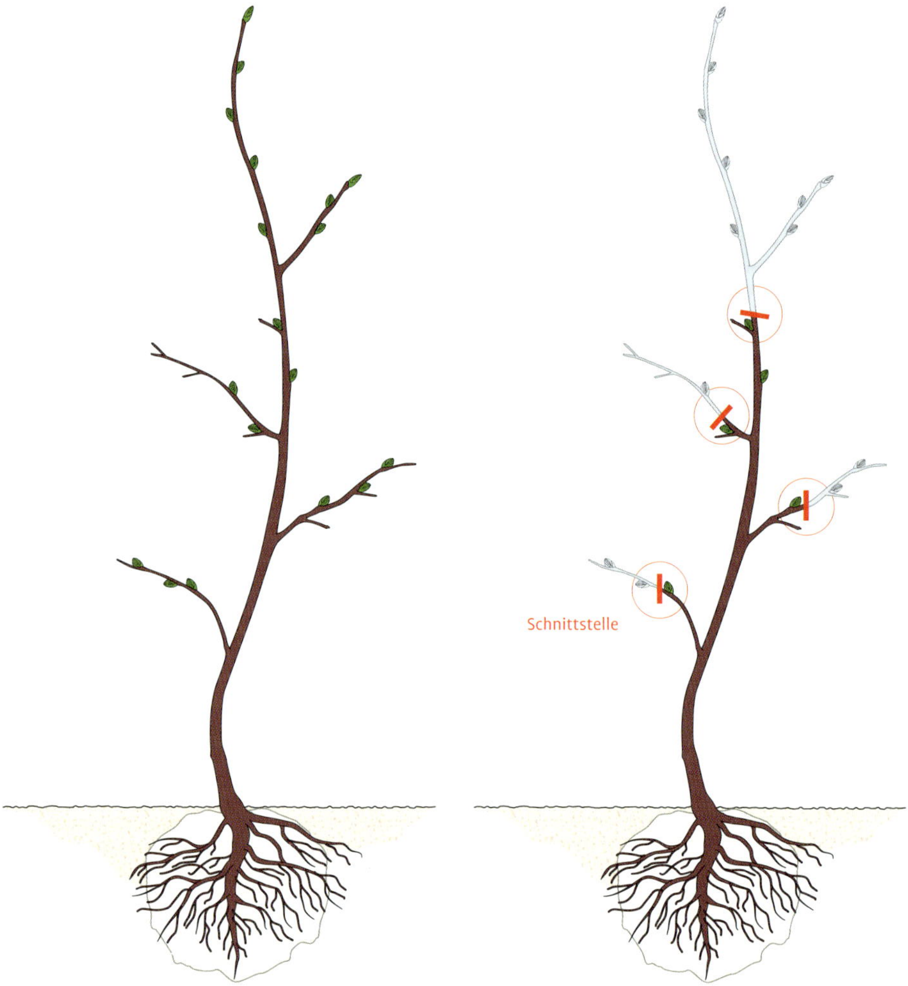

Durch den Pflanzschnitt (rechts) am Beispiel einer Hainbuche wird der Verlust von Wurzeln als Folge des Rodens ausgeglichen.

der Basis austreiben. Bei Pflanzen, die einen Stamm bilden sollen, kann man einen Teil des Mitteltriebs stehen lassen (siehe Zeichnung Seite 342).

Frische, größere Wunden ab etwa 1–3 cm Durchmesser können bei Laubgehölzen direkt nach dem Schnitt mit einem Wundverschlussmittel verstrichen werden. Dadurch wird das Austrocknen der Wundränder verhindert und das Wundgewebe (Kallus) kann die Wunde schneller verschließen. Ältere, trockene Wunden sollte man nicht verstreichen, weil durch den Belag das inzwischen abgestorbene Holz feuchter bleiben würde und Fäulniserreger sich leichter ausbreiten könnten. Die Wunden von Nadelgehölzen brauchen ebenfalls nicht verschlossen zu werden, weil das Gewebe dieser Pflanzen nicht so stark austrocknet wie bei Laubgehölzen. Grundsätzlich gilt, dass Wunden immer möglichst klein bleiben und keine Aststümpfe („Huthaken“) zurückbleiben sollten.

Freier Schnitt wird nach Augenmaß ohne Schablone durchgeführt.

Erziehungsschnitt

Freier Schnitt

Einfache Formen wie Kugeln oder Tropfen werden meist ohne Hilfsmittel frei Hand geschnitten. Um eine ansprechende Form zu erzielen, ist allerdings viel Geduld und Augenmaß nötig. Der Mitteltrieb von Stämmchen kann durch Heften an einen Bambusstab gerade gehalten werden.

Schnitt mit Hilfsmitteln

Beim Formieren von Gehölzen müssen häufig Zweige an Stäbe oder Schablonen gebunden („geheftet“) werden. Für dünne Triebe benutzt man dazu am besten Naturbast. Er ist gut zu verarbeiten und verrottet meist innerhalb eines Jahres. Wenn der angebundene Trieb dicker wird, schneidet Naturbast selten ein, sondern reißt stattdessen durch, da er mürbe geworden ist. Bindfäden und Bast aus Kunststoff wachsen dagegen mit der Zeit in den dicker werdenden Trieb ein, der daraufhin kümmert und bei Wind abbricht. Alle Bindestellen sollten daher mindestens einmal jährlich kontrolliert werden: Sitzt das Bindematerial stramm am Gewebe an und droht einzuwachsen, muss man es unbedingt entfernen, und wenn nötig wird der Trieb etwas lockerer neu gebunden. Bei dickeren Zweigen

Freier Schnitt an einer Orient-Pompon-Form, eine Plane am Boden fängt das Schnittgut auf.

können die Naturmaterialen Sisalband („Strohband") sowie Kokosstrick verwendet werden oder Hohlschnur aus Kunststoff, die elastisch ist und daher nicht so leicht einschneidet. Auch bei dickeren Ästen müssen alle Bindestellen mindestens einmal jährlich kontrolliert werden.

Soll etwas Abstand zwischen Trieb und Gerüst beziehungsweise Stab gelassen werden, kann man das Band in der Form einer „Acht" schlingen, sonst wird es als Schlinge gebunden. Der Knoten sollte dabei nicht über der Rinde des Zweiges, sondern am Stab bzw. Gestell festgebunden werden, um Beschädigungen der Rinde durch das Verknoten zu vermeiden.

Erhaltungsschnitt

Hat man eine Form durch mehrjährigen Erziehungsschnitt herangezogen oder ein fertiges Formgehölz erworben und gepflanzt, kann es durch die richtigen Schnitt- und Pflegemaßnahmen lange Zeit in derselben Form gehalten werden. In historischen Parkanlagen stehen Formgehölze aus Eiben, die über 100 Jahre alt sind.

Um die Form zu erhalten, sollte man möglichst wenig Neuzuwachs zulassen. Wenige Millimeter reichen meist aus. Sobald der Austrieb im Frühjahr/Frühsommer auszuhärten beginnt, wird er bis auf möglichst kurze Ansätze durch Schnitt entfernt. Schneidet man zu früh, sind noch nicht alle Knospen ausgetrieben, und es folgt ein schneller Neuaustrieb. Das macht einen zweiten Schnitt erforderlich, schadet der Pflanze aber nicht. Ein zu später Schnitt ist schlimmer, es entstehen größere Schnittwunden und die Form wird zu licht und locker.

Beim Schnitt wird häufig der Fehler gemacht, dass stark austreibende Pflanzenteile schwächer geschnitten und schwächer austreibende Teile stärker zurückgeschnitten werden. Für einen richtigen Schnitt muss genau umgekehrt verfahren werden. Dort, wo die Pflanze stark austreibt – das ist aufgrund der Spitzenförderung der obere Teil –, wird der Neuaustrieb besonders stark geschnitten und in dem unteren Teil even-

Beim Erhaltungsschnitt müssen die oberen Teile der Pflanze meist stärker (mittlere Pflanze) geschnitten werden als die unteren.

tuell etwas schwächer, besonders dort, wo Lücken zu entstehen drohen. So kann das Gleichgewicht der Proportionen erhalten werden. Sonst wird die Pflanze „kopflastig“, und die unteren, schwächer austreibenden Pflanzenteile werden locker und verkümmern.

Verjüngungsschnitt

Ein Verjüngungsschnitt wird gelegentlich bei vergreisten, zu großen oder aus der Form geratenen geometrischen Hecken durchgeführt. Dafür kann die Pflanze „auf den Stock gesetzt werden“, sie wird also etwa 10–20 cm über dem Boden abgeschnitten. Hierbei sollte man beachten, dass nur wenige Gehölzarten eine solche „Radikalkur” vertragen. Wurde die Pflanze auf den Stock gesetzt, muss man aus den neuen Austrieben einen Mitteltrieb wählen und durch Anheften an einen Bambusstab gerade ziehen. Daher ist diese Methode sehr arbeitsaufwändig und nur dann sinnvoll, wenn die vergreiste Hecke sehr stark verzweigt war und keine brauchbaren Mitteltriebe besaß. Meist bleiben die Mitteltriebe stehen, und nur die Seitentriebe werden stark eingekürzt. Bei Hecken, die nicht sehr austriebsfreudig sind (zum Beispiel Rot-Buchen), kann zunächst eine Seite zurückgeschnitten werden und nach einem Jahr, wenn diese Seite ausgetrieben hat, die andere. Dadurch werden die Wurzeln gleichmäßiger mit Assimilaten (energiereichen Stoffwechselprodukten der Photosynthese) versorgt, als wenn alle jungen Zweige auf einmal entfernt werden.

Einen starken Rückschnitt ins alte Holz vertragen Eibe (*Taxus*), Buchsbaum (*Buxus*) und Hainbuche (*Carpinus*). Etwas vorsichtiger muss man bei der Rot-Buche vorgehen. Bei Lebensbaum (*Thuja*) und Scheinzypresse (*Chamaecyparis*) ist ein Verjüngungsschnitt nicht ratsam, da diese Pflanzen nicht oder nur sehr schwach aus dem alten Holz austreiben.

Ähnlich wie bei Hecken kann bei einfachen geometrischen Formen (z. B. bei Kugeln) verfahren werden. Bei komplizierteren Formen wie Skulpturen ist ein Verjüngungsschnitt meist nicht sinnvoll, da sie danach völlig neu aufgebaut werden müssten.

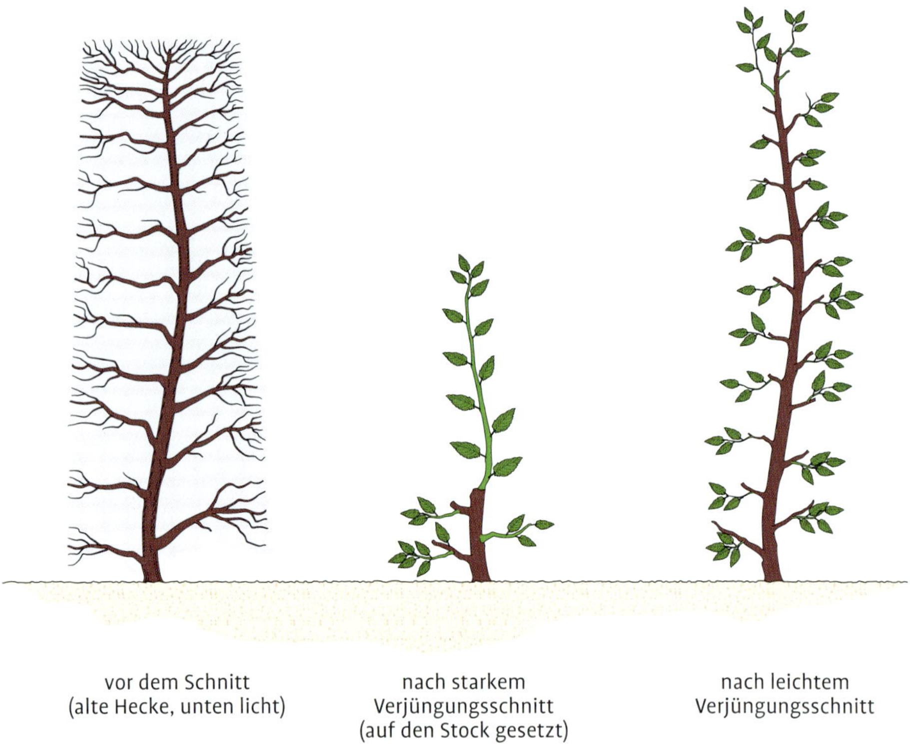

Ältere, vergreiste Hecken werden an den Seiten zurückgeschnitten (rechte Pflanze). Wenn sie keinen geraden Mitteltrieb besitzen, können sie „auf den Stock gesetzt“ werden (mittlere Pflanze).

Schnittwerkzeuge und Hilfsmittel

Rosenschere

Mit der Rosen- oder Rebschere werden einzelne Triebe entfernt. Sie ist besonders für den Pflanzschnitt und für den Erziehungsschnitt geeignet. Aber auch einzelne Triebe, die für Heckenscheren zu dick sind, kann man mit der Rosenschere entfernen.

Außer der in der Praxis bewährten abgebildeten Schere mit traditioneller Klingenstellung gibt es auch „Ambossscheren", deren obere Klinge beim Schneiden nicht neben die untere Klinge gleitet, sondern sich auf sie wie auf einen Amboss legt. Dadurch soll die Schnittfläche weniger gequetscht werden. Bei der traditionellen Klinge entsteht dagegen durch die untere Klinge immer eine leichte Quetschung an der Schnittstelle. Daher sollte diese Schere beim Schneiden mit der oberen Klinge zur Pflanze hin gehalten und im Uhrzeigersinn um die Pflanze herum gearbeitet werden. Dann entsteht die Quetschung am abgeschnittenen Pflanzenteil.

Beim Kauf sind alle Modelle scharf, wenn die Klingen jedoch aus minderwertigem Stahl bestehen, werden sie schnell stumpf. Für Profi-Gärtner und Gartenliebhaber, die sie häufiger beanspruchen, lohnt daher die Anschaffung teurerer Markenprodukte mit Klingen aus gehärtetem Stahl, die lange scharf bleiben. Außerdem können bei solchen Scheren Klingen und andere Teile ausgetauscht werden, wenn sie zerbrechen. Nach der Arbeit sollten sie gereinigt und geölt werden, damit sie nicht rosten.

Schnittwerkzeuge von oben nach unten: Rosenschere, Schafschere, Rasenkantenschere, Heckenschere mit gewellten langen Klingen, Heckenschere mit kurzen Klingen für Formgehölze, elektrische Rasenkantenschere, Motor-Heckenschere.

Schafschere

Schafscheren sind eigentlich für die Schafschur vorgesehen. Dafür müssen sie besonders scharf sein, was dieses Modell auch für den Schnitt von Formgehölzen mit feinen Trieben sehr interessant macht. Außerdem federn sie von selbst in die offene Stellung zurück. Sie werden mit einer Hand gehalten, und dadurch ist die Arbeit mit ihnen über einen längeren Zeitraum sehr anstrengend. Muskelkater im Arm und im schlimmeren Falle Sehnenscheidenentzündung drohen. Für kürzere Arbeitseinsätze oder für Gärtner, die an die Arbeit mit Schafscheren gewöhnt sind, sind sie aber sehr zu empfehlen.

Rasenkantenschere

Rasenkantenscheren eignen sich gut für den Schnitt junger, weicher Triebe, zum Beispiel von Buchsbaum. Bei etwas verhärteten Trieben blockieren sie allerdings leicht. Die handbetriebene Rasenkantenschere ist, ähnlich wie die Schafschere, sehr ermüdend für die Hand. Bei der akkubetriebenen Elektro-Rasenkantenschere wird die Schnittarbeit mit elektrischer Energie durchgeführt, strengt also nicht an. Durch das Gewicht des Akkus ist sie aber relativ schwer, so dass bei längeren Arbeitseinsätzen der Arm schnell ermüdet. Somit ist sie ebenfalls eher für kürzere Arbeitseinsätze geeignet. Außerdem hält der Akku nicht immer lange genug – vor allem wenn er älter ist –, so dass es empfehlenswert ist, einen aufgeladenen Ersatz-Akku griffbereit zu haben. Außerdem ist das Schärfen der Klingen schwierig. Wenn das nicht möglich ist, sollte man sie in regelmäßigem Abstand ersetzen.

Heckenschere

Das wichtigste Werkzeug für den Formgehölzschnitt ist die traditionelle, bewährte Heckenschere. Da man sie in beiden Händen hält und mit beiden Armen betätigt, wird die Kraft auf Arm- und Schultermuskulatur gleichmäßig verteilt. So werden Hand und Unterarm weniger belastet als bei Scheren, die mit einer Hand geführt werden. Je nach Größe des Formgehölzes und Struktur werden Scheren mit kürzeren oder längeren Klingen eingesetzt: Je größer und flacher die Fläche ist, desto länger sollte die Klinge sein. Bei Skulpturen und ähnlichen Formen werden daher kürzere Scheren benutzt als für geometrische Hecken. Mit gewellten Schnittflächen können dickere, härtere Triebe besser erfasst werden als mit glatten Schnittflächen.
Zum Schonen der Handgelenke sollte man darauf achten, dass an dem Anschlag der Klingen am Gelenk Gummipuffer sitzen, die beim Schneiden den Aufprall der beiden Metallhälften abfedern.

Motor-Heckenschere

Für größere Hecken werden in der Regel Motor-Heckenscheren benutzt. In Hausgärten und überall dort, wo Kabel nicht stören, sind das meist Elektro-Heckenscheren, in größeren Anlagen auch Heckenscheren mit Zweitakt-Verbrennungsmotor. Wie bei allen anderen Scheren ist darauf zu achten, dass die Schnittflächen scharf sind, damit nicht zu starke Quetschungen an den Pflanzentrieben entstehen. Die Reinigung und das Einfetten sind natürlich genauso nötig wie bei anderen Scheren, damit sie einsatzbereit bleiben.

Um die Unfallgefahr zu verringern, sollte man unbedingt darauf achten, dass nur moderne Geräte eingesetzt werden, die mit beiden Händen gehalten werden müssen und eine automatische Sperrfunktion besitzen. Für Formgehölze sind Motor-Heckenscheren meist zu unhandlich und werden nur vereinzelt für sehr große Exemplare benutzt.

Bambusstäbe, Bänder

Bambusstäbe als Hilfsmittel beim Schnitt können – ähnlich wie ein Lineal beim Zeichnen – helfen, gerade Kanten zu erzielen. Mit einem Zollstock werden Bambusstäbe im richtigen Abstand von Stamm oder bestimmten Zweigen angelegt und evtl. durch ein Band aneinander fixiert. Bei Formen wie Spiralen kann man auch Markierungen an den Stäben anbringen und diese immer wieder vor dem Schnitt an denselben Stellen der Pflanzen anbringen, bis die gewünschte Form erkennbar wird.

Beim Formieren eines Kegels können drei oder vier Bambusstäbe genutzt werden, um die Seiten gleichmäßig geneigt und gerade zu schneiden.

Mit einem Band kann der Verlauf der Wulst einer Spirale festgelegt werden.

Mit einer beweglichen Schablone kann man mehrere Pflanzen zu Formen gleicher Größe schneiden.

Bewegliche Schablone

Baumschulen, in denen viele Pflanzen mit gleicher Form angezogen werden, verwenden häufig bewegliche Metallschablonen, die man vor dem Schnitt über die Pflanze stülpt. So kann man sie verhältnismäßig schnell immer in dieselben Maße schneiden. Besonders bei Würfeln oder Quadern hat sich diese Methode bewährt.

Feste Schablone

Kompliziertere Formen, wie Skulpturen oder Stufenformen, werden in der Regel mit festen Schablonen herangezogen. Eine Schablone, die meist aus stabilem Metalldraht oder -stäben besteht, wird an der Pflanze angebracht und verbleibt dort mehrere Jahre, bis die Pflanze entsprechend der Schablone ihre Form erhalten hat. Normalerweise lässt sich die Schablone nicht mehr von der Pflanze lösen. Wenn die Triebe und Blätter der Pflanze sie völlig verdecken, stört sie nicht, wenn aber Teile von ihr an unbewachsenen Stellen sichtbar sind, sollte man versuchen, zumindest die sichtbaren Teile zu entfernen. Außerdem können bei späteren Schnittarbeiten Schäden an Schnittwerkzeugen entstehen, wenn versehentlich in die Schablone geschnitten wird.

Je nach Größe der Schablone liegt die Drahtstärke oft zwischen 1–4 mm. Der Draht sollte verzinkt sein, damit er nicht rostet. Sich kreuzende Drähte werden verschweißt oder mit ummanteltem Wickeldraht verbunden. Meist werden die Schablonen nach den Vorgaben des Gärtners von einem örtlichen Metallhandwerker gebaut, handwerklich begabte Gärtner stellen sie selbst her. Es gibt aber – vor allem in Nordamerika und England – auch einzelne Hersteller

Bei komplizierteren Formen wie diesem Korb helfen feste Schablonen, die an der Pflanze verbleiben.

Bei diesem noch nicht ganz fertig geschlossenen Henkel des Buchs-Korbes schaut noch die feste Schablone heraus.

von Formgehölz-Schablonen, die diese zum Kauf anbieten.

Gefüllte Schablone

Für besonders komplizierte Formen werden gelegentlich Schablonen benutzt, in die die Pflanzen nicht hineinwachsen, sondern an denen sie entlang wachsen. Diese Schablonen sind in der Regel mit *Sphagnum*-Moos und Torf gefüllt und mit kletternden oder kompakt wachsenden Pflanzen besetzt. In kühleren Regionen wird gern Efeu benutzt, in wärmen die Kletterfeige (*Ficus pumila*), außerdem Gräser und Beetpflanzen.

Der Bau solcher gefüllter Schablonen und ihre Pflege erfordern sehr viel Erfahrung. Das Grundgerüst besteht meist wie bei den ungefüllten Schablonen aus stabilem Draht und Metallstäben. Um das Substrat zu halten, ist außerdem ein Kunststoffgitter oder ummantelter Kaninchendraht (Sechseckgeflecht) notwendig. Wenn die Form fertig und bepflanzt ist, müssen die Pflanzen bedarfsgerecht mit Nährstoffen und Wasser versorgt werden. Die Nährstoffversorgung ist vor allem wichtig, wenn die Skulpturen langlebig sein sollen und nicht nur kurzzeitig für eine Veranstaltung gedacht sind.

Diese Schablone wurde mit Torf und Moos gefüllt und dann mit Efeu bepflanzt.

„Kopf" aus einer gefüllten Schablone, die mit Kletterfeige (*Ficus pumila*) und Lilientraube (*Liriope*) fantasievoll bepflanzt wurde.

Beispiele Formschnitt

Ob Kegel, Kugel oder Broderie – der Phantasie sind keine Grenzen gesetzt.

Formenvielfalt mit Gehölzen

Form	**Aussehen**	**Geeignete Pflanzenarten (Beispiele)**	**Methode/ Hilfsmittel** (1 = freier Schnitt, 2 = Bambusstäbe, Bänder, 3 = bewegliche Schablonen, 4 = feste Schablonen, 5 = gefüllte Schablonen)	**Schwierigkeitsgrad** (1 = einfach, 2 = mittel, 3 = schwierig)
Würfel, Quader, Kastenform		Buchsbaum, Eibe	2 oder 3	1 bis 2
Pyramide		Buchsbaum, Eibe	2 oder 3	2
Kugel		Buchsbaum, Eibe, Liguster	1	1 bis 2
Kegel		Buchsbaum, Eibe	1 oder 2	1
Säule, Walze, Zylinder		Buchsbaum, Eibe	2	1 bis 2
Tropfen		Buchsbaum, Eibe	1	1 bis 2
Bienenkorb		Buchsbaum, Eibe		1

Form	Aussehen	Geeignete Pflanzenarten (Beispiele)	Methode/ Hilfsmittel (1 = freier Schnitt, 2 = Bambusstäbe, Bänder, 3 = bewegliche Schablonen, 4 = feste Schablonen, 5 = gefüllte Schablonen)	Schwierig-keitsgrad (1 = einfach, 2 = mittel, 3 = schwierig)
Ei		Buchsbaum, Eibe	1	1
Bogen	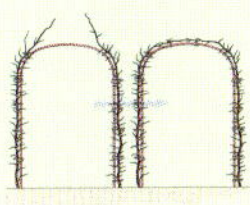	Hainbuchen, Rot-Buchen, Eiben, Formobst, Kletterpflanzen	4	1
Spirale, Korkenzieher, Spindel		Buchsbaum, Eibe, Leyland-Zypresse, Lebensbaum	1 oder 2	2
Kugel auf Stämmchen		Buchsbaum, Eibe, Lorbeer	1	1
Etagenform, Stufenform		Buchsbaum, Eibe	1 oder 4	2
Pudel, Mehrfach-Kugel		Buchsbaum, Eibe, Thuja, Scheinzypresse, Leyland-Zypresse, Liguster	1	1 bis 2
Spalier, Baumwand		Linde, Platane, Feuerdorn, Apfel- und Birnbaum	4	2

Form	Aussehen	Geeignete Pflanzenarten (Beispiele)	Methode/ Hilfsmittel (1 = freier Schnitt, 2 = Bambusstäbe, Bänder, 3 = bewegliche Schablonen, 4 = feste Schablonen, 5 = gefüllte Schablonen)	Schwierig-keitsgrad (1 = einfach, 2 = mittel, 3 = schwierig)
Kasten		Linde, Platane	1	2
Dach		Platane	4	2
Pinienform		Schwarz-Kiefer	1	1
Phanta-sieformen		Buchsbaum, Eibe	1	1 bis 2
Pompon, Orient-Pom-pon		Wacholder, Leyland-Zypresse, Scheinzypresse	1	2
Bonsai-Form		Kiefer, Eibe	1	3
Korb, Tier-form und sonstige Skulpturen		Buchsbaum, Eibe, Liguster	1 bis 5	2 bis 3

Form	Aussehen	Geeignete Pflanzenarten (Beispiele)	Methode/ Hilfsmittel (1 = freier Schnitt, 2 = Bambusstäbe, Bänder, 3 = bewegliche Schablonen, 4 = feste Schablonen, 5 = gefüllte Schablonen)	Schwierigkeitsgrad (1 = einfach, 2 = mittel, 3 = schwierig)
Buchstabe, Zahl		Buchsbaum, Eibe	4	2
Geometrische Hecke		Hainbuche, Rot-Buche, Liguster, Lebensbaum, Scheinzypresse, Buchsbaum, Eibe	2	1
Parterre		Buchsbaum	2	2
Broderie-Parterre		Buchsbaum	2	3
Knotenbeet	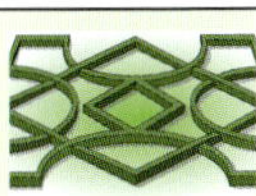	Buchsbaum, Lavendel, Salbei, Gamander, Heiligenkraut	2	2

Erklärung der Symbole

- Hilfsmittel

freier Schnitt

Bambusstäbe, Bänder

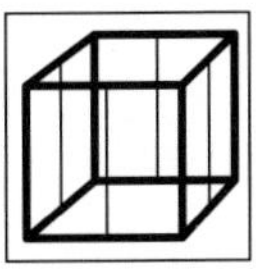

bewegliche
feste
gefüllte } Schablonen

- Dauer bis Fertigstellung

Die angegebene Zeit ist nur ein grober Richtwert. Je nach Pflanzenart, Alter der Ausgangspflanzen, Standortbedingungen und Größe der angestrebten Form variiert die Dauer.

- Schwierigkeitsgrad

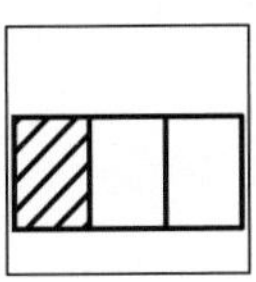

einfach

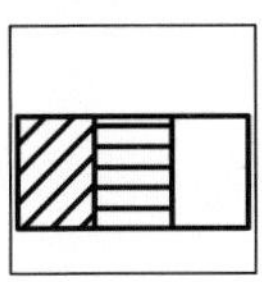

mittel

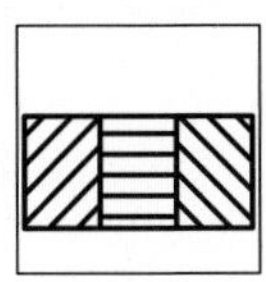

schwierig

Bild Seite 360: Frei wachsende Gartenpflanzen und formgeschnittener Buchs bilden einen interessanten Kontrast in diesem formalen Bauerngarten.

Würfel, Quader, Kastenform

Zum Schnitt von Würfel (unten links) und Quader (unten rechts) werden meist Bambusstäbe zu einer provisorischen Schablone zusammengebunden (oben).

Zu verschieden großen Würfeln formierte Eiben.

• Vorgehensweise

Würfel (mit quadratischen Grund- und Seitenflächen) und Quader/Kästen (mit rechteckigen Grund- und Seitenflächen zum Teil unterschiedlicher Größen) werden mit Bambusstäben oder mit beweglichen Schablonen geformt. Natürlich ist auch der Einsatz fester Schablonen möglich, meist aber nicht nötig.

Dadurch, dass die Ecken weit auseinander stehen, werden für diese Formen größere Ausgangspflanzen gebraucht als für Kugeln ähnlicher Ausmaße.

• Besonderheiten/Hinweise

Der Würfel kann als Symbol für den Baustein und vom Menschen geschaffene Räume dienen.

Einen besonders interessanten Anblick bieten Kombinationen verschiedener Würfel oder Quader miteinander.

• Verwendung

Moderne formale Gärten, mediterrane Gärten, Grabgestaltung, Landschaftsgärten.

• Geeignete Pflanzenarten

Buchsbaum, Eibe und viele andere schnittverträgliche Gehölze.

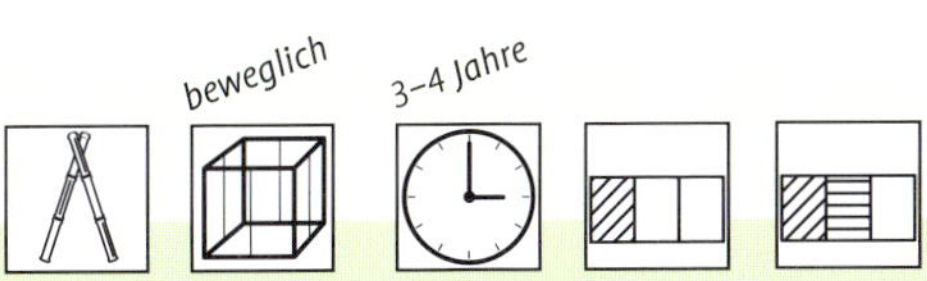

Pyramide

Vier an der Seite zusammengebundene Bambusstäbe geben die Größe und Form der Pyramide vor.

• Vorgehensweise

Ähnlich wie Würfel oder Quader werden Pyramiden mit Hilfe von Bambusstäben oder einer beweglichen Schablone geformt.

• Besonderheiten/Hinweise

Eine Pyramide hat eine quadratische Grundfläche. Bei nur leicht gestutzten Zierpflanzen hat sich fälschlicherweise der Begriff „Pyramide“ auch bei Pflanzen eingebürgert, die eher kegelförmig gewachsen sind. Durch die quadratische Grundfläche ist für eine Pyramide aber eine größere Ausgangspflanze oder eine längere Kulturzeit nötig als für einen Kegel.

Außer Pyramiden werden häufig auch Pyramidenstümpfe (siehe S. 399) angeboten, die keine Spitze haben, sondern in einer kleinen quadratischen Fläche enden, als sei die Spitze gekappt worden.

Die Pyramidenform wird häufig als Symbol für den Tempel oder den Berg als Vereinigung von Himmel und Erde verwendet.

Aus der ebenmäßigen Buchsfläche erhebt sich die geometrische Pyramidenform.

• Verwendung

Historische Gärten, moderne formale Gärten, mediterrane Gärten, Grabgestaltung, Landschaftsgärten.

• Geeignete Pflanzenarten

Buchsbaum, Eibe und viele andere schnittverträgliche Gehölze.

Kugel

Um aus einem rundlichen Buchs eine Kugel zu erziehen, werden zunächst die Seitentriebe an der Basis geschnitten. Dann werden die Höhe begrenzt und die Seiten geformt.

Je nach Ausgangspflanze und Geschmack kann eine Kugel mit kleiner Auflagefläche („Murmel auf dem Tisch“) order mit großer Auflagefläche („Ball im Wasser“) geformt werden.

• Vorgehensweise

Meist werden Kugeln frei Hand nach Augenmaß geschnitten. Mit Zollstock und Stäben kann man auch den Grundaufbau vorgeben.

Beim freien Schnitt (siehe auch Seite 343) wird in der Regel zunächst der untere Bereich der Kugel geschnitten, da dabei der Pflanzenbasis entspringende Zweige entfernt werden können und die dadurch entstehenden Lücken rechtzeitig sichtbar werden. Als nächstes wird die Höhe begrenzt und dann durch seitlichen Schnitt die Breite der Kugel festgelegt.

Stabile Kugeln, die nicht leicht auseinanderfallen, werden dadurch erzogen, dass man die Ausgangspflanzen schon als Jungpflanze in Kugelform schneidet, damit sie reich verzweigen. Weniger verzweigte Büsche, die gleich zu einer Kugel in ihrer Endgröße geschnitten werden, neigen eher dazu, im Alter auseinanderzufallen – besonders bei Schneelast.

• Besonderheiten/Hinweise

Eine exakte Kugelform ist nicht ganz einfach zu schneiden, leicht wird ein Ei oder eine Haube daraus. Vor dem Schnitt muss man entscheiden, wie breit die Auflagefläche der Kugel sein soll, klein wie bei einer Murmel auf einem Tisch oder groß wie bei einem Ball im Wasser? Eine kleine Auflagefläche („Murmel auf dem Tisch") sieht eleganter aus, ist aber schwieriger zu schneiden und setzt eine höhere Ausgangspflanze voraus, die mit nur einem Mitteltrieb dem Boden entspringt. An der Basis mehrtriebige, buschige Pflanzen eignen sich eher für den „Ball im Wasser".

Der kugelförmige Buchs im Kontrast zu dem rundlappigen Laub der Bergenien.

Die Kugelform symbolisiert die Ganzheit und die Erdkugel. In der Natur wachsen die Kronen vieler Bäume kugelförmig, zum Beispiel die des Apfelbaums.

• Verwendung

Historische Gärten, moderne formale Gärten, Bauerngärten, mediterrane Gärten, Grabgestaltung, Landschaftsgärten.

• Geeignete Pflanzenarten

Buchsbaum, Eibe, Liguster und viele andere schnittverträgliche Gehölze.

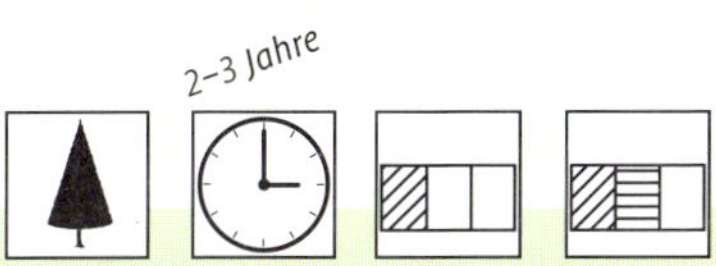

Kegel

Wie für die Pyramide werden auch für den Kegel vier (oder nur drei) Bambusstäbe benutzt, um die Kontur festzulegen. Nach Augenmaß wird dann rund geschnitten.

• Vorgehensweise

Auf einer kreisförmigen Grundfläche wird rund um den Mitteltrieb ein spitz zulaufender Kegel geschnitten. Geübte Gärtner können dies von Hand nach Augenmaß, ansonsten ist der Einsatz von drei oder vier Bambusstäben hilfreich. Diese werden in gleichem Abstand des Mitteltriebs in den Boden gesteckt, an der Spitze zusammengebunden, und die Pflanze dann zunächst entlang der Stäbe geschnitten. Der Rest der Pflanze wird schließlich nach Augenmaß entlang der kreisförmigen Grundfläche bis zur Spitze geschnitten. Bei dieser Methode sollte man daran denken, nach dem ersten Erziehungsschnitt die Abstände der Bambusstäbe vom Mitteltrieb zu notieren, damit man sie beim nächsten Schnittzeitpunkt wieder im gleichen Abstand in den Boden stecken kann. Denn in vielen Fällen ist die Pflanze nach dem ersten Schnitt noch nicht so dicht, dass nach dem Neuaustrieb deutlich erkennbar ist, wie weit dieser entfernt werden muss.

• Besonderheiten/Hinweise

Die Kegelform ähnelt der natürlichen Wuchsform einiger Pflanzen, vor allem vieler Nadelgehölze, und stilisiert diese. Weil sie verhältnismäßig leicht zu schneiden ist, ist diese Form sehr beliebt. Wegen des starken Austriebs akrotonischer Gehölze ist es recht arbeitsaufwändig, die Spitze laufend spitz zu halten, und viele Kegel enden mit einer aufgesetzten Kugel oder einer Skulptur, zum Beispiel einem Vogel.

Gelegentlich werden auch Kegelstümpfe angeboten, die nicht spitz, sondern in einer kreisförmigen Fläche enden.

• Verwendung

Historische Gärten, moderne formale Gärten, Bauerngärten, mediterrane Gärten, Grabgestaltung, Landschaftsgärten, Eingänge (Portalpflanzen).

• Geeignete Pflanzenarten

Buchsbaum, Eibe und viele andere schnittverträgliche Gehölze.

Ein ebenmäßiger Eiben-Kegel in den Herrenhäuser Gärten Hannover.

2–3 Jahre

Säule, Walze, Zylinder

Mehrere Bambusstäbe werden oben (und evtl. unten) mit einem kreisförmigen Draht verbunden, damit eine Pflanze zum Zylinder geformt werden kann.

• Vorgehensweise

Auf einer kreisförmigen Grundfläche werden – meist mit senkrechten Stäben, gelegentlich auch frei Hand –, schmale Säulen oder etwas breitere Zylinder geformt. Oft wird auf eine Säule oder einen Zylinder eine Kugel oder eine Tierskulptur gefügt.

• Besonderheiten/Hinweise

Säulen und Zylinder neigen durch den akrotonischen Wuchs der meisten Gehölze dazu, „kopflastig" zu werden. Beim Erhaltungsschnitt sollte man darauf achten, dass die Seitenfläche senkrecht bleibt. Ansonsten gerät die Figur zum „Becher" und verkahlt an der Basis.

Die Säulenform tritt in der Natur bei einigen beliebten Gehölzvarietäten und -sorten auf, zum Beispiel der Mittelmeer-Zypresse (*Cupressus sempervirens* var. *sempervirens*) oder dem Irischen Säulen-Wacholder (*Juniperus communis* 'Hibernica')

Aus der Toskana werden gerne Arizona-Zypressen wie diese Säulenformen eingeführt. Auf diese veredelt man goldlaubige Leyland-Zypressen, die zu Kugeln geschnitten werden. Solcherart veredelte und formierte Gehölze sollte man geschützt überwintern.

• Verwendung

Historische Gärten, moderne formale Gärten, Bauerngärten, mediterrane Gärten, Grabgestaltung, Landschaftsgärten, Eingänge (Portalpflanzen).

• Geeignete Pflanzenarten

Buchsbaum, Eibe und viele andere schnittverträgliche Gehölze.

Tropfen

Ähnlich wie für den Kegel werden für den Tropfen Bambusstäbe als Schablone zusammengebunden und zur Formierung genutzt. Zum Schluss wird die Pflanzenbasis zur Halbkugel geschnitten.

• Vorgehensweise

Tropfen werden meist auf einem Stamm gezogen, damit die halbkugelförmige Unterseite deutlich sichtbar ist. Der Oberteil besteht entweder aus einer kegelartigen Spitze, deren Wände schräg, aber ohne Krümmung auf die Spitze zulaufen, oder sie sind konvex (nach außen) oder konkav (nach innen) gekrümmt.

Tropfenförmige Alleebäume sind ein besonderer Blickfang.

• Besonderheiten/Hinweise

Tropfen werden ähnlich wie Kugeln frei Hand geschnitten. Durch Nachmessen mit einem Zollstock kann man kontrollieren, ob die Form des Tropfens einen gleichmäßigen Abstand vom Mitteltrieb hat.

• Verwendung

Historische Gärten, moderne formale Gärten, Bauerngärten, mediterrane Gärten, Grabgestaltung, Landschaftsgärten, Eingänge (Portalpflanzen).

• Geeignete Pflanzenarten

Buchsbaum, Eibe und viele andere schnittverträgliche Gehölze.

Bienenkorb

Der Bienenkorb verjüngt sich schräg nach oben zu einer Halbkugel.

• Vorgehensweise

Beim Bienenkorb verläuft die Außenwand auf einer kreisförmigen Grundfläche leicht schräg nach innen in Richtung auf eine rundliche Kappe. Der Verlauf der Außenflächen kann mit Bambusstäben markiert werden, der runde Abschluss wird nach Augenmaß geschnitten.

• Besonderheiten/Hinweise

Bienenkörbe werden meist in historischen Gärten als Torwächter oder in Parterres verwendet.

• Verwendung

Historische Gärten

• Geeignete Pflanzenarten

Buchsbaum, Eibe und viele andere schnittverträgliche Gehölze.

Die hoch aufgewölbte Form eines Bienenkorbes ▷ bildet einen interessanten Kontrast zu dem Buchsparterre und der Hecke im Hintergrund.

3–4 Jahre

Bienenkorb

Ei

Eiförmige Pflanzen werden nach Augenmaß geschnitten.

• Vorgehensweise

Eiförmige Pflanzen werden ähnlich wie Kugeln meist nach Augenmaß geschnitten.

• Besonderheiten/Hinweise

Wie bei Kugeln ist darauf zu achten, wie tief das Ei im Boden liegt: mit geringer oder mit größerer Auflagefläche. Anders als bei einer Kugel wirkt eine geringe Auflagefläche unnatürlich, da ein echtes Ei sofort umkippen würde.

• Verwendung

Historische Gärten, moderne formale Gärten, Bauerngärten, mediterrane Gärten, Grabgestaltung, Landschaftsgärten, Eingänge (Portalpflanzen).

• Geeignete Pflanzenarten

Buchsbaum, Eibe und viele andere schnittverträgliche Gehölze.

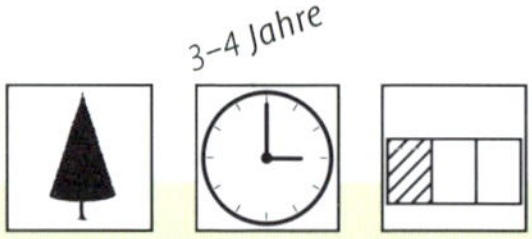

Diese Steineibe *(Podocarpus)* wurde zu einem Ei geformt und schmückt im milden Klima Floridas einen Hauseingang.

Bogen

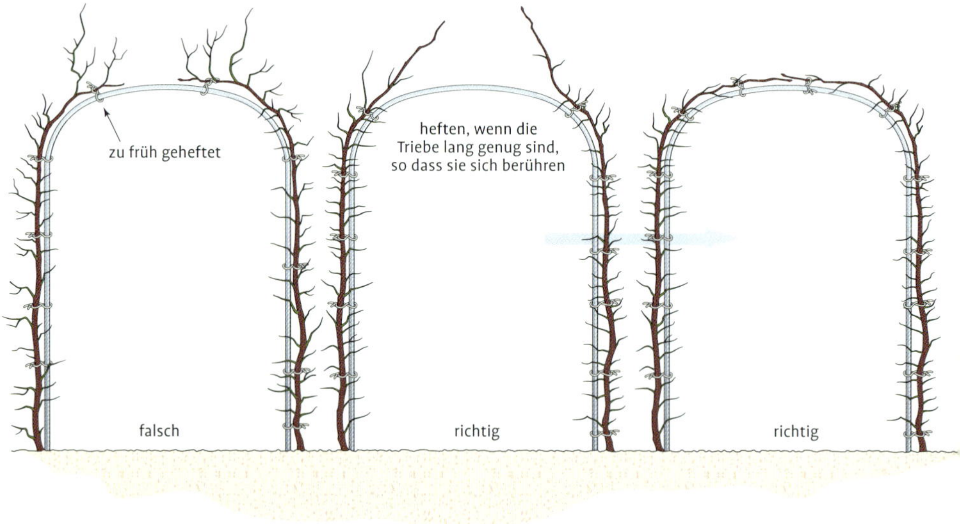

Die Formierung zweier Pflanzen zu einem Bogen. Bei zu frühem Heften verkümmern die Terminalknospen (links). Wenn zum richtigen Zeitpunkt geheftet wird (Mitte und rechts), schließt sich der Bogen.

• Vorgehensweise

Zwei gleichartige Pflanzen werden an einen Metallbogen geheftet und ihre Seitenzweige so geschnitten, dass sie mehr oder weniger schmal säulenförmig wachsen. Dabei ist es nicht immer ganz einfach, die Spitzen im richtigen Moment zum Bogen zu biegen. Wird zu früh umgebogen, verkümmert die Spitze, und Seitentriebe wachsen an der Biegung senkrecht nach oben und übernehmen die Rolle des Mitteltriebs. Wird zu spät umgebogen, ist der Trieb verhärtet und bildet eine „Beule" oder bricht sogar. Daher wird er häufig schrittweise an den Bogen geheftet, so dass die weiche Spitze weiter nach oben wächst und die Führung behält, während der verholzende Trieb am Metallbogen befestigt wird, solange er noch gut zu biegen ist.

• Besonderheiten/Hinweise

Bei sämlingsvermehrten Pflanzen wie Hainbuchen oder Rot-Buchen sollte man darauf achten, dass die Exemplare in Laubfärbung und Austriebsverhalten zueinander passen. Sonst kann es passieren, dass jedes Jahr die eine Seite des Bogens früher austreibt als die andere. Bei Eiben ist der Unterschied geringer. Es können auch veredelte Pflanzen einer Sorte gewählt werden, zum Beispiel die Hainbuchensorte 'Fastigiata', denn Pflan-

In dieser Musteranlage des Parks der Gärten in Bad Zwischenahn wurden mehrere Halb-Bögen zu einer Laube kombiniert und bieten ein schattiges Plätzchen zum Verweilen.

zen derselben Sorte unterscheiden sich in Austriebsverhalten und Laubfärbung nicht.

Bögen werden gerne über Tore oder Durchgänge in Hecken gepflanzt, sie können aber auch paarweise hintereinander zu einem Laubengang kombiniert werden, wie man es in historischen Parkanlagen oft bewundern kann.

• Verwendung

Historische Gärten, moderne formale Gärten, Bauerngärten, mediterrane Gärten, Landschaftsgärten, Eingänge (Portalpflanzen).

• Geeignete Pflanzenarten

Meist Hainbuchen, gelegentlich Rot-Buchen, selten Eiben oder andere baumartig wachsende schnittverträgliche Gehölze. Auch Formobst (Apfel, Birne) und Säulenäpfel (Ballerina- und Starline-Sorten, Artus-Sagenda-Trees) sowie Kletterpflanzen.

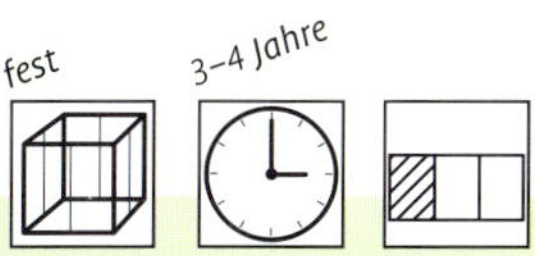

Spirale, Korkenzieher, Spindel

Unterschiedliche Formen von Spiralen; links Spindel, Mitte Schraube/Korkenzieher, rechts Spirale mit gedrehtem Stamm.

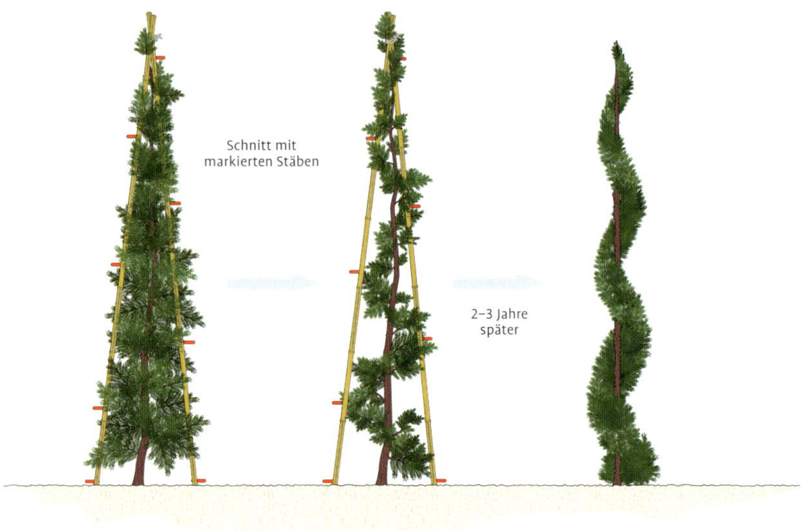

Dichte Kegel können mit Hilfe eines Bandes zur Spirale geschnitten werden (siehe Seite 350), für locker aufgebaute Ausgangspflanzen eignen sich besser markierte Stäbe.

• Vorgehensweise

Es gibt viele unterschiedliche Ausführungen von Spiralen, bei denen sich Wülste aus Zweigen meist um ihren eigenen Mitteltrieb (Stamm) winden. Oft sind die Abstände zwischen den Windungen relativ weit. Diese Formen werden dann gelegentlich als Spindel in Anlehnung an die Spindel eines Spinnrades mit der ungesponnenen Wolle darum bezeichnet. Manchmal sind die Abstände aber auch so eng, dass sie an eine Schraube oder einen Korkenzieher erinnern.

In Baumschulen werden Spiralen meist nach Augenmaß geschnitten, wobei als Hilfsmittel gelegentlich Bambusstäbe mit Markierungen verwendet werden. Bei den ersten Schnittterminen steckt man sie immer wieder an dieselben Stellen neben die noch locker verzweigten Pflanzen, um den Verlauf der spiralförmigen Wulst zu erkennen. Nach zwei bis drei Schnitten sind die Triebe dann dicht genug, dass die Form erkennbar wird und der Einsatz von Stäben nicht mehr notwendig ist.

Wenn schmal säulenförmige oder kegelförmige Ausgangspflanzen zur Verfügung stehen, die schon sehr dicht sind (zum Beispiel von Buchsbaum oder Eibe), kann man den Verlauf der Windungen auch mit einem Band markieren, das in regelmäßigem Abstand an den Zweigen befestigt wird (siehe Seite 350). Die Zweige zwischen den Windungen des Bandes werden dann entfernt, und wenn die übriggebliebenen Zweige dicht genug sind, ist die Spiralform sofort erkennbar und die nächsten Schnitte werden nach Augenmaß durchgeführt. Spiralen kann man über viele Jahre weiter aufbauen.

Dieser Buchsbaum wurde kunstvoll zu einer kompakten Spirale geschnitten.

In der Wulst aus Trieben kann bei Pflanzenarten, die nicht sehr dicht verzweigen (Scheinzypressen) oder bei

Hier eine locker aufgebaute Spirale aus Buchsbaum.

Einfache geometrische Formen

denen durch Beschädigungen leicht Lücken entstehen, der lockere Aufbau durch längere Zweige überbrückt werden. Je länger diese „Brücken“ sind, desto leichter biegen sie sich später nach unten oder zur Seite und geben die Lücken am Stamm wieder frei. Gelegentlich werden feste Schablonen aus starkem Draht benutzt, die die Windungen der Spiralen vorgeben und dann in die Pflanze einwachsen.

Selten werden Spiralen so geformt, dass sich die ganze Pflanze mit ihrem Stamm um ihre optische Mittelachse windet. Für diese Form wird in den ersten Jahren meist ein Gerüst aus drei Bambusstäben verwendet, um das die junge Pflanze spiralförmig gezogen wird. Mit der Zeit gewinnt der verholzende Stamm an Stabilität und nach einigen Jahren steht Pflanze ohne Hilfe mit einem Hohlraum in der Mitte. Bei einer Spirale ohne Mittelstamm sollte man aber laufend kontrollieren, ob sie gerade ist, denn sie kann sonst langsam zur Seite kippen.

• Besonderheiten/Hinweise

Spiralen bilden das natürliche Wachstum vieler Schlingpflanzen ab, deren Stängel sich um den Stamm anderer Pflanzen winden. Sie können daher als Symbol für das Aufstreben gesehen werden. Manchmal werden die Spitzen von Spiralen zu Kugeln oder Hauben geschnitten, da sie bei vielen Pflanzenarten dazu neigen, stark auszutreiben (Spitzenförderung, Akrotonie).

• Verwendung

Historische Gärten, moderne formale Gärten, Bauerngärten, mediterrane Gärten, Grabgestaltung, Landschaftsgärten, Eingänge (Portalpflanzen).

• Geeignete Pflanzenarten

Buchsbaum, Eibe, Leyland-Zypresse, Lebensbaum, Scheinzypresse und viele andere schnittverträgliche Gehölze.

Dieser Schaugarten zeigt verschiedene Schnittformen, unter anderem eine Spirale mit weiten Abständen zwischen den Wülsten.

Kugel auf Stämmchen

Um das Dickenwachstum des Stamms zu unterstützen, belässt man zunächst Verstärkungsholz daran. Bei Erreichen des gewünschten Stammdurchmessers kappt man die Seitenzweige.

• Vorgehensweise

Pflanzen mit geradem Mitteltrieb (Stamm) werden im unteren Bereich „aufgeputzt", man entfernt also die dort entspringenden Seitentriebe. Im mittleren Bereich des Stammes lässt man meist einige Triebe stehen, da sie das Dickenwachstum des Stammes unterstützen sollen. Dieses Verstärkungsholz wird aber regelmäßig gestutzt, so dass die Triebe weder zu lang noch zu dick werden. Direkt unter der Krone wird ebenfalls der Stamm über eine gewisse Länge aufgeputzt, um den Schnitt der Krone zu erleichtern. Die Krone selbst wird je nach Form per Augenmaß oder mit unterschiedlichen Hilfsmitteln geformt. Meist werden Kugeln geschnitten, aber auch alle anderen Formen sind natürlich möglich.

• Besonderheiten/Hinweise

Der Stamm sollte nicht zu dünn sein, sonst wird die Pflanze instabil und biegt sich bei Wind, Regen oder Schneelast. Beim Verhältnis von Stamm zu Krone sollten die Proportionen stimmen. Kugeln auf Stamm sehen dann attraktiv aus, wenn ihr Durchmesser etwa ein Drittel der Stammhöhe beträgt. Ist der Durchmesser größer als die Stammhöhe oder geringer als ein Viertel der Stammhöhe, wirkt die Form meist kopflastig oder nicht ausgewachsen.

• Verwendung

Historische Gärten, moderne formale Gärten, Bauerngärten, mediterrane Gärten, Grabgestaltung, Landschaftsgärten, Eingänge (Portalpflanzen).

• Geeignete Pflanzenarten

Buchsbaum, Eibe, Lorbeer (*Laurus nobilis*) und viele andere schnittverträgliche Gehölze.

Dieses Hochstämmchen eines Lorbeerbaumes wurde zur Kugel formiert.

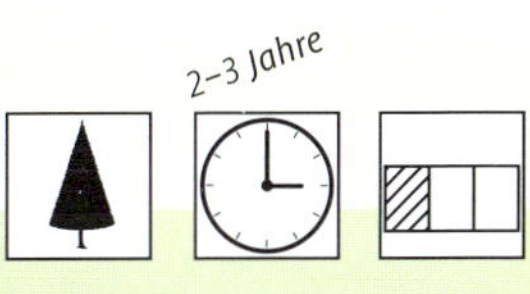

Etagenform, Stufenform

Zur Erziehung einer Stufenform werden die Zweige der Ausgangspflanze an eine feste Schablone gebunden, deren sichtbare Teile man nach Fertigstellung der Stufenform entfernt.

• Vorgehensweise

Zum Schnitt von Etagen- oder Stufenformen verwendet man meist feste Schablonen. Mit sehr viel Übung, Geduld und geeigneten Pflanzen kann man Stufenformen aber auch frei Hand schneiden. Beim Schnitt ohne Hilfsmittel werden die Etagen nach unten hin entsprechend des Astwinkels trichterförmig geschnitten, während sie mit Rahmen auch als unten flache Scheiben formiert werden können. Nach oben werden Stufenformen häufig mit einer Haube, einer Kugel oder einer Tierskulptur abgeschlossen.

• Besonderheiten/Hinweise

Etagenformen waren besonders im Mittelalter und in der Renaissancezeit beliebt.

Diese Eiben werden zu Stufenformen erzogen.

• **Verwendung**
Historische Gärten, Bauerngärten, mediterrane Gärten.

• **Geeignete Pflanzenarten**
Buchsbaum, Eibe und viele andere schnittverträgliche Gehölze.

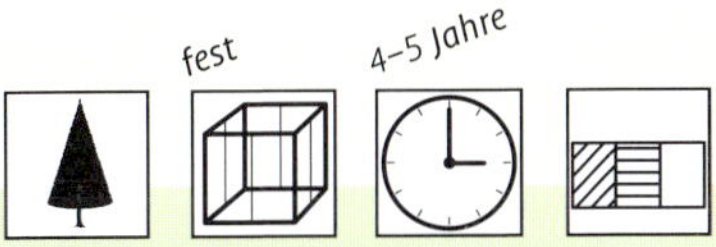

Pudel, Mehrfach-Kugel

Pudel werden frei Hand geschnitten. Da die oberste Kugel am stärksten austreibt, muss man den Neutrieb auch am weitesten zurückschneiden.

• Vorgehensweise

Am Stamm, der bei Bedarf durch einen Bambusstab gerade gehalten wird, werden die Kugeln frei Hand geschnitten. Die Zwischenräume sollten ähnlich groß wie der Durchmesser der Kugeln sein. Um das Dickenwachstum des Stamms zu fördern, kann man wie bei Stämmchenformen anfangs kurze Seitenzweige als Verstärkungsholz stehen lassen. Die Kugeln sollten die gleiche Größe besitzen oder nach oben hin kleiner werden. Auf keinen Fall dürfen sie (entsprechend dem natürlichen Pflanzenwachstum) nach oben hin größer werden, sonst wirkt die Pflanze kopflastig.

• Besonderheiten/Hinweise

Etagenformen, bei denen drei Kugeln übereinander gesetzt werden, sind sehr beliebt und werden in England und Nordamerika als „Pudel" bezeichnet.

• Verwendung

Historische Gärten, moderne formale Gärten, Bauerngärten, mediterrane Gärten, Grabgestaltung, Eingänge (Portalpflanzen).

• Geeignete Pflanzenarten

Buchsbaum, Eibe, Lebensbaum, Scheinzypresse, Leylandzypresse, Liguster und viele andere schnittverträgliche Gehölze.

Eine vorbildlich formierte Mehrfach-Kugel im Kübel.

Spalier, Baumwand

Bei dieser Spalierlinde werden zunächst der Mitteltrieb eingekürzt, ein Teil der Seitenäste ausgewählt und an ein dreieckiges Spalier gebunden (Mitte). Später wachsen die oberen Seitenzweige nach und werden an ein rechteckiges Spalier gebunden (rechts).

• Vorgehensweise

Der Begriff Spalier bedeutet soviel wie „Stütze“ und umfasst daher eigentlich alle an Gerüsten gezogenen Pflanzen. Hier soll aber nur auf Obst- und Straßenbäume eingegangen werden, die flach an Gerüsten gezogen werden und dadurch wandartige Strukturen bilden oder an Wänden stehen.

Alleebäume werden so geschnitten, dass etwa 12 bis 16 Seitenäste stehen bleiben und man die dazwischen sowie nach vorn oder hinten stehenden Äste entfernt. Die Länge der Seitenäste wird zunächst pyramidal gehalten, also die untersten am längsten und die obersten am kürzesten. Besonders im oberen Bereich muss man deshalb die langen einjährigen Triebe im Frühjahr zurückschneiden, damit sie dichte Verzweigungen bilden und nicht an der Basis verkahlen. Sonst übernehmen die obersten die Führung und die untersten verkümmern. Das Spalier bleibt daher zunächst meist dreieckig. Erst wenn die Spalierform bei ihrem untersten Zweigpaar die gewünschte Breite erreicht hat, dürfen die nächsthöheren Etagen die endgültige Breite einnehmen, zuletzt das oberste Astpaar. Aus diesen waagerechten Astpaaren entspringende, aufstrebende Zweige zweiter Ordnung muss man stark zurückschneiden, damit sie sich reich verzweigen und die Spalierform dicht wird. Nach vorn und hinten wachsende Zweige zweiter Ordnung werden ebenfalls mehrfach im Jahr zurückgeschnitten – je schmaler das Spalier bleiben soll, desto stärker.

Aus Obstbäumen, vor allem Apfel- und Birnbäumen, können auf ähnliche Art Spalierformen erzogen werden. Allerdings lässt man diese durch Fruchtholzschnitt nicht zu dicht wachsen, damit die Früchte der Sonne ausgesetzt sind und dadurch eine gute Qualität bekommen.

• Besonderheiten/Hinweise

Spalierbäume werden meist in Reihen gepflanzt, so dass bandartige Strukturen entstehen (Baumbänder). Obstbäume werden in vielen unterschiedlichen Formen gezogen, die hier nicht detailliert beschrieben werden.

Spalier mit Apfel-Formobst an einer Hauswand.

• Verwendung

Historische Gärten, moderne formale Gärten, Bauerngärten, mediterrane Gärten.

• Geeignete Pflanzenarten

Linden, Platanen, Feuerdorn, Apfel- und Birnbäume und viele andere schnittverträgliche Gehölze.

fest (Spaliere)

4–6 Jahre

Kastenform

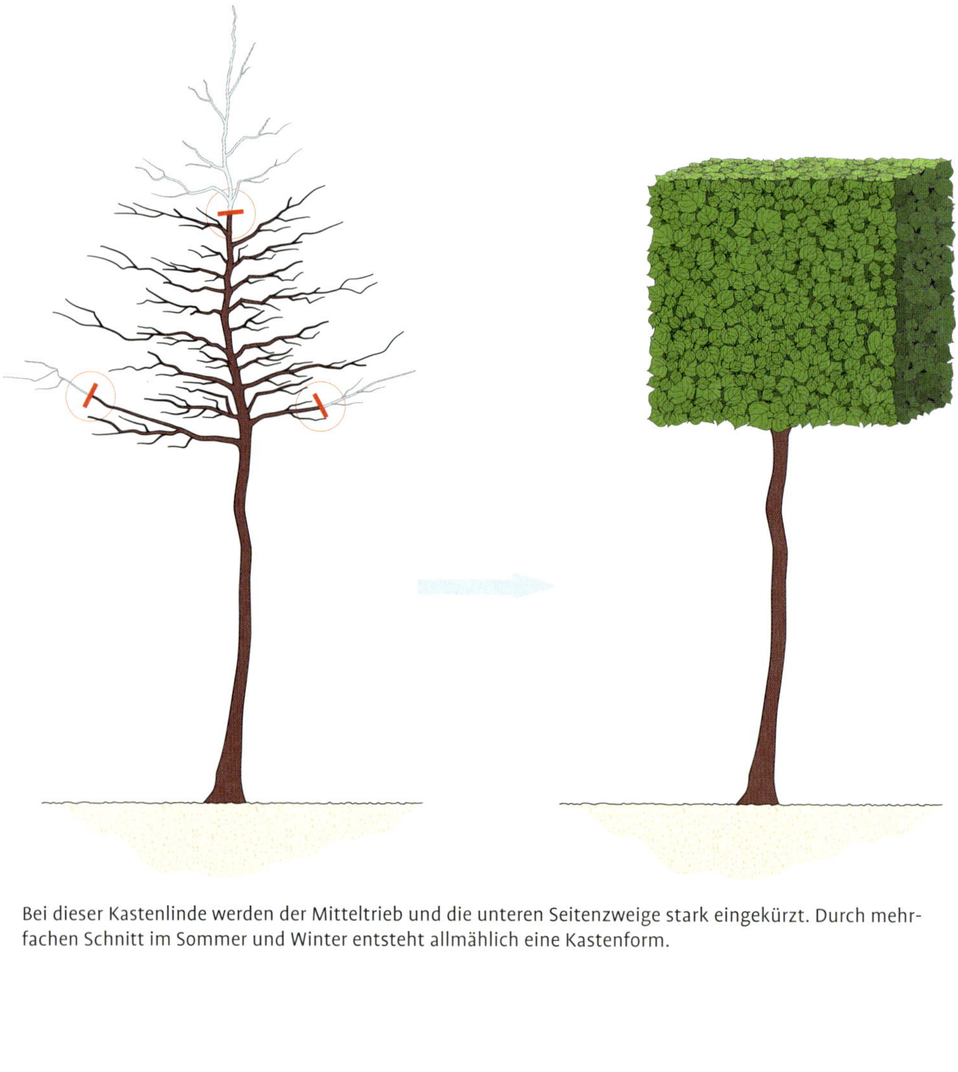

Bei dieser Kastenlinde werden der Mitteltrieb und die unteren Seitenzweige stark eingekürzt. Durch mehrfachen Schnitt im Sommer und Winter entsteht allmählich eine Kastenform.

Ein imposantes Baumband aus Linden (Barockgarten Veitshöchheim).

• Vorgehensweise
Bei Alleebäumen werden der Mitteltrieb sowie lange Kronenäste zurückgeschnitten und mehrfach in Form geschnitten, bis sich eine Kastenform bildet. Das geschieht meist ohne Schablone nach Augenmaß.

• Besonderheiten/Hinweise
Alleebäume mit kastenförmiger Krone können zwar einzeln gepflanzt werden, werden aber wie Alleebäume mit spalierförmiger Krone meist in Reihen gepflanzt, so dass bandartige Strukturen entstehen.

• Verwendung
Historische Gärten, moderne formale Gärten, Bauerngärten, mediterrane Gärten, städtische Plätze und Straßen.

• Geeignete Pflanzenarten
Linden, Platanen und andere schnittverträgliche Gehölze.

Dach

Bei dieser Platane werden größere Teile der Krone entfernt und die unteren vier Seitenäste an einem Spalier waagerecht in die Dachform gezogen.

• Vorgehensweise

Von jungen Bäumen wird der obere Teil der Krone entfernt, so dass nur die vier bis sechs untersten Kronenäste stehen bleiben. Diese werden gestutzt und an ein horizontales Spalier aus zwei oder drei sehr langen Bambusstäben geheftet. So entstehen vier bis sechs „Arme" in ähnlicher Höhe. Damit sie an ihrer Basis nicht verkahlen, werden die einjährigen Triebe im Frühjahr auf etwa fünf bis sieben Knospen zurückgeschnitten. In Baumschulen werden die dachförmigen Kronen aus Transportgründen nur bis 2,50 m Durchmesser gezogen, am Endstandort können sie aber auch breiter werden. Haben die Kronen die gewünschte Breite erreicht, ist das Spalier überflüssig und kann entfernt werden. Die an diesen Gerüstästen wachsenden Seitenzweige werden meist im frühen Frühjahr sehr kurz zurückgeschnitten, es genügt, wenn ein bis zwei Knospen übrig bleiben. Stehen die Austriebe sehr dicht, kann man auch einen Teil von ihnen komplett entfernen. Dieser Schnitt sollte jedes Jahr durchgeführt werden, damit die entstehenden Wunden möglichst klein bleiben. Durch diesen Schnitt bilden sich an den Enden und manchmal auch an Biegungen der Äste charakteristsche runde Wölbungen ähnlich wie bei Kopfweiden oder Dorflinden, die man als „Köpfe“ bezeichnet.

• **Besonderheiten/Hinweise**

Besonders gut zur räumlichen Einfassung von Plätzen geeignet.

• **Verwendung**

Stadtplätze, historische Gärten, moderne formale Gärten.

• **Geeignete Pflanzenarten**

Meist Platanen, seltener Linden oder andere schnittverträgliche Baumarten.

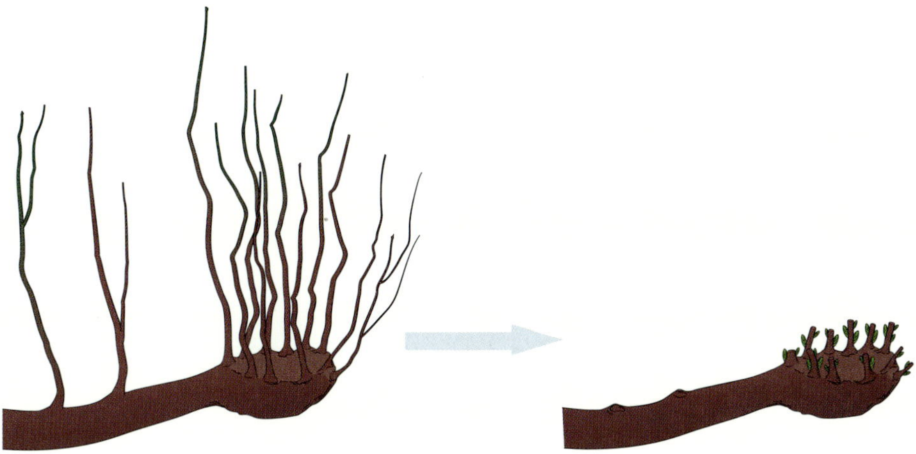

Schnitt auf 2–3 Knospen

Aus den „Armen“ der Dachform entspringende Zweige werden jährlich stark zurückgeschnitten, so dass an den Enden der „Arme“ so genannte „Köpfe“ entstehen.

Unter den Dachplatanen auf dem Königsplatz in Kassel lässt es sich im Schatten gut aushalten.

In der Baumschule zur Pinienform erzogene Schwarz-Kiefern.

Pinienform

Bei Kiefern werden die Seitenäste am Stamm und die oberen Kronenäste entfernt. Durch regelmäßigen Schnitt entstehen pilzförmige Pinienformen.

• Vorgehensweise

Von Österreichischen Schwarz-Kiefern (*Pinus nigra* subsp. *nigra*) werden die unteren Seitentriebe entfernt, so dass Stammformen entstehen. Außerdem entfernt man den oberen Teil der Krone. Dadurch entsteht zunächst ein Trichter, der sich mit der Zeit durch Seitentriebe füllt. Jährlich wird der Neuaustrieb so geschnitten, dass mit der Zeit eine pilzförmige Krone entsteht. Für besonders malerische Pinienformen eignen sich Pflanzen, deren Stamm von Natur aus leicht geschwungen ist.

• Besonderheiten/Hinweise

Die Pinie (*Pinus pinea*) ist eine Kiefernart, die in mediterranem Klima wächst und für unsere Witterungsbedingungen nicht ausreichend frosthart ist. Sie bildet eine charakteristische, breit pilzförmige Krone aus, die sehr attraktiv und wie Dachplatanen oder Säulenzypressen typisch für die Vegetation vieler Mittelmeerländer ist. In den letzten Jahren schneidet man auch Schwarz-Kiefern gerne in Pinienform. Österreichische Schwarz-Kiefern eignen sich einerseits wegen ihrer Frosthärte und Anspruchslosigkeit gut für die meisten Standorte, und sie haben andererseits eine ähnlich dunkle und lange Benadelung wie Pinien.

• Verwendung

Mediterrane Gärten, Landschaftsgärten.

• Geeignete Pflanzenart

Österreichische Schwarz-Kiefer

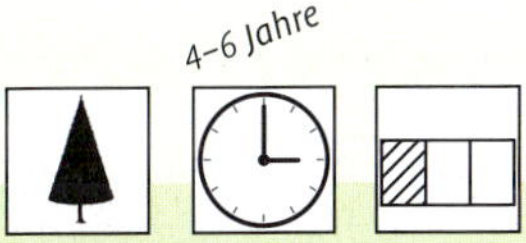

Phantasieformen

Bei der Erziehung von Phantasieformen sollte die natürliche Wuchsform der Ausgangspflanze berücksichtigt werden.

• Vorgehensweise

Gelegentlich werden schnittverträgliche Pflanzen in Formen geschnitten, die keiner der hier beschriebenen Kategorien zuzuordnen sind. Je nach gewünschter Form werden die Pflanzen meist frei Hand geschnitten, gelegentlich aber auch Schablonen zu Hilfe genommen.

• Besonderheiten/Hinweise

Häufig haben diese Pflanzen einen besonderen Reiz, wenn man beim Schnitt auf ihre Eigenarten eingeht oder phantasievolle Formen entwickelt. Gern werden diese mit geometrischen Formen – oft stilisierten gegenständlichen Skulpturen – kombiniert.

• Verwendung

Moderne formale Gärten, Landschaftsgärten.

• Geeignete Pflanzenarten

Buchsbaum, Eibe und viele andere schnittverträgliche Gehölze.

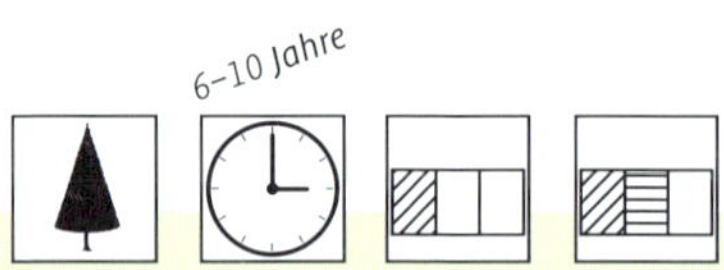

Diese phantasievoll geformte, abstrakte Buchsbaum-Skulptur ist im „Park der Gärten“ (Bad Zwischenahn) zu bewundern.

Diese zu einem Pyramidenstumpf geschnittene Eibe wird von zwei ineinander verschlungenen Figuren geschmückt (Kasteel Twickel).

Pompon, Orient-Pompon

Strauchartig gewachsene Pflanzen mit mehreren Grundtrieben können zu Pompon-Formen gezogen werden.

Für Orient-Pompon-Formen eignen sich dagegen schlankere Pflanzen mit einem deutlichen Mitteltrieb.

• Vorgehensweise

Zweige von strauchartig gewachsenen Nadel- oder Laubgehölzen werden eingekürzt und an den Enden der Austrieb durch Schnitt zu Bällen (Pompons) geformt. Die Zweige dürfen dabei nicht zu dünn sein, da das Dickenwachstum nach dem Schnitt stark nachlässt und die Bälle sonst auf zu dünnen Zweigen herunterhängen. Austriebe an der Basis und dem mittleren Bereich der Zweige entfernt man möglichst früh.

Je nach Größe der Pompon-Form werden meist 9 bis 18 Äste ausgewählt, an deren Spitzen die Bälle geformt werden. Damit die Pflanze später malerisch wirkt, sollten die Äste möglichst gleichmäßig verteilt sein, aber keine Quirle bilden. Außerdem sollten sie sich nicht überkreuzen. Die typische Pompon-Form ist strauchförmig, die Äste sind also etwa gleich stark.

Formen, die einen mehr oder weniger geraden Mitteltrieb (Stamm) und daraus entspringende Seitenzweige mit Bällen besitzen, sind ebenfalls sehr beliebt und werden in Nordamerika „Orient-Pompon“ genannt. Die Erziehung ähnelt dem der beschriebenen Pompon-Formen, aber die Seitenäste am Stamm im unteren Bereich sollten etwas länger und an der Spitze etwas kürzer sein, damit die Pflanze einen leicht kegelförmigen Aufbau bekommt und nicht kopflastig wird. Das ist natürlich auch bei der Größe der Bälle zu beachten: Die im oberen Bereich naturgemäß stärker als die unteren wachsenden Bälle muss man durch entsprechend starken Schnitt kleiner oder in derselben Größe wie die unteren halten, sonst verkümmern diese.

Die Schnittform des Orient-Pompons verleiht dieser Scheinzypresse eine exotische Note.

• Besonderheiten/Hinweise

Pompon-Formen haben in Nordamerika große Beliebtheit erlangt und werden auf den Wolkenschnitt zurückgeführt, der in Südchina, Vietnam, Thailand und anderen südostasiatischen Ländern verbreitet ist. Beim Wolkenschnitt werden auf ein natürlich gewachsenes, häufig bizarres Astgerüst nach dem Rückschnitt wolken- oder kugelförmige Formen geschnitten. Auch wenn solche Wolkenformen auf den ersten Blick Bonsai-Formen ähneln, ist das Ziel völlig gegensätzlich. Wolkenformen erhalten ihre Wirkung aus dem Kontrast zwischen dem natürlich-bizarren Wuchs der Äste und der Abstraktheit der zu Wolken oder Kugeln geschnitte-

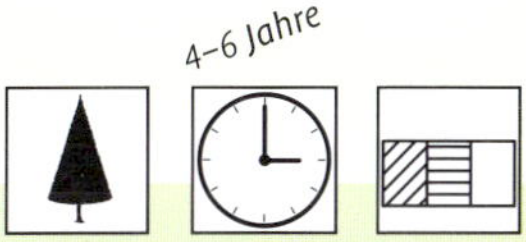

Wolkenschnitt an Bäumen in Bangkok als Vorbild für Pompon-Formen.

nen Zweige. Beim Bonsai ist dagegen immer das Ziel, eine möglichst natürlich wirkende Zwergform einer Pflanze im Altershabitus zu erzeugen.

• Verwendung

Asiengärten

• Geeignete Pflanzenarten

Wacholder, Leyland-Zypresse, Scheinzypresse und viele andere gleichmäßig verzweigte, schnittverträgliche Gehölze.

Bonsai-Form

Um eine Bonsai-Form zu erziehen, emtfernt man bei dieser natürlich gewachsenen Kiefer (links) einen Teil der Zweige (Mitte). Die übrig gebliebenen werden teils zu Kissen formiert, teils aber auch im Laufe des Erziehungsschnitts entfernt.

• Vorgehensweise

Verzweigte, möglichst malerisch gewachsene Pflanzen (meist Kiefern) werden „ausgedünnt“: Man entfernt einen Teil ihrer Zweige und schneidet den verbleibenden Teil etwas zurück, damit die Äste nicht zu dünn werden. Bei Kiefern sollte man darauf achten, dass nicht zu viele junge benadelte Zweige auf einmal entfernt werden, damit genügend grüne Pflanzenteile verbleiben, die die Wurzeln ernähren können. So werden die nicht gewünschten Zweige meist schrittweise über mehrere Jahre abgeschnitten, während sich an den verbleibenden Zweigen größere Teller bilden. Pflanzengattungen mit kräftigerem Austriebsvermögen kann man im Frühjahr entsprechend stärker schneiden.

Damit die Pflanze später malerisch wirkt, sollte man die verbleibenden Äste möglichst gleichmäßig verteilen, wobei diese aber nicht aus demselben Quirl und nicht gegenüber entspringen und sich auch nicht überkreuzen sollten. In manchen Fällen werden Zweige mit Bändern in eine waagerechte oder gar hängende Position gebogen, um den Habitus einer alten Pflanze mit waagerechten oder hängenden Seitenästen zu imitieren.

Pflanzen in Bonsai-Form sind sehr unterschiedlich gestaltet: Manche locker, manche dichter, manche naturnah und manche stilisiert. In Deutschland werden

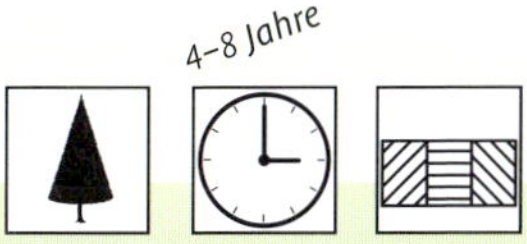

Zur Erhaltung der Kissenform werden die neuen Triebe („Kerzen“) jährlich im Mai/Juni bis auf wenige Millimeter Länge eingekürzt.

Pflanzen häufig zu Formen geschnitten, die Übergänge zwischen Pompon-Formen und Bonsai-Formen bilden und keiner dieser beiden Kategorien klar zuzuordnen sind. Meist entscheidet die Kreativität des Gärtners, der sie nach eigenen Vorstellungen gestaltet, gelegentlich werden aber auch Formen aus der Bonsai-Kunst nachgeahmt. Besonders malerische Pflanzen kann man zum Beispiel dadurch formen, dass man die Ausgangspflanzen schräg pflanzt und der Stamm später eine geschwungene Form bekommt.

Die meisten in Europa verkauften Bonsai-Formen werden auch in Europa geformt, ein gewisser Teil wird aber aus Japan importiert und einige Jahre hier weiterkultiviert. Dabei handelt es sich häufig um Japanische Eiben (*Taxus cuspidata*) oder Japanische Stechpalmen (*Ilex crenata*).

An den Enden der Zweige bilden sich durch den Schnitt aus den jungen Zweigen allmählich Teller, Wolken oder Bälle. In den ersten Jahren wird der Neuaustrieb je nach Stärke auf etwa ein Drittel seiner Länge gestutzt, um einen deutlichen Zuwachs zu erhalten. Wenn nach etwa vier bis acht Jahren die gewünschte Größe erreicht ist, wird fast der gesamte Austrieb bis auf wenige Millimeter entfernt, und nach einigen Jahren auch ins etwas ältere Holz zurückgeschnitten, damit die Form der Pflanze erhalten werden kann.

Schwarz-Kiefern können über Jahre hinweg zu bonsaiförmigen Niwaki-Formen erzogen werden, wie hier im Japangarten des Parks „Planten und Blomen“ in Hamburg.

Ein modellhafter Japangarten im „Park der Gärten“ (Bad Zwischenahn), der außer Pflanzen in Etagenform, Kissenform (Karikomi) und zum Teil bonsaiförmigen malerischen Pflanzen (Niwaki) auch die typischen Elemente „Fels“ und „Wasser“ enthält.

Um besonders breite, flache Teller zu erzielen, kann man kleine Rahmen verwenden, zum Beispiel aus zweimal drei Bambusstäben von etwa 40 cm Länge, die im rechten Winkel miteinander verbunden werden. An diese Rahmen bindet man dann die seitlichen Triebe waagerecht an und beschleunigt auf diese Weise das Breitenwachstum des Tellers.

• Besonderheiten/Hinweise

Bonsai bedeutet soviel wie „Baum in Schale“ und hat daher eigentlich nichts mit Pflanzen zu tun, die in den Garten ausgepflanzt werden. Die Kunst, Gehölze in flachen Töpfen oder Schalen durch Schnitt und Formung zu Altersformen zu ziehen, ist vor etwa 1500 Jahren in China entstanden und wurde später in Japan übernommen. Echte Bonsai werden nicht nach der Phantasie des Gärtners, sondern in enger Anlehnung an den natürlichen Wuchs der jeweils verwendeten Pflanzenart nach bestimmten Stilmustern geformt.

Die Pflanzen, die bei uns als Bonsai-Formen angeboten werden, sind also keine Bonsai im eigentlichen Sinne, ahmen sie aber in gewisser Weise nach. Auch bei diesen soll die malerische Altersform bei einer jüngeren, kleineren Pflanze erzeugt werden. Nur ist diese Pflanze in einem größeren Kübel oder in den Boden ausgepflanzt und auf eine Höhe von etwa 150 bis 400 cm begrenzt, während Bonsai in ihren wesentlich kleineren Pflanzgefäßen auf einer Größe von etwa 20 bis 80 cm gehalten werden.

Die bei uns als Bonsai-Formen bezeichneten Pflanzen gehen eigentlich eher auf den in Deutschland weniger bekannten Schnitt der „Niwaki“ zurück, die in japanischen Gärten neben den kissenförmig geschnittenen Sträuchern („Karikomi“), den Felsen und dem Wasser eine bedeutende Rolle spielen. Niwaki können ungeschnittene Pflanzen (z. B. Ahorne, Blütenkirschen) sein, häufig werden aber Kiefern zu Altersformen geschnitten. Sie sind eigentlich die Vorbilder für unsere „Bonsai-Formen“.

• Verwendung

Asiengärten

• Geeignete Pflanzenarten

Kiefern verschiedener Arten, Eiben und viele andere schnittverträgliche Gehölze.

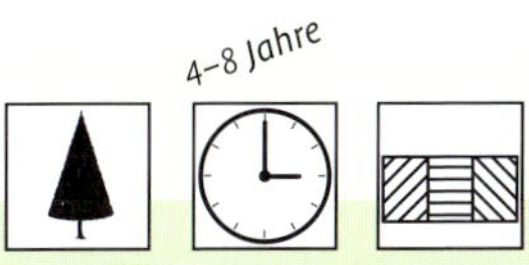

Korb, Tierformen, Herz, sonstige Skulpturen

Mit einem einfachen Metallbogen wird dieser Wacholder zu einem Korb erzogen.

Für einen offenen Korb (hier aus Buchsbaum) ist dagegen eine aufwändigere, korbförmige Schablone nötig.

• Vorgehensweise

Die Formen von Skulpturen sind so filigran, dass man mit dicht verzweigten, kleinblättrigen Pflanzenarten wie Buchsbaum oder Eibe die beste Wirkung erzielen kann. Es sind meist feste Schablonen nötig, an welche die Zweige der Pflanzen geheftet werden. Sie helfen außerdem bei der Formgebung. Die Herstellung solcher Schablonen erfordert oft viel handwerkliches Geschick und künstlerische Kreativität.

Für den Rahmen werden dicke Drähte oder dünne Metallstäbe gewählt, die durch Drähte oder durch Schweißen miteinander verbunden werden. Gelegentlich werden Flächen außerdem mit feinem Sechseck-Geflecht („Kaninchendraht“) bedeckt.

Manchmal verwendet man auch gefüllte Schablonen, an denen Kletterpflanzen wachsen. Bei einer gefüllten Schablone bildet wie bei einem ungefüllten Modell ein Rahmen aus dickem Draht oder dünnen Metallstäben das Grundgerüst. Eine Außenhaut besteht aus engem Sechseck-Drahtgeflecht oder Kunststoffnetz. Innen ist die Form mit Torfsubstrat gefüllt, im Außenbereich meist mit *Sphagnum*-Moos ausgepolstert, damit das Torfsubstrat nicht bei Wind oder Regen aus der Schablone rieselt. Soll die gefüllte Form langlebig sein und will man die Pflanzen mehrere Monate lang wachsen lassen, muss man besonders auf eine gleichmäßige Ernährung und Bewässerung achten. Das kann man zum Beispiel mittels Tropfschläuchen in der Schablone gewährleisten, durch die die Pflanzen gleichmäßig mit Gießwasser und auch mit Flüssigdünger versorgt werden können.

Mit einer entsprechenden Drahtschablone wird eine Vogelform erzogen.

Selbst solch ausgefallene gegenständliche Formen wie diese Sitzgruppe sind mit festen Schablonen als Formgebung möglich.

Schablonen lassen aus Wacholder eine Korbform entstehen.

• Besonderheiten/Hinweise

Oft werden Tiere als Vorbilder für Pflanzenskulpturen gewählt. Dabei haben der Pfau und andere Vögel traditionell eine besonders große Bedeutung, aber auch andere Tiere, Fahrzeuge und dekorative Gegenstände werden gern aus Pflanzen geformt.

In Deutschland findet man häufig sehr schöne Skulpturen im Pflanzenhandel, die in Italien aus Delavay-Liguster (*Ligustrum delavayanum*) angezogen wurden. Diese Ligusterart hat die günstige Eigenschaft, dass sie ähnlich schnittverträglich und kleinblättrig wie Buchsbaum ist, aber deutlich schneller

Solch lustige Tierformen wie dieses Fantasiewesen sind mit etwas Geschick und Geduld möglich – gegebenenfalls unter Einsatz verschiedener Pflanzen: Schnittverträgliche Gewächse für den Körper, Gräser als „Perücke".

wächst. Ihr Nachteil ist jedoch, dass sie frostempfindlicher ist. Im deutschen Klima erleidet sie im Winter normalerweise so starke Schäden, dass Löcher in der Form entstehen. Diese Pflanzenart sollte man daher in einem kühlen Gewächshaus überwintern, geheizte Wohnräume eignen sich dagegen nicht.

• Verwendung

Historische Gärten, moderne formale Gärten, mediterrane Gärten.

• Geeignete Pflanzenarten

Buchsbaum, Eibe, Liguster und viele andere schnittverträgliche Gehölze.

Buchstabe, Zahl

Um ein „A“ zu formen, werden zwei schmale Pflanzen schräg aneinander gepflanzt. Aus Seitenzweigen an einem Bambustab erhält man den Querbalken.

Durch Anbinden der Zweige an zwei Bambusstäbe wird diese „1“ geformt.

Die Buchstaben Ü, B und A (für „überbetriebliche Ausbildung“) aus Efeu an festen Metallschablonen in der LVG Bad Zwischenahn.

• Vorgehensweise

Buchstaben und Zahlen werden meist mit Hilfe von Bambusstäben oder einfachen Metallschablonen angezogen. Manche Buchstaben, wie das große I oder das das L, sind relativ einfach zu schneiden. Bei der 1 sollte man wie beim Bogen daran denken, dass die Spitze eines Seitenzweigs aufhört zu wachsen, wenn sie in die Waagerechte oder noch tiefer gebogen wird. Seitenzweige sollten daher erst gebogen werden, wenn sie kurz vor dem Verholzen sind und dann brechen würden; ihre Spitze sollte aber weiter nach oben zeigen, bis der Trieb die nötige Länge erreicht hat.
Manche Buchstaben, die an der Basis zwei Ausgangspunkte haben (wie „A“, „H“ und „M“) müssen aus zwei Pflanzen zusammengesetzt werden. Als Alternative können wie bei anderen Skulpturen auch Metallschablonen mit Efeu berankt werden.

• Besonderheiten/Hinweise

Neben Tieren und Fahrzeugen, die als Skulpturen ganz oben auf der Beliebtheitsskala stehen, gewinnen Buchstaben und Zahlen immer mehr an Bedeutung. Als Hausnummern im Vorgarten oder als Firmeninitialen vor dem Firmensitz können sie dekorativ sein und gleichzeitig auch eine Funktion erfüllen. Buchstaben und Zahlen werden aus praktischen Gründen von Baumschulen in der Regel nicht vorrätig gehalten, aber im Auftrag herangezogen.

• Verwendung

Moderne formale Gärten

• Geeignete Pflanzenarten

Buchsbaum, Eibe und viele andere schnittverträgliche Gehölze.

fest 3–4 Jahre

Geometrische Hecke

Beim Formschnitt geometrischer Hecken muss man unbedingt darauf achten, dass sie nicht entsprechend dem natürlichen Wachstum kopflastig werden (rechtes Bild).

• Vorgehensweise

Etwas ältere Heckenpflanzen sind schon in der Baumschule durch Schnitt der Seitenzweige relativ dicht verzweigt, bei jüngeren Pflanzen muss der Gärtner dagegen durch Rückschnitt vor der Pflanzung sicherstellen, dass sie später nicht verkahlen. Um gerade Reihen zu erzeugen, werden Heckenpflanzen entlang einer Pflanzschnur gepflanzt. Größere Pflanzen mit einem Mitteltrieb, wie Hainbuchen, werden oft im oberen Bereich an ein Drahtspalier geheftet oder durch waagerechte Bambusstäbe miteinander verbunden, damit die Hecke auch an der Spitze gerade ist.

Am besten werden Hecken leicht trapezförmig geschnitten, so dass sie oben etwas schmaler als unten sind, denn sonst neigen sie im unteren Bereich zum

Zwei formschön erzogene Hecken, die durch ihre unmittelbare Nachbarschaft doppelt so interessant wirken.

Aufkahlen. Pflanzen, die sehr dicht wachsen, wie Buchsbaum oder Eiben, kann man auch rechteckig, also mit senkrechten Seitenwänden schneiden. Niemals sollten die Pflanzen dagegen oben breiter als unten werden, auch wenn sie entsprechend ihres akrotonischen Wuchsverhaltens an der Spitze stärker austreiben als an der Basis.

Beim Pflegeschnitt kann es hilfreich sein, eine oder zwei Schnüre zu spannen, um die oberen Kanten zu markieren, damit beim Schnitt keine Wellen entstehen. Andererseits kann man auch bewusst wellenförmige Hecken erziehen oder mit Rahmen Fenster in die Hecken schneiden, um die strenge Form großer geometrischer Hecken aufzulockern.

Wer geometrische Hecken aus blühenden Ziersträuchern pflanzt, sollte sich bewusst sein, dass durch den regelmäßigen Schnitt ein großer Teil der Blütenknospen entfernt wird, so dass die Hecke je nach Pflanzengattung, Art und Sorte nicht oder deutlich schwächer blüht als frei wachsende Pflanzen. Einen gewissen Blütenschmuck kann man bei geometrischen Hecken aus Pflanzen wie

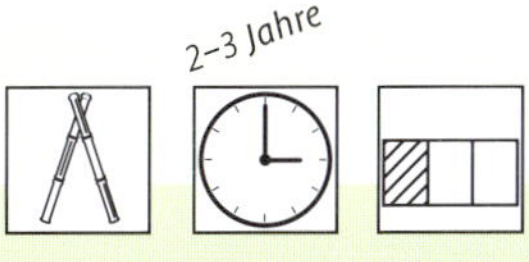

Forsythie, Spierstrauch, Kornelkirsche oder Weißdorn erwarten, die allerdings nicht so dicht werden wie Hainbuchen oder Eiben.

• Besonderheiten/Hinweise

Geometrische, regelmäßig geschnittene Hecken werden angezogen, um Schutz vor Wind, Sonne, Sicht und Eindringlingen zu bieten, bilden natürlich aber auch einen geeigneten Hintergrund für interessante Pflanzen, Gebäude oder Skulpturen.

Hier sollen nur geschnittene, geometrische Hecken thematisiert werden. Die Bezeichnung „Hecke" selbst umfasst natürlich auch dichte Pflanzreihen, die nicht oder nur selten geschnitten werden, aber denselben Zweck erfüllen, zum Beispiel Blütenhecken.

Die Pflanzabstände liegen bei größeren, starkwachsenden Pflanzen bei 30 bis 50 cm, bei schwächer wachsenden, kleineren Pflanzen um 20 bis 25 cm.

• Verwendung

Historische Gärten, moderne formale Gärten, Bauerngärten, mediterrane Gärten, Landschaftsgärten.

• Geeignete Pflanzenarten

Hainbuche, Rot-Buche, Liguster, Lebensbaum, Scheinzypresse, Buchsbaum, Eibe und viele andere schnittverträgliche Gehölze.

Hainbuchen lassen sich zu hohen und dabei schmalen Hecken schneiden, wie hier in der Gartenanlage Veitshöchheim eindrucksvoll zu sehen ist.

Parterre

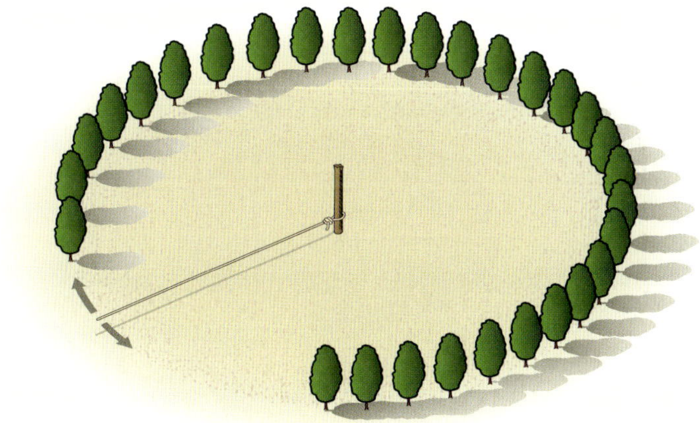

Gerade Reihen werden entlang einer Schnur gepflanzt (oben). Kreise (oder Teile einer Kreisform) kann man besser mit einem Band abmessen (unten).

• Vorgehensweise

Parterres (Teppichbeete) werden meist aus Buchsbaumpflanzen gestaltet, die wie kleine Heckenpflanzen in einem Abstand von 10 bis 20 cm gepflanzt werden. Gerade Reihen pflanzt man entlang einer Schnur, für Kreise und Bögen kann man die Pflanzreihen mit Kalk, hellem Sand oder einem ähnlichen Material auf dem pflanzfertig vorbereiteten Boden „anzeichnen“. Um eine saubere Kreisform oder einen Teil eines Kreisbogens zu erreichen, wird ein Pflock in die Mitte des Kreises geschlagen, und aus einer mit einem Seil daran befestigten Flasche oder einem ähnlichen Behältnis wird der Kalk ausgestreut. Beim Pflegeschnitt muss man darauf achten, dass auch an den Kreisen die Hecke ihre Form und vor allem ihre Breite behält. Das wird nach Augenmaß durchgeführt, während bei

Muster können mit Kalk oder Sand auf der Pflanzfläche angezeichnet werden, den man aus einer Flasche rieseln lässt.

In der Renaissancezeit beherrschten bei den Mustern Rechtecke, Kreise und Dreiecke das Bild der Parterres.

Ein ästhetisches Beispiel eines „Teppichbeetes“ in den Gartenanlagen von Schloss Villandry. ▷

geraden Reihen wie bei Hecken beschrieben jede Seite der Hecke mit einer Schnur markiert werden kann.

Für Parterres werden in der Regel Sorten von Buchsbaum verwendet. Mittelstark wächst die weit verbreitete Varietät *Buxus sempervirens* var. *arborescens*, die für höhere Hecken von etwa 50 cm geeignet ist. Für niedrige Hecken von etwa 20 cm Höhe sollte man kompakt wachsende Sorten wählen.

Der Pflanzabstand liegt zwischen 10 und 20 cm, je nach Wuchsstärke der verwendeten Sorte und Ausgangsgröße der Pflanzen.

• Besonderheiten/Hinweise

Parterres sind niedrige Hecken, die auf einer ebenen Fläche ein Muster bilden. Sie entwickelten sich aus den Einfassungen von Gemüse- und Blumenbeeten, deren rechteckige Form durch Bögen und Zierreihen verschönert wurde. Sie verbreiteten sich im Zeitalter der Renaissance und später des Barocks. In den Gärten an Burgen, Schlössern und Gutshäusern präsentierten sich den Betrachtern aus den Fenstern und Balkonen der oberen Etagen schöne Heckenornamente, deren Zwischenräume mit Blumen, Gemüse in verschiedenen Farben, aber auch unterschiedlich gefärbtem Kies, Ziegelsplitt oder Kohlenstaub gefüllt wurden.

• Verwendung

Historische Gärten, Bauerngärten, mediterrane Gärten.

• Geeignete Pflanzenarten

Buchsbaum und andere schnittverträgliche Gehölze.

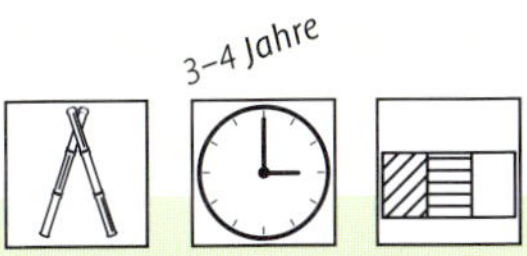

Broderie-Parterre

Bei Broderie-Parterres wurden Rankenmuster und andere Ornamente aus der Stickerei als Vorbilder genommen.

• Vorgehensweise

Grundsätzlich werden Broderie-Parterres ähnlich wie einfache Parterres gepflanzt. Die Muster sind aber so kompliziert, dass Pflanzschnur und Pflock wie bei Kreisformen nicht ausreichen. Die Ornamente müssen maßstabsgetreu nach einem Plan auf dem pflanzfertigen Boden vorgezeichnet werden, wofür die Erfahrung von Fachleuten nötig ist.

Für die feinen Muster sind schwachwachsende Buchsbaumsorten deutlich besser geeignet als die stärker wachsende Varietät *Buxs sempervirens* var. *arborescens*. Der Pflanzabstand liegt zwischen 10 und 20 cm, je nach Wuchsstärke der verwendeten Sorte und Größe der Pflanzen.

• Besonderheiten/Hinweise

Im Zeitalter des Barock wurden Parterres in Form von Stickmustern (Broderie) angelegt, die reich mit Ranken- und Blütenornamenten verziert waren, die so genannten Broderie-Parterres.

• Verwendung

Historische Gärten

• Geeignete Pflanzenart

Buchsbaum in Arten und Sorten.

Dieses kunstvoll geschnittene Broderie-Parterre wirkt allein durch seine Form und die mit Kies abgestreuten Zwischenräume. Der farbige Kies hat die Funktion der verschiedenfarbigen Pflanzen übernommen – die Beete dienen lediglich ornamentalen Zwecken.

2–3 Jahre

Knotenbeet

Beim Knotenbeet werden die Hecken so geschnitten, dass der EIndruck von ineinandergeschlungenen Bändern ensteht.

• Vorgehensweise

Die Pflanzung wird ähnlich wie bei Parterres oder Broderie-Parterres nach einem Plan durchgeführt. Für die Ausrichtung gerader Hecken reichen Pflanzschnüre aus, Bögen können mit einer Schnur an einem Pflock abgezirkelt werden. Kompliziertere Muster müssen vom Plan maßstabsgetreu auf den pflanzfertigen Boden übertragen werden. Dafür kann zum Beispiel ein Raster aus Pflanzschnüren dienen, die im rechten Winkel am Boden festgesteckt werden und die einem vergleichbaren Raster auf dem Plan des Broderie-Musters entsprechen.

Damit der Eindruck verschiedener miteinander verknoteter Bänder verstärkt wird, werden in Knotenbeeten die Hecken häufig aus mehreren Pflanzengattungen, -arten oder -sorten mit unterschiedlicher Laubfarbe gepflanzt. Dafür können buntlaubige Buchsbaumsorten gewählt werden, häufig wird aber auch auf Lavendel oder andere, ganz oder teilweise verholzende Pflanzen zurückgegriffen. Da sich diese Pflanzenarten nicht für so schmale Hecken eignen wie kompakt wachsende Buchsbaum-Sorten, müssen je nach verwendeter Pflanzart die Hecken unter Umständen etwas breiter wachsen. Manchmal ist ihr Querschnitt nicht rechteckig, sondern etwas abgerundet. Der Pflanzabstand liegt zwischen 10 und 20 cm – je nach Wuchsstärke der verwendeten Sorte und Größe der Pflanzen.

Knotengärten wie diese Anlage in Barnsley House/GB faszinieren durch ihre lebendige Struktur.

2–3 Jahre

• Besonderheiten/Hinweise

Knotenbeete sind eine Sonderform der Parterres, die in England entstanden ist („Tudor-Knotengarten"). Während in Parterres die Hecken eine gleichmäßige Höhe haben, also ein zweidimensionales Bild ergeben, werden in Knotenbeeten die Höhen der Hecken so variiert, dass durch die Dreidimensionalität der Eindruck von Bändern erweckt wird, die über- und untereinander durchgeführt werden, so dass Knoten entstehen. Häufig wurden auch geeignete Küchenkräuter und Gewürzpflanzen wie Lavendel und Thymian in Form von Knotenbeeten gepflanzt.

• Verwendung

Historische Gärten, moderne formale Gärten, Bauerngärten, mediterrane Gärten.

• Geeignete Pflanzenarten

Buchsbaum, Lavendel (*Lavandula angustifolia*), Salbei (*Salvia officinalis*), Edel-Gamander (*Teucrium chamaedrys*), Heiligenkraut (*Santolina chamaecyparissus*) und viele andere schnittverträgliche Gehölze und Halbsträucher.

Die beiden Buchsstämmchen laden zum Betreten des Weges in dem formalen Beet ein, die zentral gepflanzte Eiben-Spirale wirkt als Blickfang. ▷

Infoplus

Was Sie noch wissen sollten über Düngung, Pflanzgefäße, Substrat und Winterschutz Ihrer Formgehölze, sowie die Gesunderhaltung und Sortenauswahl beim Buchs.

Formgehölze düngen

Formgehölze verlieren mehr Nährstoffe als andere Pflanzen, da regelmäßig junge, nährstoffreiche Triebe abgeschnitten werden und nicht unter den Pflanzen verrotten. Außerdem kann sich durch den Schnitt das Wurzelsystem nicht so weit ausbreiten wie bei ungeschnittenen Exemplaren derselben Art, da weniger energiereiche Assimilate gebildet und den Wurzeln zugeführt werden. Dadurch kann das Wurzelsystem nur begrenzt die Nährstoffeservoirs im Boden erreichen und für die Pflanze verfügbar machen. Viele der Hauptnährstoffe (Stickstoff, Kalium) sind in der Pflanze sehr beweglich und werden bei Mangel aus den tiefer sitzenden Trieben in die höheren transportiert, was zum Absterben der schlecht ernährten, unteren Trieben führen kann. Bei ungeschnittenen Pflanzen fällt das meist nicht auf – Formgehölze werden aber unansehnlich, wenn sich im unteren Bereich kahle Stellen bilden. Daher ist bei Formgehölzen eine gleichmäßige, ausreichende Ernährung besonders wichtig. Das muss aber nicht heißen, dass eine hohe Mineraldüngung nötig ist. Auf schweren, nährstoffreichen Böden kann man auch durch regelmäßige Kompostgaben die Ernährung sicherstellen.

Problematisch sind dagegen oft mittlere bis leichte, durchlässige Böden. Hier werden vor allem Stickstoff und Kalium leicht durch Regenfälle ausgewaschen, so dass Nährstoffmangel droht. Daher sind auf solchen Standorten regelmäßige Gaben kleinerer Düngermengen sinnvoll, die man am besten in Form von organischen Düngern verabreicht. Deren Nährstoffe setzen sich nur langsam frei und sind deshalb nicht so auswaschungsgefährdet. Ein Nachteil organischer Dünger ist jedoch, dass die Freisetzung nicht immer pflanzenbedarfsgerecht erfolgt.

Insgesamt benötigen Formgehölze aus Buchsbaum oder Eiben auf leichten Böden als Faustzahl etwa 30 bis 40 g Volldünger mit Nährstoffgehalten von etwa 15 % Stickstoff, 5 % Phosphat und 20 % Kalium (NPK-Verhältnis: 15:5:20) pro Jahr und Quadratmeter. Bei niedrigeren Nährstoffgehalten, wie sie z. B. in vielen organischen Düngern vorliegen, kann die Dosierung entsprechend erhöht werden.

Auf schweren, nährstoffreichen Böden und bei anspruchsloseren Pflanzenarten (z. B. Kiefern) kann man die Düngermenge häufig reduzieren oder in manchen Fällen ganz weglassen. Mineralische, schnell lösliche Dünger können Verbrennungen verursachen, wenn sie beim Aufstreuen auf den Blättern oder Zweigen liegen bleiben. Wenn notwendig, sollten die Mineraldünger daher nach dem Ausstreuen von den Pflanzen abgefegt werden.

Die wichtigsten Formgehölze Buchsbaum und Eibe sind kalkliebend, daher sollte man Böden, deren pH-Wert unter 4,5 (Sandböden) oder 5,0 (Lehmböden) liegt, aufkalken: Sandböden am besten mit kohlensaurem Kalk (zum Beispiel Dolomitkalk) und Lehmböden am besten mit Branntkalk.

Nadelgehölze und immergrüne Pflanzen benötigen verhältnismäßig viel Magnesium und können auf Mangel mit gelben Nadelspitzen oder gelblichen Blatträndern reagieren. Gegen Magnesiummangel helfen Bittersalzgaben (30 bis 50 g pro m^2). Staunässe und andere Ursachen können aber ähnliche Schadbilder hervorrufen, so dass mit Bittersalz nur dann gedüngt werden sollte, wenn sicher ist, dass Magnesiummangel vorliegt.

Eine gute Grundlage für die Pflanzenernährung bildet die regelmäßige Düngung mit Kompost. Eigener Gartenkompost kann jährlich mit etwa 5 l pro m² ausgebracht werden. Grün- und Biokompost aus Kompostierungsanlagen ist in der Regel wesentlich nährstoffreicher und sollte daher in geringeren Mengen (2 bis 3 l pro m²) verabreicht werden.

Pflanzgefäße

Viele Formgehölze werden nicht ausgepflanzt, sondern stehen in Töpfen oder Kübeln. Dabei sollte man beachten, dass alle Pflanzen, die natürlichen Niederschlägen ausgesetzt sind, unbedingt ausreichende Wasser-Abzugslöcher im Pflanzgefäß haben müssen. Übertöpfe oder zweckentfremdete Gefäße haben häufig keine Abzugslöcher, und wenn eine Pflanze in so einem Gefäß Niederschlägen oder überhöhten Wassergaben ausgesetzt ist, sterben die Wurzeln schnell wegen Sauerstoffmangels ab, was zum Tod der ganzen Pflanze führt.

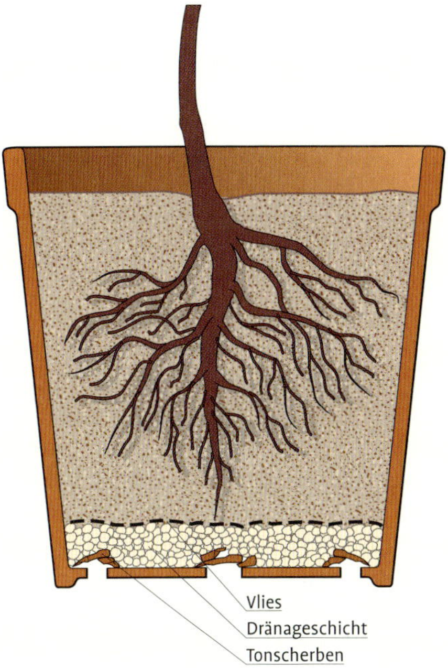

Um Substratvernässung zu vermeiden, sollte man am Topfboden eine Dränageschicht vorsehen.

Wasserabzugslöcher können durch Pflanzerde verstopft werden, daher ist es sinnvoll, zwischen Topfboden und Substrat eine Dränageschicht anzulegen. Große Löcher, wie sie in Ton- oder Terrakotta-Töpfen zu finden sind, sollte man durch gekrümmte Tonscherben etwas abdecken. Darüber leistet eine etwa 1 bis 2 cm dicke Schicht aus Kies, Blähton, Tonscherben oder anderem lockerem Material gute Dienste. Wenn sie durch eine Abdeckung mit Vlies vom darüber liegenden Substrat getrennt wird, kann sie nicht verstopft werden.

Die Töpfe oder Kübel selbst bestehen aus verschiedenen Materialien, die alle ihre Vor- und Nachteile haben. Am preiswertesten und robustesten sind Töpfe aus Kunststoff, die zum Teil wie Terrakotta-Töpfe aussehen. Sie sind leicht, dabei bruchsicher und stoßfest.

Ton- und Terrakotta-Töpfe sind schwer, dadurch aber standsicher, können allerdings brechen oder reißen. Besonders Tontöpfe sowie bei nur geringer Hitze gebrannte Terrakotta-Töpfe brechen im Winter, wenn das Wasser im Substrat und in feinen Rissen der Topfwand gefriert und sich dabei ausdehnt.

In den letzten Jahren sind rechteckige Holzkübel in Mode gekommen. Meist wird dafür Lärchenholz verwendet, das nur sehr langsam morsch wird, und nach wenigen Wochen der Alterung eine silbergraue Farbe hat. Durch die feinen Poren von Holz und von Ton verdunstet Wasser. Daher müssen Pflanzen in Gefäßen aus diesen Materialien häufiger gegossen werden. Wenn man Holzgefäße vor dem Bepflanzen innen mit Folie auskleidet (Wasserabzugslöcher nicht vergessen!), brauchen sie seltener gegossen zu werden, und ihre Lebensdauer verlängert sich.

Substrat

Für Formgehölze in Kübeln und Töpfen sind dieselben Substrate („Pflanzerden") geeignet wie für andere Pflanzen. Sie bestehen in der Regel zum überwiegenden Teil aus Torf, der durch seine gute Wasserspeicherfähigkeit eine hohe Feuchtigkeitsreserve bietet. Beimischungen von Ton, Rindenhumus oder Substratkompost optimieren die Speicherkraft für Wasser und Nährstoffe, und Strukturmaterial (grober Rindenhumus, Lava) kann den Lufthaushalt der Erden verbessern. Pflanzerden, die industriell gemischt und über den Fachhandel bezogen werden, haben in der Regel eine gute Qualität und bieten die Voraussetzung für gesundes Pflanzenwachstum. Erfahrene Gartenliebhaber haben häufig auch guten Erfolg mit selbstgemischten Erden nach eigener Rezeptur. Dafür werden oft selbst hergestellte Laub- oder Nadelkomposte sowie Gartenerde verwendet. Wenn nach denselben Rezepturen an anderer Stelle Erden gemischt werden, können diese Erden aber leicht zu Misserfolgen führen, weil die Qualität solcher Komposte und Gartenerden ebenso stark schwankt wie die zugemischter, gekaufter Torfe. Falsche pH-Werte, unausgeglichene Nährstoffversorgung und schlechte Struktur können Probleme bereiten.

In Gefäßen ist eine kontinuierliche Nährstoffzufuhr noch wichtiger als bei Pflanzen, die in den Boden ausgepflanzt sind. Sie kann durch das Einmischen oder Auflegen umhüllter Depotdünger (Osmocote®, Ferticote® und andere) gewährleistet werden. Bei Topfterminen Ende April und Anfang Mai sind pro Liter Topfvolumen etwa 3 g eines Düngers mit fünf bis sechs Monaten Freisetzungsdauer („5–6 M", „6 M") für eine Grundversorgung ausreichend. Stattdessen können die Pflanzen auch flüssig mit Nährsalzgaben von 1 bis 2 g pro Liter Gießwasser ein- bis zweimal pro Woche ernährt werden. Zur Hauptwachstumszeit von Juni bis Mitte August sollte die höhere Dosierung gewählt werden, im April/Mai und Spätsommer die niedrigere. Von Oktober bis März sollte man die Pflanzen wegen der Vegetationsruhe nicht düngen.

Winterschutz

In sehr rauen Wintern können Formgehölze aus Buchsbaum oder Eibe Frostschäden erleiden, auch wenn diese Pflanzengattungen an den meisten Standorten Deutschlands eigentlich sehr frosthart sind. Frostschäden entstehen normalerweise nicht durch die niedrigen Temperaturen selbst, sondern durch Austrocknen des immergrünen Laubes und der jungen Triebe, wenn bei Frost und Sonneneinstrahlung kalte, trockene Ostwinde wehen (Frosttrocknis). Daher besteht der Winterschutz ausgepflanzter Formgehölze meist aus einer Schattierung. Grüne Kunststoffnetze eignen sich sehr gut dazu.

Bei Pflanzen in Töpfen oder Kübeln ist außer den jungen Trieben und dem Laub auch die Wurzel frostgefährdet, denn Wurzeln von manchen Pflanzen (besonders Eiben, Stechpalmen) sterben schon

Der beste Winterschutz für die Pflanzenwurzeln ist, den Topf einzusenken (links). Wenn das nicht möglich ist, kann er auch mit Vlies oder Ähnlichem umwickelt werden (rechts).

bei Temperaturen unterhalb von etwa −5 bis −8 °C ab. Im gefrorenen Boden werden solche tiefen Temperaturen in unseren Klimabereichen normalerweise nicht erreicht, aber in einem exponierten Topf kann die Kälte von der Seite eindringen. Besonders in kleineren Töpfen sinken die Temperaturen an den Außenwänden ähnlich stark ab wie die Lufttemperatur. Der wirksamste Schutz der Wurzeln besteht darin, die Gehölze im Kübel im Boden einzuschlagen. Sie werden dafür mit dem Topf wie bei einer Pflanzung in ein Loch im Boden eingesenkt und mit etwas lockerer Erde oder besser noch mit einer Laubschicht angehäufelt. Am günstigsten ist ein schattiger, windgeschützter Platz im Garten, an dem auch Triebe und Belaubung vor Frosttrocknis geschützt sind. Wenn ein Einschlagen im Boden nicht möglich ist, kann man den Wurzelbereich auch dadurch schützen, dass man ihn dicht mit einem isolierenden Material (Vlies, Kokosmatten, Noppenfolie) einwickelt. Man kann den Topf auch in einen größeren Kübel (mit Wasserabzugslöchern!) stellen und füllt dann den freibleibenden Raum mit einer dicken Schicht aus Laub, Sägemehl oder anderem isolierendem Material.

Ein weiteres Problem im Winter bildet Schneefall. Während eine hohe Schnee-

Die Zweige empfindlicher Pflanzen schützt man im Winter mit Schattiernetzen gegen Sonne und Wind.

decke für Pflanzen am Boden erwünscht ist, da sie diese vor Kälte und Austrocknung schützt, kann sie durch ihr Gewicht Formgehölze beschädigen. Besonders bei nasser Schneedecke geben die darunter liegenden Zweigpartien langsam nach, und es entstehen Lücken in den Flächen. Wenn der Schnee später taut, biegen sich die Triebe oft nicht ganz in ihre Ausgangsstellung zurück, und die Verformung ist dann dauerhaft. Daher sollten Schneehauben von Formgehölzen abgefegt werden, auch wenn sie hübsch aussehen.

Den Buchsbaum ersetzen?

Der Buchsbaum war früher ein „immergrüner Alleskönner", der kaum Probleme mit Krankheiten und Schädlingen hatte. Das hat sich geändert, mittlerweile mussten viele Bestände wegen starker Schäden durch den Buchsbaumblattfall (*Cylindrocladium buxicola*) oder durch Raupen des Buchsbaumzünslers (*Cydalima perspectalis*) gerodet werden.

Leider gibt es keine gleichwertigen Alternativen für den Buchsbaum. Alle Pflanzenarten, die als „resistenter Buchsbaum-Ersatz" angepriesen werden, sind zwar wie versprochen resistent gegen Buchsbaumblattfall und Buchsbaumzünsler, haben aber andere Schwächen. So wächst beispielsweise die Japanische Hülse *Ilex crenata*, die dem Buchsbaum äußerlich sehr ähnlich ist, nicht auf kalkhaltigen, schweren Böden und kann dazu neigen, mit der Zeit aufzukahlen. Zwergeiben (*Taxus* spp.) sind ähnlich schnittverträglich wie der Buchsbaum, werden aber häufig von Wurzelfäule (*Phytophthora* spp.) oder Larven des Dickmaulrüsslers befallen. Gamander

(*Teucrium* × *lucidrys*) ist sehr schnittverträglich, aber etwas frostempfindlich.

Es gibt zwar viele interessante Pflanzen, die durchaus Alternativen zum Buchsbaum darstellen, aber keine, die einen gleichwertigen Ersatz bieten kann. Jede hat ihre spezifischen Vor- und Nachteile, so dass je nach Verwendung und Standort genau überlegt werden muss, welche sich eignet.

Gesunderhaltung

Um Buchsbaumpflanzungen gesund zu erhalten, sind ein geeigneter Standort (nicht zu feucht, genügend Luftbewegung) und die richtige Pflege (bedarfsgerechte Düngung) wichtige Grundlagen. Außerdem ist die Sortenwahl entscheidend (siehe Abschnitt „Widerstandsfähige Sorten“ rechts).
Die Raupen des Buchsbaumzünslers können sehr effektiv und gleichzeitig umweltschonend mit biologischen Insektiziden auf der Basis von *Bacillus thuringiensis* (zum Beispiel DiPel® DF oder XenTari®) bekämpft werden. Außerdem sind Vögel mittlerweile auf den Geschmack der Larven gekommen, so dass sich Vogelschutz sehr günstig auswirken kann.

Pflanzenschutzmaßnahmen gegen den Buchsbaumblattfall sind im Hausgarten wegen der langen Infektionszeit des Erregers von Mai bis Oktober leider äußerst aufwändig und schwierig. Da häufig empfohlene „Hausmittel“ wie Algenkalk in Untersuchungen keine praxisrelevante Wirkung zeigten, ist die richtige Standort- und Sortenwahl besonders wichtig, um Buchsbaumblattfall vorzubeugen.

Widerstandsfähige Sorten

Die „alten“, früher besonders beliebten Buchsbaumsorten von *Buxus sempervirens* wie ‘Suffruticosa’, ‘Blauer Heinz’ und var. *arborescens* sind so empfindlich gegen den Buchsbaumblattfall, dass sie nicht mehr empfehlenswert sind. Es gibt aber manche Sorten des Japanischen Buchsbaums *Buxus microphylla*, die eine hohe Widerstandsfähigkeit gegen den Buchsbaumblattfall besitzen, so dass sie zumindest an geeigneten (nicht zu luftfeuchten) Standorten zu empfehlen sind. Das sind zum Beispiel die Sorten ‘Faulkner’ und besonders ‘Herrenhausen’ (Syn. ‘Rococo’). ‘Faulkner’ neigt allerdings dazu, im Winter eine bräunliche Farbe anzunehmen, und ‘Herrenhausen’ wird bei Trockenheit oder Sonne im Sommer leicht gelblich. Daher wurden in jüngster Zeit neue Sorten gezüchtet oder selektiert wie die Sorten ‘Renaissance®’, ‘Babylon Beauty®’, ‘Heritage®’ oder ‘Skylight®’ aus der Sortengruppe Better-Buxus® sowie ‘Independence®’ und ‘Freedom®’ aus der Sortengruppe New-Gen®. Die ersten Erfahrungen mit diesen Sorten sind gut, möglicherweise sind sie nicht nur widerstandsfähig gegen den Buchsbaumblattfall, sondern bieten auch dem Buchsbaumzünsler keine guten Lebensbedingungen. Sie werden zurzeit an mehreren Standorten in Europa geprüft. Wenn sich die neuen Buchsbaumsorten unter Praxisbedingungen bewähren, könnten sie für ein Revival des Buchsbaums sorgen, denn zumindest im Hinblick auf Frosthärte, Kalk- und Trockenheitstoleranz gehören die bisher bekannten Buchsbaumsorten zu den robustesten und anspruchslosesten immergrünen Laubgehölzen, die wir kennen.

Service

Was gibt es wo zu kaufen? Mit welchen Büchern können Sie Ihr Wissen vertiefen? Stichworte schnell nachgeschlagen.

Bezugsquellen

Pflanzen und Schnittwerkzeuge werden in vielen Gartencentern, Gärtnereien und Baumschulen angeboten. Achten Sie beim Kauf nicht nur auf den Preis, sondern auch auf die Qualität und auf eine fachkundige Beratung. Listen von Fachbetrieben in Deutschland, Österreich und der Schweiz finden Sie online unter:
www.gartenbaumschulen.com/standorte/
www.gruen-ist-leben.de
www.baumschulinfo.at

Nachfolgend eine Auswahl an Rosenanbietern, nach Postleitzahl sortiert:

Kordes' Söhne Rosenschulen GmbH & Co KG
Rosenstraße 54
25365 Klein Offenseth-Sparrieshoop
Tel.: 04121-4870-0
info@kordes-rosen.com
www.gartenrosen.de
→ Rosenzüchter

Rosen Tantau Vertrieb GmbH & Co. KG
Tornescher Weg 13
25436 Uetersen
Tel.: 04122-7084
tantau@rosen-tantau.com
www.rosen-tantau.com
→ Rosenzüchter

NOACK ROSEN
Im Waterkamp 12
33334 Gütersloh
Tel.: 05241 20187
info@noack-rosen.de
www.noack-rosen.de
→ Rosenzüchter

RosenPark Dräger GmbH & Co. KG
Freiacker 1
61231 Bad Nauheim
Tel.: 06032-92527-0
info@rosenpark-draeger.de
www.rosenpark-draeger.de
→ Rosenhändler mit Schaugarten

Rosen-Union eG
Bad Nauheimer Straße 47
61231 Bad Nauheim-Steinfurth
Tel.: 06032-96530
info@rosen-union.de
www.rosen-union.de
→ Vertrieb internationaler Züchtungen, Englische Rosen

Rosenhof Schultheis e. K.
Bad Nauheimer Straße 3
61231 Bad Nauheim-Steinfurth
Tel.: 06032-92528-0
rosenhof@rosenhof-schultheis.de
www.rosenhof-schultheis.de
→ historische Rosen

Buchtipps

Bärtels, A.: Gehölze von A–Z. Verlag Eugen Ulmer, Stuttgart, 2016.

Beltz, H.: Formgehölze. Verlag Eugen Ulmer, Stuttgart, 2008.

Faßmann, N.: Mein Obstgarten. Verlag Eugen Ulmer, Stuttgart, 2017.

Fischer, M.: Farbatlas Obstsorten. Verlag Eugen Ulmer, Stuttgart, 2010.

Großmann, G. & W.-D. Wackwitz: Spalierobst. Verlag Eugen Ulmer, Stuttgart, 2005.

Haas, H.-J.: Pflanzenschnitt. Gräfe und Unzer Verlag GmbH, München, 2017.

Haenchen, E.: Rosen pflegen und schneiden. Verlag Eugen Ulmer, Stuttgart, 2006.

Hobson, J.: Niwaki. Verlag Eugen Ulmer, Stuttgart, 2021.

Jakubik, U.: Grundkurs Obstbaumschnitt. Verlag Eugen Ulmer, Stuttgart, 2019.

Joyaux, F.: Enzyklopädie der Alten Rosen. Verlag Eugen Ulmer, Stuttgart, 2008.

Klein, H.: Rosen pflegen. Verlag Eugen Ulmer, Stuttgart, 2015.

Pirc, H.: Bäume von A–Z. Verlag Eugen Ulmer, Stuttgart. 2012.

Pirc, H.: Alles über Gehölzschnitt. Verlag Eugen Ulmer, Stuttgart, 2017.

Phillips, M. & M. Rix: Rosarium. Ulmers großes Rosenbuch. Verlag Eugen Ulmer, Stuttgart, 2005.

Prat, J.-Y. & D. Retournard: ABC des Gehölzschnittes. Bassermann Verlag, München, 2016.

Schulz, B. & G. Großmann: Obstgehölze erziehen und schneiden. Verlag Eugen Ulmer, Stuttgart, 2009.

Trier, H. van & D. Hermans: Buchs. Verlag Eugen Ulmer, Stuttgart, 2007.

Woessner, D.: Das Schneiden der Rosen. Verlag Eugen Ulmer, Stuttgart, 2020.

Zehnder, M. & F. Weller: Streuobstbau. Verlag Eugen Ulmer, Stuttgart, 2021.

Die Autoren

Das 1 x 1 des Ziergehölzschnitts
Helmut Pirc war Leiter der Abteilung Gehölzkunde und Baumschulwesen an der Höheren Bundeslehr- und Versuchsanstalt für Gartenbau in Wien-Schönbrunn.

Das 1 x 1 des Rosenschnitts
Heiko Hübscher ist seit 2004 verantwortlicher Stadtgartenmeister der Rosengärten Zweibrücken.

Das 1 x 1 des Obstgehölzschnitts
Gerd Großmann, Dipl.-Gartenbauingenieur, ist Leiter der Gartenakademie in der Abteilung Gartenbau des Sächsischen Landesamtes für Umwelt, Landwirtschaft und Geologie.

Das 1 x 1 des Formgehölzschnitts
Heinrich Beltz ist Versuchsleiter für den Bereich Baumschule an der Lehr- und Versuchsanstalt für Gartenbau der LWK Niedersachsen und Fachmann in Sachen Formschnitt.

Bildquellen

Titelbild: Christian Jung/Shutterstock.com
Buchrücken, U4, Seite 1 (Schere): Marion Schreiber
Seite 441: Marion Nickig

Ziergehölze

Vits, Anja: Seite 114
Alle übrigen Fotos stammen vom Autor.

Alle Zeichnungen wurden von Inga Koch nach Vorgaben des Autors angefertigt.

Rosen

Beck, Manuela: Seite 135, 184 o. li., 201 u. li., 201 Mi. re., 201 u. re., 203 Mi. re.
Buchholz, Peter: Seite 129, 133, 143 o., 143 u., 149 li., 149 re., 156 o. re., 162 o. li., 173 o., 173 u., 178 o. li., 203 u. re., 203 u. re. (Einklinker), 206
Europa-Rosarium Sangerhausen: Seite 184 u. re.
Hübscher, Heiko: Seite 124, 125, 141, 147, 153, 159, 161, 164, 167 o., 167 u., 171 li., 171 re., 182, 192, 193, 203 o. re.
KORDES ROSEN: Seite 144 o. li., 145 o. li., 145 u. li., 150 o. re., 150 u. li., 151 u. li., 157 o. re., 157 u. re., 168 o. re., 168 u. re., 174 o. li., 175 o. re., 175 u. re., 178 o. re., 179 o. li., 179 o. re., 179 u. li., 195 o. li.
Lohrer, Thomas: Seite 201 o. li.
© 2021 NOACK ROSEN: Seite 144 o. re., 150 o. li., 156 u. li., 169 u. re., 174 u. re., 174 u. re., 175 o. li., 175 u. li., 194 u. re., 195 u. re.
Julius Images/Wolfgang Redeleit: Seite 131 o., 131 u., 185 u. li., 201 Mi. li., 205
Reinhard, Hans: Seite 122, 138, 162 o. re., 162 u. re., 180, 184 o. re., 184 u. li., 185 o. li., 185 o. re., 185 u. re., 196, 203 o. li., 207, 208, 209
Reinhard, Nils: Seite 136, 162 u. li.
Rosengarten Zweibrücken: Seite 144 u. re.
© RosenPark Dräger: Seite 145 o. re., 145 u. re., 150 u. re., 151 o. re., 156 u. re., 157 u. li., 168 u. li., 169 o. re., 169 u. li., 178 u. li., 194 o. li., 194 u. li., 195 o. re., 195 u. li.
Rosen Tantau: Seite 144 u. li., 151 o. li., 151 u. re., 156 o. li., 157 o. li., 168 o. li., 169 o. li., 174 o. re., 174 u. li., 178 u. re., 179 u. re., 194 o. re.
Schäfer, Bernd: Seite 132, 203 Mi. li.
Veser, Jochen: Seite 201 o. re., 203 u. li.

Alle Zeichnungen wurden von Johannes-Christian Rost nach Vorlagen des Autors angefertigt.

Obstgehölze

Baumjohann, Dorothea: Seite 319u.li.
Buchter-Weisbrodt, Helga: Seite 280, 297
Bundessortenamt Wurzen: Seite 240, 301
Bürki, Moritz: Seite 216o., 319Mi.re., 321u.li.
Dürig, W.: Seite 319u.re., 321o.re.
Eidgenössische Forschungsanstalt für Wein-, Obst- und Gartenbau, Wädenswil (CH): Seite 324u.li.
Fischer, Manfred: Seite 253, 288
Forschungsanstalt Geisenheim, Fachgebiet Phytomedizin: Seite 317Mi., 317u., 321Mi.re.
Großmann, Gerd: Seite 212(2), 214, 218li., 226(2), 228(alle), 234, 246, 271(2), 272(alle), 275, 277(2), 279, 282, 284(2), 293, 295, 303, 305(2), 314, 324o.li., 324u.re.
Gut, Philipp, St. Urban (CH): Seite 316u., 317o., 319o.li., 319o.re., 321u.re., 323o.li., 323o.re., 323Mi.re., 323u.li.
Haberer, Martin: Seite 324o.re.
Himmelhuber, Peter: Seite 238
Inforama Oeschberg, FOB: Seite 243, 255(2)
Landesanstalt für Pflanzenschutz, Stuttgart: Seite 319Mi.li.
mauritius images: Seite 310, 311
Möhler, Monika: Seite 269, 276
Nikusch, Ingo: Seite 323u.re.

Schirmer, Monika: Seite 266
Schulte, Erik: Seite 299
shutterstock.com/Bildagentur Zoonar GmbH: Seite 236
shutterstock.com/Boris15: Seite 312
shutterstock.com/kukuruxa: Seite 307
shutterstock.com/Robert Schneider: Seite 210, 434
Weller, Friedrich: Seite 225
Zehnder, Markus: Seite 326

Die Zeichnungen auf den Seiten 213(2), 214(2), 215o., 225u., 254li., 270o.re., 283li., 284, 289o., 302(2), 304u., 308o., 309(2), 312 und 313 wurden von Johannes-Christian Rost, Stuttgart, nach Vorlagen von Jürg Maurer angefertigt. Alle übrigen Zeichnungen fertigte Johannes-Christian Rost nach Vorlagen des Autors.

Formschnitt

Beltz, Heinrich: Seite 341o., M., u., 344, 351u., 353, 363, 365, 367, 369, 371, 373, 375, 377, 379, 383, 385, 387, 389, 391, 393, 396o., u., 399o., u., 401, 405, 410re., 411, 413, 416, 419, 421
Bollerhey, Herbert: Seite 406
Braun, Harald: Seite 333, 415
Ehsen, Björn: Seite 402
Lienen, v., Gerda: Seite 354
Julius Images/Wolfgang Redeleit: Seite 360, 377, 410li., 328, 338
Reinhard, Hans: Seite 423, 425
Reinhard, Nils: Seite 381, 382, 426

Alle Zeichnungen wurden von Helmuth Flubacher nach Vorlagen des Autors angefertigt.

Nachgeschlagen

Die in diesem Buch enthaltenen Empfehlungen und Angaben sind von den Autoren mit größter Sorgfalt zusammengestellt und geprüft worden. Eine Garantie für die Richtigkeit der Angaben kann aber nicht gegeben werden. Autoren und Verlag übernehmen keine Haftung für Schäden und Unfälle. Bitte setzen Sie bei der Anwendung der in diesem Buch enthaltenen Empfehlungen Ihr persönliches Urteilsvermögen ein.
Der Verlag Eugen Ulmer ist nicht verantwortlich für die Inhalte der im Buch genannten Websites.

Anmerkung zur Schreibweise (Gendering):
Gendergerechtigkeit und Inklusion sind bei uns gelebte Praxis – bei der Auswahl unserer Themen, bei der Recherchearbeit, in der Gestaltung. Unsere Texte meinen alle. Damit unsere Inhalte jedoch gut lesbar bleiben, verzichten wir in diesem Werk auf die jeweilige Mehrfachnennung oder Anpassung der Schreibweise bestimmter Bezeichnungen an die weibliche, männliche oder diverse Form.

Bibliografische Information der Deutschen Nationalbibliothek
Die Deutsche Nationalbibliothek verzeichnet diese Publikation in der Deutschen Nationalbibliografie; detaillierte bibliografische Daten sind im Internet über http://dnb.d-nb.de abrufbar.

Wollgrasweg 41, 70599 Stuttgart (Hohenheim)
E-Mail: info@ulmer.de
Internet: www.ulmer.de
Lektorat: Doris Kowalzik, Carolin Witte
Herstellung: Silke Reuter
Umschlaggestaltung: Marion Schreiber, www.marionschreiber.de
Satz: pagina GmbH, Tübingen
Druck und Bindung: Livonia Print, Riga
Printed in Latvia

ISBN 978-3-8186-1434-8

HIER KÖNNEN SIE WEITERLESEN

Das große Ulmer Gartenbuch.

Über 600 Seiten geballtes Gartenwissen. W. Kawollek. 6. Auflage 2021. 608 Seiten, 724 Farbfotos, 250 Zeichnungen, 50 Tabellen, geb.

ISBN 978-3-8186-1288-7.

Dieses Buch begleitet Sie zuverlässig durch den Gartenalltag. Ob Ziergarten mit Gehölzen, Rosen, Stauden und Sommerblumen oder Obst-, Gemüse- und Kräutergarten, ob idyllischer Gartenteich oder sattgrüner Rasen: Es zeigt Ihnen, was Sie für die erfolgreiche Planung, Anlage und Pflege Ihres Gartens wissen müssen. Erfahren Sie alles über Düngung, Kompost, Schnitt und Pflege, und lesen Sie, wie Sie anfallende Arbeiten fachgerecht ausführen. Mit leicht verständlichen Erklärungen, wertvollen Profi-Tipps, nützlichem Arbeitskalender und über 1000 Pflanzenporträts gelingt das große Gartenglück garantiert!

DEN ÜBELTÄTERN AUF DER SPUR

Sie wissen nicht, wer da an Ihrer Erdbeere knabbert? Oder warum Ihre Pfingstrose braunrote Flecken aufweist? Finden Sie es schnell und einfach heraus! Über 320 potenzielle Plagegeister an Obst, Gemüse, Ziergehölzen sowie Stauden werden mit leicht verständlichen Texten und aussagekräftigen Bildern vorgestellt und machen das Buch damit zu einer echten Diagnosehilfe.

Pflanzenschutz einfach von A bis Z.

330 Krankheiten und Schädlinge im Zier- und Nutzgarten. T. Lohrer. 2020. 384 Seiten, 670 Farbfotos, kart. ISBN 978-3-8186-1041-8.

DER WEG ZUM TRAUM-RASEN

Der perfekte Rasen.
Richtig anlegen und pflegen.
C. Lung. 5., akt. Auflage 2022.
128 Seiten, 84 Farbfotos,
12 Tabellen, kart.
ISBN 978-3-8186-1445-4.

Erfahren Sie hier alles, was Sie über die Neuanlage und Pflege eines Rasens wissen müssen. Was ist zu tun, wenn ich eine Rasenfläche neu anlegen möchte? Welche Rasenmischungen sind am besten? Wie kann ich meinen Rasen pflegen, damit er lange gesund bleibt? Welche Krankheiten und Schädlinge können auftreten und wie kann ich diese erkennen und behandeln? Rasenexpertin Christa Lung erklärt in diesem Buch alle Arbeitsschritte von der Aussaat übers Mähen bis hin zum Vertikutieren und zeigt, was rund ums Rasenjahr zu tun ist.
So können auch Sie sich Ihren Traum vom gepflegten Grün erfüllen.